全国环境影响评价工程师职业资格考试系列参考资料

环境影响评价案例分析
基础过关 50 题

（2023 年版）

何新春　主编

中国环境出版集团・北京

图书在版编目（CIP）数据

环境影响评价案例分析基础过关 50 题：2023 年版/何新春主编. —16 版. —北京：中国环境出版集团，2023.3
全国环境影响评价工程师职业资格考试系列参考资料
ISBN 978-7-5111-5450-7

Ⅰ. ①环…　Ⅱ. ①何…　Ⅲ. ①环境影响—评价—案例—资格考试—习题集　Ⅳ. ① X820.3-44

中国国家版本馆 CIP 数据核字（2023）第 037202 号

出 版 人　武德凯
责任编辑　黄晓燕
封面制作　宋　瑞

出版发行　中国环境出版集团
（100062　北京市东城区广渠门内大街 16 号）
网　　址：http://www.cesp.com.cn
电子邮箱：bjgl@cesp.com.cn
联系电话：010-67112765（编辑管理部）
联系电话：010-67112735（第一分社）
发行热线：010-67125803，010-67113405（传真）

印　　刷　北京中科印刷有限公司
经　　销　各地新华书店
版　　次　2007 年 3 月第 1 版　2022 年 3 月第 16 版
印　　次　2023 年 3 月第 1 次印刷
开　　本　787×960　1/16
印　　张　15.5
字　　数　300 千字
定　　价　45.00 元

本书编委会

前 言

近几年环评工程师职业资格考试越来越重实践、重运用，尤其是环境影响评价案例分析（以下简称案例分析）科目，题目灵活多变，题干信息量大，考点复杂多样。有许多考生连续几年均因“案例分析”科目而折戟沉沙，个中原因：有的考生“跨界”参考，无环评实践经验；有的考生虽从事环评工作多年，但苦于涉及的行业单一，仍无法应对多样化的考题；还有一部分考生只注重死记硬背，结果事倍功半。

如何帮助考生在案例分析复习备考方面闯出一条新路？

本书作者总结近几年在环评师考前辅导方面的经验，结合所了解的考生的备考心得和教训，总结出一条：案例分析的复习不能靠单一的记忆，而应该使用技术导则、技术方法的相关知识进行分析，在理解行业特点的前提下进行复习。笔者对《环境影响评价工程师职业资格考试大纲》进行了研究，结合 18 年来环评师案例分析考试的出题特点和考查重点，对本书原有内容进行了第十五次修订。本书具有以下三个特点：

第一，本书绝大多数案例来源于环评案例分析考试真题，部分案例为根据工程实践模拟的高仿真试题，尽可能涵盖可能考查的各行业类别。以历年环评案例分析考试真题为基础，让考生身临其境感受环评案例分析考试的特点、掌握环评案例分析考试的规律。

第二，本书除给出案例分析习题的参考答案外，还对每个案例涉及的问题结合最新的技术导则和技术方法进行了考点分析，让考生知其然，并知其所以然，以便让考生能迅速掌握考试重点，节省复习时间，同时保证知识点的与时俱进。

第三，书中各案例考题的考点分析特意将考查知识点与《环境影响评价工程师职业资格考试大纲》中案例分析科目的考试要点一一对应，以便考生对常考知识点进行归纳总结，做到心中有数。本书案例的选择既注重体现各行业领域的特点，保证考题的涵盖范围，又提炼、总结了各案例的共性，并专门设计了举一反三部分，以便考生通过一道题掌握一类知识点，触类旁通。这也正是近年来案例考试试题的特点。

最后，本书对几类常考案例类别的共性知识点及其考查方式进行了总结，以便于考生后期提纲挈领地复习、记忆。

《环境影响评价案例分析基础过关50题（2023年版）》主要修订内容如下：

（1）根据2018年发布的《环境影响评价技术导则 地表水环境》（HJ 2.3—2018），《环境影响评价技术导则 大气环境》（HJ 2.2—2018），《环境影响评价技术导则 土壤环境（试行）》（HJ 964—2018），《建设项目环境风险评价技术导则》（HJ 169—2018）；2019年发布的《规划环境影响评价技术导则 总纲》（HJ 130—2019）等环境影响评价技术导则；2020年更新发布的《国家危险废物名录（2021年版）》，《危险废物焚烧污染控制标准》（GB 18484—2020）、《一般工业固体废物贮存和填埋污染控制标准》（GB 18599—2020）；2021年发布的《环境影响评价技术导则 声环境》（HJ 2.4—2021），2022年发布的《环境影响评价技术导则 生态影响》（HJ 19—2022）等标准，对案例进行适当调整，新增了相关导则的内容和考点分析，如新导则对评价等级、范围、现状调查和预测内容的要求，力求紧扣考试大纲，涵盖绝大多数考点，保证知识点同步更新。

（2）对2022年版中部分案例的素材进行了更新，并补充2022年环评案例分析考试真题，对参考答案进行了精简，以节约考生时间，便于在理解中记忆，提高复习效率。

（3）对部分高频类别案例，补充了部分考题，突出高频类别案例和高频考点，以便突出考试重点，提高考生复习的针对性。

（4）对2022年版的部分错误进行了更正，对少数不严谨的内容进行了修改。

本书修改过程中，得到中国环境科学研究院、北京国电华北电力工程有限公司、上海宝钢工程技术有限公司、河南省煤田地质局资源环境调查中心、中国恩菲工程技术有限公司的环保同人及广大考生的指导和帮助，在此一并致谢。同时感谢中国环境出版集团黄晓燕编辑为本书付出的辛勤劳动。

由于编者水平有限，书中肯定会有些不尽如人意之处，欢迎广大读者和环评界同人不吝指正。作者邮箱：frankhxc@163.com。

何新春

2023年1月于北京

目　录

一、轻工纺织化纤类

案例 1　新建 14 万 t/a 腈纶项目

【素材】

某拟建腈纶厂位于 A 市城区东南与城区相距 5 km 的规划工业园区内，采用 DMAC（二甲基乙酰胺）湿纺二步法工艺生产 14 万 t/a 差别化腈纶。工程建设内容包括原液制备车间、纺丝车间、溶剂制备和回收车间、原料罐区、污水处理站、危险品库、成品库等。

原液制备车间生产工艺流程详见图 1。生产原料为丙烯腈、醋酸乙烯，助剂和催化剂有过亚硫酸氢钠、硫酸铵和硫酸，以溶剂制备和回收车间生产的 DMAC 溶液为溶剂（DMAC 溶液中含二甲胺和醋酸），经聚合、汽提、水洗过滤、混合溶解和压滤等工段制取成品原液。废水 W_1 送污水处理站处理，废气 G_1 经净化处理后由 15 m 高排气筒排放，压滤工段产生的含滤渣的废滤布送生活垃圾填埋场处理。

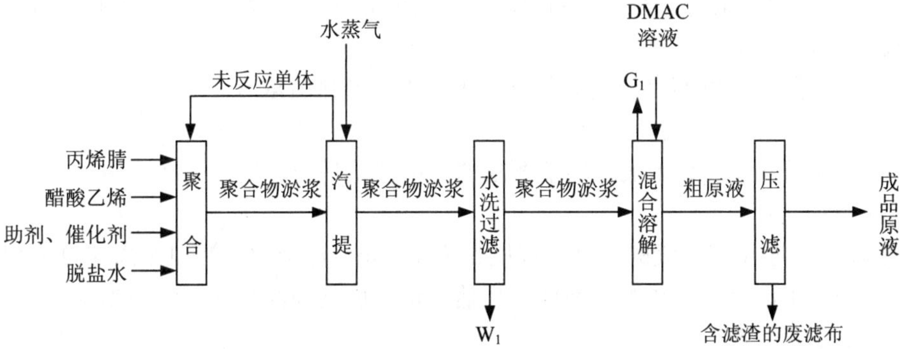

图 1　原液制备车间生产工艺流程

原料罐区占地 8 000 m^2，内设 2 个 5 000 m^3 丙烯腈储罐、2 个 600 m^3 醋酸乙烯储罐和 2 个 60 m^3 二甲胺储罐。单个丙烯腈储罐呼吸过程中排放丙烯腈 0.1 kg/h。拟将 2 个丙烯腈储罐排放的丙烯腈废气全部收集后用管道输送至废气处理装置处理，采用碱洗+吸附净化工艺，设计丙烯腈去除率为 99%，处理后的废气由 1 根 20 m 高排气筒排放，排风量 200 m^3/h。

污水处理站服务于本企业及近期入园企业，废水经处理达标后在R河左岸岸边排放。

R 河水环境功能为Ⅲ类，枯水期平均流量为 272 m^3/s，河流断面呈矩形，河宽 260 m，水深 2.3 m。在拟设排放口上游 4 km、河道右岸有 A 市的城市污水处理厂排放口，下游 10 km 处为 A 市水质控制断面（T 断面）。经调查，R 河 A 市河段的混合过程段长 13 km。

环境影响评价机构选用一维模型进行水质预测评价，预测表明 T 断面主要污染物浓度低于标准限值。评价结论为项目建成后 T 断面水质满足地表水功能要求。

【问题】

1．分别指出图 1 中废水 W_1、废气 G_1 中的特征污染物。

2．原液制备车间固体废物处理方式是否合理？说明理由。

3．计算原料罐区废气处理装置排气筒的丙烯腈排放浓度。

4．T 断面水质满足地表水功能要求的评价结论是否正确？列举理由。

【参考答案】

1．分别指出图 1 中废水 W_1、废气 G_1 中的特征污染物。

答：W_1：丙烯腈（氰化物）、氨氮和 pH。

G_1：DMAC（二甲基乙酰胺）、二甲胺和醋酸。

2．原液制备车间固体废物处理方式是否合理？说明理由。

答：不合理。压滤工段产生的含滤渣的废滤布属于危险废物，送有危废处置资质单位处理。

3．计算原料罐区废气处理装置排气筒的丙烯腈排放浓度。

答：丙烯腈排放浓度=（2×0.1）×（$1-99\%$）$\times10^6\div200=10$（mg/m^3）。

4．T 断面水质满足地表水功能要求的评价结论是否正确？列举理由。

答：不正确。

理由：R 河 A 市河段的混合过程段长为 13 km，而拟建排污口距离 T 断面仅为 10 km，尚处于混合段，预测该断面水质达标情况应选河流平面二维模型。

【考点分析】

本题为 2015 年环评案例分析考试试题。

1．分别指出图 1 中废水 W_1、废气 G_1 中的特征污染物。

考试大纲*中“二、项目分析（1）分析建设项目施工期和运营期环境影响的因素和途径，识别产污环节、污染因子和污染物特性，核算物耗、水耗、能耗和主要

*引自《环境影响评价工程师职业资格考试大纲》中“第四科目环境影响评价案例分析”的“考试内容”，文中统一简称为考试大纲。

污染物源强”。

考点：轻工纺织化纤项目特征污染物。该类型项目涉及的很多化学品性质考生都很陌生，属于考试的难点。

（1）废水的添加物有丙烯腈、醋酸乙烯、过亚硫酸氢钠、硫酸铵和硫酸。

① 丙烯腈，含氰基[—C≡N]，属于氰化物，且丙烯腈溶于水，故废水中需考虑丙烯腈；

② 醋酸乙烯，微溶于水，故后期不考虑其存在；

③ 过亚硫酸氢钠：亚硫酸根，不纳入污染物；

④ 硫酸铵：硫酸根不纳入污染物，存在氨氮；

⑤ 硫酸：pH。

（2）废气

① DMAC（二甲基乙酰胺）：易挥发；

② 二甲胺、醋酸：易挥发。

2．原液制备车间固体废物处理方式是否合理？说明理由。

考试大纲中“六、环境保护措施分析（1）分析污染控制措施的技术经济可行性”。

该项目产生的含滤渣废滤布，含有氰基及成品腈纶，具有毒性和易燃性，可判定为危险废物。

3．计算原料罐区废气处理装置排气筒的丙烯腈排放浓度。

考试大纲中“二、项目分析（3）评价污染物达标排放情况”。

本题为大气排放浓度的简单计算，注意捕集率、去除率、单位换算等。

4．T 断面水质满足地表水功能要求的评价结论是否正确？列举理由。

考试大纲中“四、环境影响识别、预测与评价（5）选择、运用预测模式与评价方法”。

本题考查的是地表水预测模型的适用条件。

举一反三

地表水水质预测模型包括数学模型、物理模型。《环境影响评价技术导则　地表水环境》（HJ 2.3—2018）中“表4”和“表5”应牢记。

表4　河流数学模型适用条件

模型分类	模型空间分类						模型时间分类	
	零维模型	纵向一维模型	河网模型	平面一维	立面二维	三维模型	稳态	非稳态
适用条件	水域基本均匀混合	沿程横断面均匀混合	多条河道相互连通，使得水流运动和污染物交换相互影响的河网地区	垂向均匀混合	垂向分层特征明显	垂向及平面分布差异明显	水流恒定、排污稳定	水流不恒定，或排污不稳定

表5 湖库数学模型适用条件

模型分类	模型空间分类						模型时间分类	
	零维模型	纵向一维模型	平面二维	垂向一维	立面二维	三维模型	稳态	非稳态
适用条件	水流交换作用较充分、污染物质分布基本均匀	污染物在断面上均匀混合的河道型水库	浅水湖库，垂向分层不明显	深水湖库，水平分布差异不明显，存在垂向分层	深水湖库，横向分布差异不明显，存在垂向分层	垂向及平面分布差异明显	流场恒定、源强稳定	流场不恒定或源强不稳定

案例 2 新建生猪屠宰项目

【素材】

B 企业拟在 A 市郊区原 A 市卷烟厂厂址处（现该厂已经关闭）新建屠宰量为 120 万头猪/a 的项目（仅屠宰，无肉类加工），该厂址紧邻长江干流，A 市现有正在营运的日处理规模为 3 万 t 的城市污水处理厂，距离 B 企业 1.5 km。污水处理厂尾水最终排入长江干流（长江干流在 A 市段水体功能为Ⅱ类）。距 B 企业、沿长江下游 7 km 处为 A 市饮用水水源保护区。

工程建设后工程内容包括：新建 4 t/h 的锅炉房、6 000 m^2 待宰车间、5 000 m^2 分割车间、1 000 m^2 氨机房、4 000 m^2 冷藏库。配套工程有供电工程、供汽工程、给排水工程、制冷工程、废水收集工程及焚烧炉工程等。工程建成后所需的原材料有：生猪（生猪进厂前全部经过安全检疫）、液氨、包装纸箱、包装用塑料薄膜。项目废水经调节池后排入城市污水处理厂处理。牲畜粪尿经收集后外运到指定地方堆肥处置。

A 市常年主导风向为东北风，A 市地势较高，海拔为 789 m，属亚热带季风气候区，厂址以西 100 m 处有居民 260 人，东南方向 80 m 处有居民 120 人。

【问题】

请根据上述背景材料，回答以下问题：

1. 应从哪些方面论证该项目废水送城市污水处理厂处理的可行性？

2. B 企业拟在长江干流处新建一个污水排放口，请问是否可行并说明理由。如果不可行，拟建项目的污水如何处理？

3. 该项目竣工大气环境保护验收监测如何布点？

4. 针对该工程的堆肥处置场应关注哪些主要的环保问题？

5. 该建设项目的评价重点是什么？

【参考答案】

1. 应从哪些方面论证该项目废水送城市污水处理厂处理的可行性？

答：该项目废水送城市污水处理厂处理的可行性主要从以下几方面进行论证：

（1）污水处理厂处理工艺、处理效率、剩余处理能力是否满足污水处理要求。

城市污水处理厂目前的处理工艺是否满足当前城市污水污染物的处理要求，处理效率是否满足达标排放的要求，最大处理能力是多少，目前接纳污水规模为多少，剩余污水处理能力是多少，项目污水排放量及排放方式是否会冲击市政污水处理厂的处理工艺，影响其处理效率。

（2）调查该污水处理厂的接管水质要求。污水处理厂是否对某些污染物有特别严格的限制要求；该项目污染物种类、污染物浓度等是否满足城市污水处理厂的接管要求。

（3）项目附近是否属于城市污水处理厂的收水范围。附近有无市政污水排水管网。

2．B企业拟在长江干流处新建一个污水排放口，请问是否可行并说明理由。如果不可行，拟建项目的污水如何处理？

答：不可行。理由：长江为Ⅱ类水体。《污水综合排放标准》（GB 8978—1996）中规定："Ⅰ、Ⅱ类水域和Ⅲ类水域中划定的保护区，GB 3097 中一类海域，禁止新建排污口。"对于B企业产生的生产废水和生活污水可自建厂区污水处理站进行预处理，尾水排入3万t/d城市污水处理厂处理，最终达标后排入长江。排入设置二级污水处理厂的城镇排水系统的污水，执行《污水综合排放标准》（GB 8978—1996）三级标准。

3．该项目竣工大气环境保护验收监测如何布点？

答：该项目竣工大气环境保护验收监测布点如下：

（1）锅炉及焚烧炉废气。大气监测断面布设于废气处理设施（锅炉除尘器以及焚烧炉）各单元的进出口烟道、废气排放烟道。

（2）待宰车间及分割车间、污水处理站产生的恶臭。监控点设在单位周界外10 m范围内浓度最高点。监控点最多可设4个，参照点设1个。

4．针对该工程的堆肥处置场应关注哪些主要的环保问题？

答：该工程的堆肥处置场应关注的主要环保问题包括：

（1）固体废物处理处置过程中产生的大气污染问题，尤其是猪粪尿容易产生的恶臭问题以及卫生防护距离内居民的搬迁问题。

（2）猪粪尿里病原生物的污染与传播对健康产生的威胁问题。

（3）冲洗及部分屠宰废水的污染及处置问题。

（4）堆肥处置过程中的渗滤液对土壤及地下水的污染问题。

（5）堆肥处置过程中容易产生的机器噪声污染问题。

（6）堆肥处置场对城市规划及景观的影响问题。

5．该建设项目的评价重点是什么？

答：对原A市卷烟厂遗留的大气、土壤、生态等环境问题做回顾性评价，大气环境影响预测与评价，地表水环境影响预测与评价（着重分析生产废水及生活污水对长江干流及A市饮用水水源保护区有无影响），固体废物影响分析评价，清洁生产分析，施工期生态环境影响（水土流失），环境污染防治措施及经济技术可行性分析，长江水环境承载力分析，拟选厂址合理性分析及评述，环境风险评价（液氨泄漏造成的环境风险），卫生防护距离内居民的搬迁与安置。

【考点分析】

1．应从哪些方面论证该项目废水送城市污水处理厂处理的可行性？

考试大纲中“六、环境保护措施分析（1）分析污染控制措施的技术经济可行性”。

本题是2011年案例分析考试的一个小题，从这个题可以看出案例考试侧重解决实际问题，希望考生从此题的出题点领悟到案例考试复习的诀窍。

举一反三

该项目属于依托可行性的论证问题，一般情况下可以从3个方面考虑：

（1）被依托对象的处理能力、处理工艺及其对收纳污染物的特殊要求。

（2）污染物排放的规模、浓度是否满足被依托对象的要求。

（3）项目与被依托对象之间是否存在距离、高差等客观情况的限制。

2．B企业拟在长江干流处新建一个污水排放口，请问是否可行并说明理由。如果不可行，拟建项目的污水如何处理？

考试大纲中“一、相关法律法规、政策及规划的符合性分析（1）建设项目与相关法律法规的符合性分析；（2）建设项目与环境政策的符合性分析”。

本题考点为《污水综合排放标准》关于禁止新建排污口的规定。对于厂区污水处理问题，企业可自建污水处理站将废水进行预处理（执行三级标准）后送入A市污水处理厂，尾水经处理达标后排入长江。

举一反三

《污水综合排放标准》规定：“GB 3838中Ⅰ、Ⅱ类水域和Ⅲ类水域中划定的保护区，GB 3097中一类海域，禁止新建排污口，现有排污口应按水体功能要求，实行污染物总量控制，以保证受纳水体水质符合规定用途的水质标准。”

3．该项目竣工大气环境保护验收监测如何布点？

本题考点主要是竣工环境保护验收监测布点原则及点位的布设。该项目大气环境监测包括有组织排放（锅炉除尘器以及焚烧炉）和无组织排放（氨和硫化氢）两个方面。

举一反三

有组织排放的监测点位，布设于废气处理设施各处理单元的进出口烟道、废气排放烟道。大气监测点位按《固定污染源排气中颗粒物测定与气态污染物采样方法》（GB/T 16157—1996）要求布设。

无组织排放的监测点位：二氧化硫、氮氧化物、颗粒物和氟化物的监控点设在无组织排放源的下风向2～50 m的浓度最高点，相对应的参照点设在排放源上风向2～50 m，其余污染物的监控点设在单位周界外10 m范围内浓度最高点。监控点最多可设4个，参照点只设1个。

4．针对该工程的堆肥处置场应关注哪些主要的环保问题？

考试大纲中“四、环境影响识别、预测与评价（1）识别环境影响因素与筛选评价因子”。

该项目的堆肥处置场属于项目的环保工程，但该工程同样产生废水、废气、噪声等相关污染物，考试作答时应结合书本知识灵活运用。

举一反三

该项目的参考答案可参考垃圾填埋场的环境影响。但要注意屠宰废物堆肥处置的特殊性。

5．该建设项目的评价重点是什么？

通过判断建设项目环境影响的主要因素及产生的主要环境问题，确定该项目的评价重点。从该项目实际及周边环境出发，分析主要的环境影响和评价重点，以水、大气、固体废物等为基本因素，重点考虑环境承载力以及施工期和营运期两个阶段的影响，评价建设项目的厂址合理性，并要特别注意根据工程行业特点分析可能引起的环境风险。

案例 3　新建纺织印染项目

【素材】

某工业园区拟建生产能力 3 000 万 m/a 的纺织印染项目。生产过程包括织造、染色、印花、后续工序，其中染色工序含碱减量处理单元，年生产 300 d，每天 24 h 连续生产。按工程方案，项目新鲜水用量 1 600 t/d，染色工序重复用水量 165 t/d，冷却水重复用水量 240 t/d。此外，生产工艺废水处理后部分回用生产工序。项目主要生产工序产生的废水量、水质及特点见表 1。现拟定两个废水处理、回用方案。方案 1 拟将各工序废水混合处理，其中部分进行深度处理后回用（恰好满足项目用水需求），其余排入园区污水处理厂。处理工艺流程见图 1。方案 2 拟对废水特性进行分质处理，部分废水深度处理后回用，难以回用的废水处理后排入园区污水处理厂。

纺织品定型生产过程中产生的废气经车间屋顶上 6 个呈矩形分布的排气口排放，距地面 8 m；项目所在地声环境属于 3 类功能区，南侧厂界声环境质量现状监测值昼间 60.0 dB（A），夜间 56.0 dB（A），经预测，项目对工厂南侧厂界的噪声贡献值为 54.1 dB（A）。

［注：《工业企业厂界环境噪声排放标准》（GB 12348—2008）3 类区标准为：昼间 65 dB（A），夜间 55 dB（A）。］

表 1　项目主要生产工序产生的废水量、水质及特点

废水类别 项目		废水量/（t/d）	COD_{Cr}/（mg/L）	色度/倍	废水特点
织造废水		420	350	—	可生化性好
染色废水	退浆、精炼废水	650	3 100	100	浓度高，可生化性差
	碱减量废水	40	13 500	—	超高浓度，可生化性差
	染色废水	200	1 300	300	可生化性较差，色度高
	水洗废水	350	250	50	可生化性较好，色度低
印花废水		60	1 200	250	可生化性较差，色度高
合计		1 720	—	—	—

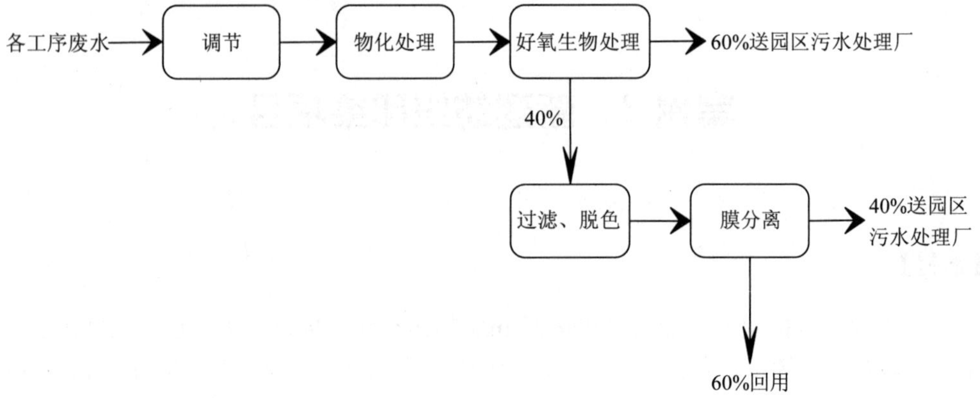

图 1　方案 1 处理工艺流程

【问题】

1．如果该项目排入园区污水处理厂废水的 COD_{Cr} 限值为 500 mg/L，方案 1 的 COD_{Cr} 去除率至少应达到多少？

2．按方案 1 确定的废水回用量，计算该项目生产用水重复利用率。

3．对适宜回用的生产废水，提出废水分质处理、回用方案（框架），并使项目能满足印染企业水重复利用率 35%以上的要求。

4．给出定型车间计算大气环境防护距离所需要的源参数。

5．按《工业企业厂界环境噪声排放标准》评价南侧厂界噪声达标情况，说明理由。

【参考答案】

1．如果该项目排入园区污水处理厂废水的 COD_{Cr} 限值为 500 mg/L，方案 1 的 COD_{Cr} 去除率至少应达到多少？

答：

（1）各工序废水混合浓度＝（420×350+650×3 100+40×13 500+200×1 300+350×250+60×1 200）÷（420+650+40+200+350+60）
＝3 121 500÷1720≈1 814.8（mg/L）；

（2）方案 1 的 COD_{Cr} 去除率至少要达到（1 814.8－500）÷1 814.8×100%≈72.45%。

本题中未给出中水水质，如给出，外排废水（包括中水）混合质量浓度达到 500 mg/L 即可，此时，去除效率会低一些。

2．按方案 1 确定的废水回用量，计算该项目生产用水重复利用率。

按方案 1，项目生产废水回用量=1 720×40%×60%=412.8（t/d）

生产用水重复利用率=重复利用量/（新鲜水量+重复利用量）×100%

=（165+240+412.8）/（165+240+412.8+1 600）×100%≈33.8%。

3．对适宜回用的生产废水，提出废水分质处理、回用方案（框架），并使项目能满足印染企业水重复利用率 35%以上的要求。

将两种可生化性好的废水（织造废水和水洗废水）进行分质处理，采用好氧生物处理一膜分离工艺，考虑 60%回用，其余 40%排入园区污水处理厂。其他可生化性差的废水基本采用方案 1 处理流程，取消好氧生物处理和膜分离单元，达到接管要求后全部排入园区污水处理厂。

按照上述分质处理的方式，废水回用量=（420+350）×60%=462（t/d），重复水利用量=462+165+240=867（t/d），水重复利用率=867÷（867+1 600）×100%=35.14%，满足 35%以上的要求。

4．给出定型车间计算大气环境防护距离所需要的源参数。

面源有效高度（m）、面源宽度（m）、面源长度（m）、污染物排放率（g/s）、污染物小时评价标准（mg/m^3）。

5．按《工业企业厂界环境噪声排放标准》评价南侧厂界噪声达标情况，说明理由。

该项目为新建企业，厂界噪声达标评价量为噪声贡献值，根据预测，项目对工厂南侧厂界噪声贡献值为 54.1 dB（A），小于 65 dB（A）的昼间标准，也小于 55 dB（A）的夜间标准值，因此，南侧厂界噪声昼间和夜间均达标。

【考点分析】

本题为 2011 年环评案例分析考试试题。

1．如果该项目排入园区污水处理厂废水的 COD_{Cr} 限值为 500 mg/L，方案 1 的 COD_{Cr} 去除率至少应达到多少？

考试大纲中“六、环境保护措施分析（1）分析污染控制措施的技术经济可行性”。

2．按方案 1 确定的废水回用量，计算该项目生产用水重复利用率。

考试大纲中“二、项目分析（1）分析建设项目施工期和运营期环境影响的因素和途径，识别产污环节、污染因子和污染物特性，核算物耗、水耗、能耗和主要污染物源强”。

此案例考点类似于本书“三、冶金机电类 案例 7 新建汽车制造项目”中的第 4 题。

只要熟练掌握技术方法中常用指标的计算就可以正确回答问题。

3．对适宜回用的生产废水，提出废水分质处理、回用方案（框架），并使项目能满足印染企业水重复利用率35%以上的要求。

考试大纲中“六、环境保护措施分析（1）分析污染控制措施的技术经济可行性”和“二、项目分析（1）分析建设项目施工期和运营期环境影响的因素和途径，识别产污环节、污染因子和污染物特性，核算物耗、水耗、能耗和主要污染物源强”。

4．给出定型车间计算大气环境防护距离所需要的源参数。

考试大纲中“四、环境影响识别、预测与评价（5）选择、运用预测模式与评价方法”。

举一反三

注册环评师考试中有关预测模式的考点基本上限于模式中主要参数的获取、不同模式如何选择等问题。本题的考点与“五、社会服务类　案例3　3万t/d污水处理厂项目”中的第5题类似。

5．按《工业企业厂界环境噪声排放标准》评价南侧厂界噪声达标情况，说明理由。

考试大纲中“六、环境保护措施分析（1）分析污染控制措施的技术经济可行性”。

此案例考点：根据《环境影响评价技术导则　声环境》（HJ 2.4—2021），新建项目厂界噪声达标评价量为噪声贡献值。

案例 4　年产 2.5 万张牛皮革新建项目

【素材】

A 皮革公司在 B 市某工业园有一个年加工皮革 2.5 万张（折牛皮标张）的制革生产装置。几年后在 C 市新建一个制革厂，生产规模为年加工皮革 11.5 万张（折牛皮标张）。拟建项目占地面积 551 300 m^2，总投资为 7 800 万元。主体工程包括鞣制车间、整饰车间、冲洗车间；配套建设有职工宿舍、厂区污水处理站。A 皮革公司拟将污水经处理后农灌。

制革生产一般包括准备工段、鞣制工段和整饰工段，其工艺流程如下：

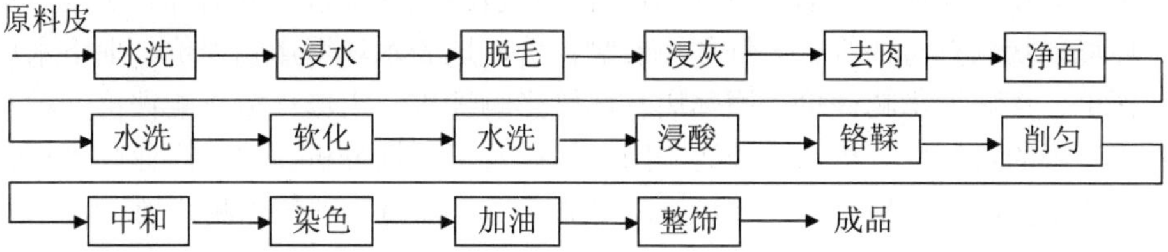

工艺介绍：

准备工段：指原料皮从浸水到浸酸之前的工序操作，其作用在于除去制革加工中不需要的各种物质，使原料恢复到鲜皮状态，除去表皮层、皮下组织层、毛鞘、纤维间质等物质，适度松散真皮层胶原纤维，使裸皮处于适合鞣制的状态。

鞣制工段：包括鞣制和鞣后湿处理两部分。铬鞣工艺一般指鞣制到加油之前的工序操作，它是将裸皮变成革的过程，铬初鞣后的湿铬鞣革称为湿革，需进行湿处理以增强革的粒面紧实性，提高柔软性、丰满性和弹性，并染色赋予革特殊性能。

整饰工段：包括皮革的整理和涂饰，属于皮革的干操作工段，指在皮革表面施涂一层天然或合成高分子薄膜的过程，常辅以磨、抛、压、摔等机械加工，以提高革的质量。

【问题】

请根据上述背景材料，回答以下问题：

1. 该项目的主要污染因子是什么？

2. 如何对该项目进行水环境保护验收监测点位布设？

3．该项目环评报告书应设置哪些评价专题？

【参考答案】

1．该项目的主要污染因子是什么？

答：制革废水的污染因子为 COD、BOD_5、SS、S^{2-}、Cl^-、氨氮、Cr^{6+}、总铬、酚、pH、色度、动植物油类；

大气污染因子主要有：TSP、PM_{10}、SO_2、NO_x 以及 NH_3、H_2S 等生产工艺过程排放的恶臭污染物等；

固体废物：废毛、肉膜、碎皮、边角料、革屑、污水处理站污泥；

噪声：设备噪声。

2．如何对该项目进行水环境保护验收监测点位布设？

答：在污水处理站总排口布点监测 COD、BOD_5、SS、S^{2-}、Cl^-、氨氮、pH、色度、动植物油类；在车间或车间处理设施的排放口进行布点，监测总铬和 Cr^{6+} 项目。

3．该项目环评报告书应设置哪些评价专题？

答：该项目环评报告书应设置的评价专题包括拟建项目工程概况、工程分析、区域环境现状调查与评价、大气环境影响评价、地表水环境影响评价、地下水环境影响评价、声环境影响评价、固体废物环境影响评价、土壤环境影响评价、污水进行农田灌溉的可行性分析、环境污染防治措施及可行性分析、项目产业政策符合性分析、清洁生产、总量控制、环境经济损益分析、环境管理与监测计划。

【考点分析】

1．该项目的主要污染因子是什么？

考试大纲中“四、环境影响识别、预测与评价（1）识别环境影响因素与筛选评价因子”。

制革废气除锅炉烟气以外，还包括生产中使用的有机溶剂的挥发物和原料皮存贮过程、生产过程及污水处理站产生的恶臭污染物。

废水主要来源：原料皮在物理—化学加工和机械加工过程中，大量的蛋白质、脂肪转入废水、废渣中；使用的大量化工原料如酸、碱、盐、硫化钠、石灰、铬鞣剂、加脂剂、染料有相当部分进入废水中。制革中废水主要来自鞣前准备、鞣制和鞣后湿加工工段，其中鞣前准备工段的废水排放量和排放的污染负荷占制革总废水量的 70%以上，鞣制工段和鞣后湿加工工段的废水排放量约占 8%和 20%。制革废水碱性大，色度重，含蛋白质、脂肪、染料等有机物，含铬、硫化物、氯化物等无机物，属有毒有害废水。其中脱铬工序传统工艺废液中铬含量在 2～4 g/L，灰碱脱毛废液中硫化物含量可达 2～6 g/L，这两股浓废液是废水防治的重点。

2．如何对该项目进行水环境保护验收监测点位布设？

本题主要考查污水排放口监测位置。

对第一类污染物，不分行业和污水排放方式，也不分受纳水体的功能类别，一律在车间或车间处理设施的排放口采样。

第一类污染物有总汞、总镍、总铍、总铬、总砷、总铅、总银、六价铬、总镉、烷基汞、苯并[*a*]芘、总α放射性、总β放射性，共 13 类。

举一反三

《地表水和污水监测技术规范》（HJ/T 91—2002）规定：

第一类污染物采样点位一律设在车间或车间处理设施的排放口或专门处理此类污染物设施的排口；第二类污染物采样点位一律设在排污单位的外排口；进入集中式污水处理厂和进入城市污水管网的污水采样点位应根据地方环境保护行政主管部门的要求确定；对整体污水处理设施效率监测时，在各种进入污水处理设施污水的入口和污水设施的总排口设置采样点；对各污水处理单元效率监测时，在各种进入处理设施单元污水的入口和设施单元的排口设置采样点。

3．该项目环评报告书应设置哪些评价专题？

考试大纲中“四、环境影响识别、预测与评价（4）确定环境要素评价专题的主要内容”。

本题考点为环评报告中评价专题设置问题，即把握环评项目全局性和整体性方向。根据《环境影响评价技术导则　总纲》（HJ 2.1—2016）中的规定，一般的环境影响评价专题包括：工程分析、现状评价、影响评价、环保措施、总量控制、清洁生产、环境经济损益分析、环境监测与管理等。如果是新建项目，则必须增加对厂址选择的环境合理性分析。

注意：对于利用污水进行农业灌溉的项目，一定要对污水灌溉进行环境及技术可行性分析，特别是对农作物和土壤影响进行分析。

案例 5　年产 4 万张牛皮革项目

【素材】

A 企业拟建年产 4 万张牛皮革项目。项目建设内容包括牛皮加工车间、废水处理站和固废临时贮存设施等。生牛皮经脱脂脱盐、浸灰、片皮、脱灰软化、酸浸铬鞣、复鞣、染色、涂饰等工序制成成品皮革。

浸灰—酸浸铬鞣段有废液和清洗废水产生，废水（液）产生情况见表 1。项目设 2 套废水预处理装置，分别处理浸灰废液及清洗废水、酸浸铬鞣清洗废水。酸浸铬鞣工段有废气产生，采用水喷淋净化方法处理。片皮、酸浸铬鞣工段及废水预处理装置有固体废物产生，项目设符合环保要求的一般工业固废和危废临时贮存库，临时贮存相应的固体废物。预处理后的生产废水与其他生产废水一并送全厂废水处理站，经二级生化处理达标后排入 R 河。

表 1 浸灰—酸浸铬鞣段废水（液）产生情况

废水类别	水量/（m^3/d）	pH	BOD/（mg/L）	COD/（mg/L）	Cr^{3+}/（mg/L）	硫化物/（mg/L）	氯化物/（mg/L）
浸灰废液及清洗废水	67	13	12 000	30 000	—	3 000	500
脱灰软化废液及清洗废水	113	6	2 000	5 000	—	120	500
酸浸铬鞣清洗废水	26	4	160	600	4 000	—	4 000

R 河 A 企业拟建排放口所在断面多年平均流量为 40 m^3/s，10 年一遇枯水月平均流量 6 m^3/s，当年 11 月—次年 2 月为枯水期，5—9 月为丰水期，水质执行《地表水环境质量标准》（GB 3838—2002）Ⅳ类水质标准。

A 企业于 2021 年 2 月初委托开展环评工作。环评文件编制单位（以下简称“编制单位”）收集有 R 河本项目拟建排放口上游 500 m、下游 2 500 m 水质监测断面的历史水质监测资料，监测时间为 2020 年 6 月 13—15 日，监测项目包括水温、pH、溶解氧、五日生化需氧量、高锰酸盐指数、化学需氧量、氨氮、总磷、阴离子表面活性剂、粪大肠菌群、硝酸盐氮。经调查，两个水质监测断面之间无取水口和其他排放口。

编制单位拟利用现有资料进行地表水现状评价，不进行水质补充监测。

【问题】

1．指出酸浸铬鞣工段废气中的主要污染物，并给出可供比选的废气净化方法。

2．简要说明浸灰废液及清洗废水、酸浸铬鞣清洗废水分别预处理的合理性。

3．本案中一般工业固废临时贮存库可接纳哪些固体废物？

4．编制单位“利用现有资料进行地表水现状评价”的做法是否正确？列举理由。

【参考答案】

1．指出酸浸铬鞣工段废气中的主要污染物，并给出可供比选的废气净化方法。

答：硫化氢、氨气，可采用活性炭吸附法、喷淋洗涤法。

2．简要说明浸灰废液及清洗废水、酸浸铬鞣清洗废水分别预处理的合理性。

答：浸灰废液及清洗废水、酸浸铬鞣清洗废水的水质差别较大，特征污染因子不同，尤其是酸浸铬鞣清洗废水含有第一类污染物铬，需要在车间或车间处理设施排放口达标；而且分别通过预处理后，污染物浓度大幅度减小，有利于降低后段废水处理站的负荷、控制废水治理成本并保证排水水质稳定。

3．本案中一般工业固废临时贮存库可接纳哪些固体废物？

答：原皮边角、肉渣油脂、废牛毛、皮边屑、含硫废水浓缩污泥。

4．编制单位“利用现有资料进行地表水现状评价”的做法是否正确？列举理由。

答：不正确。水污染影响型项目的评价时期和调查时期至少应包含枯水期，历史水质监测资料的监测时间为丰水期，不符合导则要求。此外，历史监测资料未包含硫化物、总铬。

【考点分析】

此题由2021年环评案例分析考试试题改编而成，需要考生认真体会，综合把握。

1．指出酸浸铬鞣工段废气中的主要污染物，并给出可供比选的废气净化方法。

本题主要考察轻工类污染型项目的污染特征，皮革加工类项目的废气主要为颗粒物、氨气、硫化氢，其中酸浸铬鞣工段的主要污染物为氨气、硫化氢，根据污染物类别提出2种以上常见的净化方法进行比选，本题难度一般。

2．简要说明浸灰废液及清洗废水、酸浸铬鞣清洗废水分别预处理的合理性。

本题考察废水分质分类处理的基本原则，皮革加工酸浸铬鞣工段浸灰废液及清洗废水的特点是整体呈碱性，COD、BOD、硫化物含量高，主要污染物为二甲硫以及游离的动物油，通过投加亚铁盐预处理，使硫离子与亚铁盐反应生成硫化铁沉淀物。酸浸铬鞣清洗废水呈酸性，含有特征污染物三价铬离子，通过投加入NaOH和PAM后可形成氢氧化铬沉淀，尤其应注意总铬（含三价铬）和六价铬为第一类污染物需要在车间或车间处理设施排放口达标，本题可通过题目信息和经验常识进行推断，难度较低。

举一反三

《污水综合排放标准》（GB 8978—1996）规定：

第一类污染物在车间或车间处理设施的排放口必须达标。第一类污染共 13 种，总汞，烷基汞，总镉，总铬，六价铬，总砷，总铅，总镍，苯并[*a*]芘，总铍，总银，总 α 放射性，总 β 放射性。

3．本案中一般工业固废临时贮存库可接纳哪些固体废物？

本题主要考察皮革加工类项目的固废种类，除一般固体废物以外，危险废物主要包括含铬皮屑、磨革粉尘、含铬废弃包装物、含铬废水处理污泥、废机油等。

4．编制单位“利用现有资料进行地表水现状评价”的做法是否正确？列举理由。

本题主要考察地表水环境影响评价中现状调查时期和调查内容的掌握，根据题目中给出的时间信息和至少包含枯水期这一知识点即可进行判别，本题难度一般。

案例 6　仔猪繁育场项目

【素材】

某牧业集团拟在南方某县新建一座年出栏 6 万头仔猪的繁育场，分生产区、辅助区、管理区、隔离区和粪污处理区 5 个功能区。其中生产区建设配种舍、妊娠舍、分娩舍、保育舍、公猪舍、后备舍等猪舍；辅助区建设供水、供电、维修，饲料加工和贮存等设施；管理区建设办公技术用房、职工生活用房、食堂、人员车辆消毒设施等；隔离区建设兽医室、隔离舍、病死猪暂存冷库、危废暂存库房等；粪污处理区建设有机肥加工车间、黑膜沼气池、沼液暂存池、沼气柜等设施。

繁育场采用配种—妊娠—分娩哺乳—仔猪保育四阶段流水作业，以周为节律滚动平衡生产，每年按 52 周计。空怀母猪在配种舍群养 4 周，完成配种和孕验；确认妊娠的母猪转入妊娠舍限位饲养 12.5 周后，在产前 1 周转入分娩舍；母猪分娩后，在分娩舍哺乳 4 周，仔猪断奶；断奶仔猪转入保育舍，培育 6 周后出栏。繁育场处于正常繁殖周期的基础母猪 3 000 头，生产指标为基础母猪年均产仔 2.2 窝、每窝活仔 10.5 头、哺乳仔猪成活率为 92%、保育仔猪成活率为 95%。繁育场包括种公猪、后备猪在内的年存栏总数 16 308 头，头年出栏仔猪 60 632 头，转入牧业集团的商品猪育肥场继续饲养。

繁育场采用雨污分流、干洗粪方法从源头减少废水产生量。粪污经猪舍地缝落入地坑后利用重力进行固液分离，液体粪污与冲洗废水一并通过管道送往粪污处理区，经格栅过滤后进入黑膜沼气池厌氧消化产沼气、沼液、沼渣；沼气经气水分离、干法脱硫后送沼气柜贮存，再经管道送有机肥加工车间烘干工序和管理区食堂作为燃料利用，多余沼气火炬排空；沼液进入大容量暂存池，施肥季通过自建管道送附近的协议果园作为液体肥利用；沼渣与固体粪污、格栅渣、饲料残渣等一并送有机肥加工车间，掺入在该车间粉碎后的秸秆等辅料并引入菌种混合后，在堆肥区采用条垛堆积、定期机械翻动方式完成一次好氧堆肥，再经过静态陈化完成二次堆肥，两次堆肥后已完全腐熟的产物先圆筒造粒再通入沼气燃烧热风烘干，产出合格的固体有机肥外售。

繁育场有机肥加工车间堆肥区封闭并负压抽风，臭气通过生物滤池净化后排放。环评文件编制单位在分区防渗的基础上，按《地下水环境监测技术规范》（HJ 164—2020）要求制订了场区地下水跟踪监测方案。

注：猪当量为用于衡量畜禽氮磷排泄量的度量单位、1头生猪为1个猪当量，按重折算，5头保育仔猪等于1头生猪。

【问题】

1．计算存栏保育仔猪的猪当量。

2．为核算沼液利用的土地承载力，需收集果园的哪些信息？

3．指出校核沼液暂存池有效容积应考虑的因素。

4．针对有机肥加工车间其他废气污染源，推荐可行的治理措施。

5．简述项目选址环境合理性论证的主要内容。

【参考答案】

1．计算存栏保育仔猪的猪当量。

（3 000×2.2×10.5×92%÷52）×6÷5≈1 471.3。

2．为核算沼液利用的土地承载力，需收集果园的哪些信息？

果园的面积，单位面积水果产量，单位产量水果养分需求量（或氮需求量），果园沼液的施肥比例，土壤肥力。

3．指出校核沼液暂存池有效容积应考虑的因素。

沼液日产生量（或液体粪污、冲洗废水日产生量、沼气池沼液产率），非施肥季日数；施肥季果园沼液日利用量，施肥季降水日数等。

4．针对有机肥加工车间其他废气污染源，推荐可行的治理措施。

（1）圆筒造粒废气，主要污染物是恶臭物质（或氨、硫化氢、臭气浓度），密闭并负压排风，通过生物滤池净化后排放。

（2）沼气燃烧热风烘干废气，主要污染物是颗粒物和恶臭物质（或氨、硫化氢、臭气浓度），恶臭物质浓度高、废气温度高，除尘后采用燃烧法处理，然后排放。

5．简述项目选址环境合理性论证的主要内容。

（1）用地性质合理性分析；“三线一单”符合性分析；与土地利用、畜牧业发展等相关规划符合性分析。

（2）与外环境相容性合理性分析（或本项目对外环境的影响、外环境对本项目的影响）；如重要环境敏感目标的方位与距离防控要求的相符性。

（3）与相关规划及其环评、法律法规、技术规范等选址要求的符合性分析。

【考点分析】

此题由2021年环评案例分析考试试题改编而成，需要考生认真体会，综合把握。

1．计算存栏保育仔猪的猪当量。

此题需要关注注释内容：“1头生猪为1个猪当量，按重折算，5头保育仔猪等于1头生猪。”计算存栏保育仔猪的猪当量时不可忘记除以5。

2. 为核算沼液利用的土地承载力，需收集果园的哪些信息？

核算沼液利用的土地承载力，实际上为计算果园需要多少肥料时收集的信息。

举一反三

考生可以参考《畜禽粪污土地承载力测算技术指南》。

“3.3　猪当量

指用于衡量畜禽氮（磷）排泄量的度量单位，1头猪为1个猪当量。1个猪当量的氮排泄量为11 kg，磷排泄量为1.65 kg。按存栏量折算：100头猪相当于15头奶牛、30头肉牛、250只羊、2 500只家禽。生猪、奶牛、肉牛固体粪便中氮素占氮排泄总量的50%，磷素占80%；羊、家禽固体粪便中氮（磷）素占100%。

4　测算原则

畜禽粪污土地承载力及规模养殖场配套土地面积测算，以粪肥氮养分供给和植物氮养分需求为基础进行核算，对于设施蔬菜等作物为主或土壤本底值磷含量较高的特殊区域或农用地，可选择以磷为基础进行测算。畜禽粪肥养分需求量根据土壤肥力、作物类型和产量、粪肥施用比例等确定。畜禽粪肥养分供给量根据畜禽养殖量、粪污养分产生量、粪污收集处理方式等确定。”

3. 指出校核沼液暂存池有效容积应考虑的因素。

本题考生主要丢分点为遗漏非施肥季日数和施肥季降水日数。

4. 针对有机肥加工车间其他废气污染源，推荐可行的治理措施。

本题的答题思路为判定污染源，主要污染物；这两点分析清楚后，根据题干很容易确定治理措施。

5. 简述项目选址环境合理性论证的主要内容。

本题主要考察“选址合理性”内容。

举一反三

考生可以参考《建设项目环境影响评价技术导则　总纲》。

“3.3　环境影响评价工作程序

分析判定建设项目选址选线、规模、性质和工艺路线等与国家和地方有关环境保护法律法规、标准、政策、规范、相关规划、规划环境影响评价结论及审查意见的符合性，并与生态保护红线、环境质量底线、资源利用上线和环境准入负面清单进行对照，作为开展环境影响评价工作的前提和基础。”

二、化工石化及医药类

案例 1　化工园区丙烯酸项目

【素材】

某公司拟在化工园区新建丙烯酸生产项目，建设内容包括丙烯酸生产线、灌装生产线等主体工程；丙烯罐（压力罐）、丙烯酸成品罐、原料和桶装产品仓库等储运工程；水、电、汽、循环水等公用工程，以及废气催化氧化装置、废液焚烧炉、污水处理站（敞开式）、事故火炬、固废暂存点、消防废水收集池等环保设施。

丙烯酸生产工艺流程见图 1，主要原料为丙烯和空气，产品为丙烯酸，反应副产物主要为醋酸、甲醛和丙烷。丙烯酸生产装置密闭，物料管道输送。

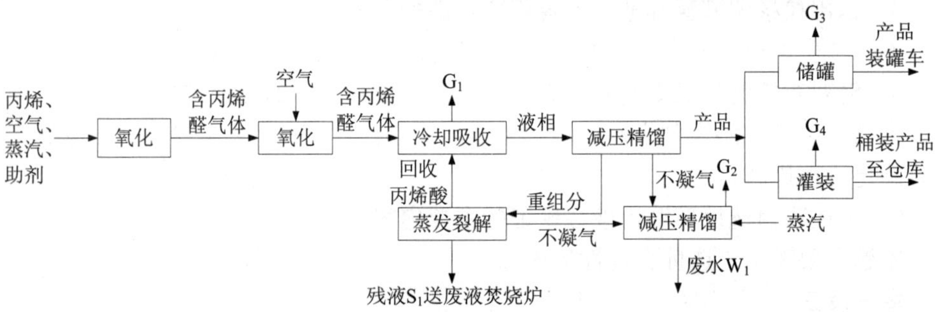

图 1　丙烯酸生产工艺流程

G_1、G_2 和 G_3 废气以及物料中间储罐的废气均送废气催化氧化装置处理后经 35 m 高排气筒排放；灌装生产线设置有集气罩，收集的 G_4 废气经 10 m 高排气筒排放。

W_1 废水（COD＜500 mg/L）、地坪冲洗水、公用工程排水、生活污水以及间断产生的设备冲洗水［COD 约为 20 000 mg/L，含丙烯酸、醋酸等，BOD_5/COD（可生化性指标）＞0.4，暂存至废水池内，按一定比例掺入］送污水处理站，经生化处理后送化工园区污水处理厂。

项目涉及的丙烯酸和丙烯醛有刺激性气味。废水、废气中丙烯酸、甲醛和丙烯醛为《石油化学工业污染物排放标准》（GB 31571—2015）中的有机特征污染物。

拟建厂址位于化工园区的西北部，当地近 20 年统计的 NW、WNW、NNW 风频合计大于 30%。经调查，化工园区外评价范围内有 7 个环境空气敏感点（表 1）。

环评机构判定项目环境空气评价工作等级为二级，从表 1 中选择两个敏感点进行冬季环境空气质量现状补充监测。

表 1　化工业园区外评价范围内环境空气敏感点分布

敏感点编号	1#	2#	3#	4#	5#	6#	7#
相对厂址方位	NW	W	SE	W	W	N	SE
距厂址最近距离/km	2.0	1.3	2.5	2.2	2.5	2.5	2.3

【问题】

1. 给出 G_1 废气中的特征污染因子。
2. 指出项目需完善的有机废气无组织排放控制措施。
3. 项目废水处理方案是否可行？说明理由。
4. 从表 1 中选取 2 个冬季环境空气质量补充监测点位。

【参考答案】

1. 给出 G_1 废气中的特征污染因子。

答：G_1 废气中的特征污染因子有丙烯酸、丙烯醛、丙烯、醋酸、甲醛、丙烷。

2. 指出项目需完善的有机废气无组织排放控制措施。

答：该项目需完善的有机废气无组织排放控制措施包括：

（1）丙烯酸成品罐采用浮顶罐或内浮顶罐。

（2）各储罐、产品槽车、原料和桶装产品仓库内设置有机气体收集装置。

（3）敞开式污水处理站采取封闭措施、臭气隔离措施，废气经收集处理达标后排放。

（4）灌装生产线密闭，加高废气 G_4 排气筒高度（不得低于 15 m），废气经收集处理，达标后排放。

3. 项目废水处理方案是否可行？说明理由。

答：项目废水处理方案不可行。

理由：① 间断产生的设备冲洗水 COD 约为 20 000 mg/L，且含有丙烯酸、醋酸，呈酸性，应单独处理；② 若将间接产生的设备冲洗水掺入废水后送污水处理站处理，会影响处理效率和运行稳定，且不符合分质、分类处理的原则。

4. 从表 1 中选取 2 个冬季环境空气质量补充监测点位。

答：应选取 3#、7#监测点位。

分析：由当地 NW、WNW、NNW 冬季风频之和大于 30%，可知该地区的主导风向为西北风。根据大气环境补充监测布点原则，以近20年统计当地主导风向为轴向，在厂址及主导风向下风向5 km范围设置1～2个监测点。所以在3#、7#点设监测点。

【考点分析】

此题由2016年环评案例分析考试试题改编而成，需要考生认真体会，综合把握。

1. 给出 G_1 废气中的特征污染因子。

考试大纲中“四、环境影响识别、预测与评价（1）识别环境影响因素与筛选评价因子”。

特征污染因子识别属于历年高频考点。该项目大气特征污染因子题干信息已给出，在冷却吸收阶段，反应基本完成，反应器内既有原料（丙烯），又有最终产品（丙烯酸）、中间产品（丙烯醛）和副产品（醋酸、甲醛和丙烷）。

2. 指出项目需完善的有机废气无组织排放控制措施。

考试大纲中“六、环境保护措施分析（1）分析污染控制措施的技术经济可行性”。

该项目中的有机物与外环境开口的位置均可能产生有机废气无组织污染，包括成品装罐、污水处理等。另外，低于15 m高排气筒废气排放视为无组织排放。

3. 项目废水处理方案是否可行？说明理由。

考试大纲中“二、项目分析（4）分析固体废物处理处置合理性”和“六、环境保护措施分析（1）分析污染控制措施的技术经济可行性”。

举一反三

废水中 BOD_5/COD 的比值是判断废水是否适合采用好氧生化处理的一个重要依据。一般 BOD_5/COD≥0.3 的废水宜采用好氧生化处理，高浓度、难生物降解有机废水和污泥等的处理宜选用厌氧生化处理，该考点为高频考点。

4. 从表1中选取2个冬季环境空气质量补充监测点位。

考试大纲中“三、环境现状调查与评价（2）制定环境现状调查与监测方案”。

本题主要考查环评人员对《环境影响评价技术导则　大气环境》（HJ 2.2—2018）的掌握和应用情况。

举一反三

大气环境影响评价的空气环境质量现状监测点位布置，已经在2016年、2017年连续两年案例分析考试中出现，这类题型要注意《环境影响评价技术导则　大气环境》（HJ 2.2—2018）中对空气环境质量现状补充监测布点要求和原则，题干中给出主导风向和附近居民点的布置及其相对位置关系，从中选择有利于开展现状监测的点进行布置。2017年以一段话的形式给出空气敏感点分布，而本题以列表形式给出，此类题型建议大家在草稿纸上画出各敏感点的方位图，以便快速准确地做出判断或选出较为合适的监测点。

案例2 化工园区农药厂项目

【素材】

某农药厂位于化工园区内，现有 A、B 两个农药产品生产车间，主要环保工程有危险废物焚烧炉和污水处理站。危险废物焚烧炉处理能力 24 t/d，焚烧尾气经净化处理后排放；污水处理站设计处理能力为 200 m^3/d，设计进水水质 COD、NH_3-N 和全盐量分别为 3 000 mg/L、300 mg/L 和 5 000 mg/L。现状实际处理废水为 150 m^3/d，COD、NH_3-N 和全盐量实际进水浓度分别为 2 600 mg/L、190 mg/L 和 4 600 mg/L。废水经处理达到接管标准后由专用管道送至园区污水处理厂，供水、供电、供气依托园区基础设施。

拟在现有厂区新建农药啶虫脒生产项目，建设内容包括：新建胺化缩合车间、干燥车间，扩建化学品罐区。生产工艺流程见图 1。主要原料有 2-氯-5-氯甲基吡啶、一甲胺和氰基乙酯，主要溶剂有三氯甲烷、乙醇。

拟在现有化学品罐区内增设化学品储罐，包括 2×80 m^3 乙醇常压储罐、10 m^3 一甲胺压力储罐和 2×30 m^3 三氯甲烷常压储罐，贮存量分别为 100 t、4 t 和 50 t。

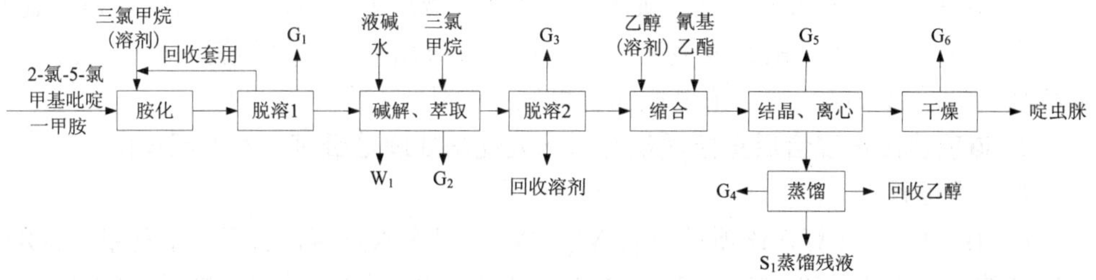

图 1　拟建项目生产工艺流程与产污节点

项目废水产生情况见表 1，拟混合后送现有污水处理站处理。配置 3 套工艺废气处理设施，其中，废气 G_1、G_2 和 G_3 经深度冷凝+碳纤维吸附处理装置处理后排放。S_1 蒸馏残液及废气处理产生的废碳纤维送废液废渣危险废物焚烧炉焚烧处理。

表 1　拟建项目废水产生情况

代号	名称	排放量/ (m^3/d)	主要污染物浓度/（mg/L）			排放方式
			全盐量	COD	NH_3-N	
W_1	工艺废水	8	125 000	4 500	500	间歇
W_2	设备地面冲洗、循环水排污水等	10	1 600	240	50	间歇
W_3	生活污水	2	500	300	30	间歇

【问题】

1. 分别指出图 1 中废气 G_1 和废气 G_6 中的特征污染物。
2. 废气 G_3 的处理工艺是否合理？说明理由。
3. 该项目废水混合后直接送现有污水处理站处理是否可行？说明理由。
4. 为分析该项目固体废物送焚烧炉焚烧的可行性，应调查哪些信息？
5. 列出 S_1 蒸馏残液及废气处理产生的废碳纤维经焚烧处理后产生的废气排放应执行的标准。

【参考答案】

1. 分别指出图 1 中废气 G_1 和废气 G_6 中的特征污染物。

答：G_1：三氯甲烷、一甲胺；G_6：乙醇。

2. 废气 G_3 的处理工艺是否合理？说明理由。

答：合理。

理由：G_3 的主要污染物是三氯甲烷。经深度冷凝处理后，废气温度降到三氯甲烷沸点以下，三氯甲烷凝结成液滴，从气体中分离出来，三氯甲烷的浓度会降低，碳纤维吸附适用于风量大、浓度低的有机气体的处理。故工艺可行。

3. 该项目废水混合后直接送现有污水处理站处理是否可行？说明理由。

答：不可行。

理由：（1）经计算，该项目 W_1、W_2、W_3 3 股废水直接混合后，全盐量、COD、NH_3-N 浓度分别为：50 850 mg/L、1 950 mg/L 和 228 mg/L。其中全盐量 50 850 mg/L 超过了污水处理站进水的设计浓度 5 000 mg/L，因此不能直接进入污水处理站处理。

（2）项目 3 股废水浓度差异大，直接混合不符合废水“分质分类”处理的要求。

4. 为分析该项目固体废物送焚烧炉焚烧的可行性，应调查哪些信息？

答：（1）对该项目产生的固体废物进行性质鉴定，判断是否适合进行焚烧处理。

（2）该项目固体废物产生量及现有焚烧炉是否有足够的剩余容量。

（3）该项目固体废物运送至焚烧炉的途径是否安全可靠、经济合理。

（4）焚烧炉的相关性能指标、尾气净化排放指标是否满足环保要求。

5. 列出 S_1 蒸馏残液及废气处理产生的废碳纤维经焚烧处理后产生的废气排放应执行的标准。

答：S_1 蒸馏残液及废气处理产生的废碳纤维属于危险废物，应执行《危险废物焚烧污染控制标准》（GB 18484—2020）。

【考点分析】

本题为 2015 年环评案例分析考试试题，结合 2017 年试题增加了第 5 小问。

1. 分别指出图 1 中废气 G_1 和废气 G_6 中的特征污染物。

考试大纲中“二、项目分析（1）分析建设项目施工期和运营期环境影响的因素和途径，识别产污环节、污染因子和污染物特性，核算物耗、水耗、能耗和主要污染物源强”。

石化医药行业特征污染物的识别，应关注添加物及其性质，属于考点中的难点。

一甲胺：常温常压下为无色气体；

三氯甲烷：无色透明重质液体，极易挥发，有特殊气味，味甜。

采用 2-氯-5-氯甲基吡啶、一甲胺和氰基乙酯合成啶虫脒的反应方程式如下：

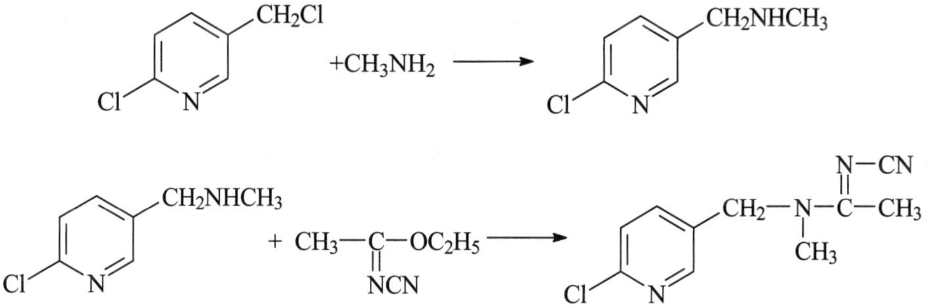

2. 废气 G_3 的处理工艺是否合理？说明理由。

考试大纲中“六、环境保护措施分析（1）分析污染控制措施的技术经济可行性”。

碳纤维吸附气态污染物的特点：适用于低浓度有毒有害气体净化。吸附工艺分为变温吸附和变压吸附。低温能够有效降低有机气体的浓度。

3. 该项目废水混合后直接送现有污水处理站处理是否可行？说明理由。

考试大纲中“六、环境保护措施分析（1）分析污染控制措施的技术经济可行性”。

涉及考点：废水纳入园区污水处理厂需满足其进水水质要求；废水“分质分类”处理的原则。

4. 为分析该项目固体废物送焚烧炉焚烧的可行性，应调查哪些信息？

考试大纲中“六、环境保护措施分析（1）分析污染控制措施的技术经济可行性”。

此题类似于“项目废水纳入园区污水处理厂处理可行性分析”。需关注：污水处理厂进水水质要求、剩余容量、输送管线、污水处理厂排水水质是否达标。

5. 列出 S_1 蒸馏残液及废气处理产生的废碳纤维经焚烧处理后产生的废气排放应执行的标准。

考试大纲中“四、环境影响识别、预测与评价（2）选用评价标准”。

化工石化及医药类涉及危险废物焚烧处理的项目，须注意焚烧处理尾气排放的执行标准，大家须谨慎对待，本题考查了危险废物焚烧处理废气排放执行标准的问题，且应注意2020年发布了《危险废物焚烧污染控制标准》(GB 18484—2020)。危险废物处置和管理是近几年国家环境保护中比较重要的方面，要求也比较高，建议考生在复习过程中认真准备。

案例 3　化学原料药改扩建项目

【素材】

某原料药生产企业拟实施改扩建项目，新建 3 个原料药产品生产车间和相应的原辅料储存设施。其中，A 产品生产工艺流程见图 1，A 产品原辅料包装、储存方式及每批次原辅料投料量见表 1，原辅料均属危险化学品。A 产品每批次缩合反应生成乙醇 270 kg，蒸馏回收 97%乙醇溶液 1 010 kg。

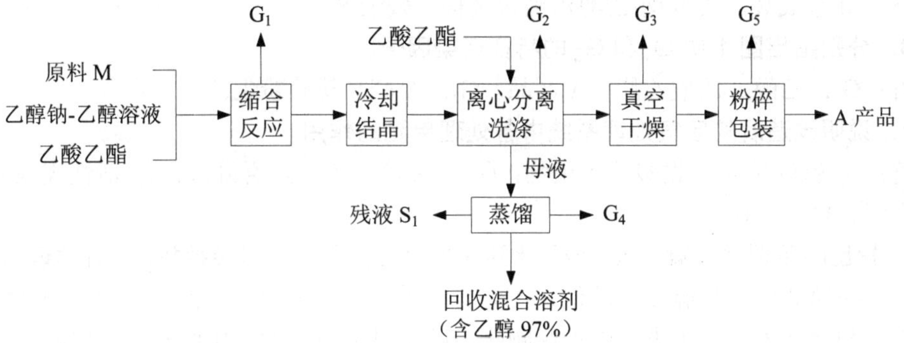

图 1　A 产品生产工艺流程

表 1　A 产品原辅料包装、储存方式及每批次原辅料投料量

物料	规格/%	投料量/（kg/批）	包装方式	储存位置
原料 M	100	430	固体，袋装	危险化学品库
无水乙醇	100	100	液体，储罐	储罐区
乙醇钠-乙醇溶液	20（乙醇钠含量）	1 000	液体，桶装	危险化学品库
乙酸乙酯	100	300	液体，储罐	储罐区

改扩建项目拟采用埋地卧式储罐储存乙醇、乙酸乙酯等主要溶剂，储罐放置于防腐、防渗处理后的罐池内，并用沙土覆盖。储罐设有液位观测报警装置。

该企业现有 1 套全厂废气处理系统，采用水洗工艺处理含乙醇、丙酮、醋酸、乙酸乙酯、甲苯、二甲苯等污染物的有机废气。改扩建项目拟将该废气处理系统进行改造，改造后的处理工艺为“碱洗+除雾除湿+活性炭吸附”。

【问题】

1. 计算 1 个批次 A 产品生产过程中的乙醇损耗量。

2. 指出 A 产品生产中应作为危险废物管理的固体废物。

3. 分别指出图 1 中 G_1 和 G_5 的特征污染因子。

4. 说明改造后的废气处理系统中各处理单元的作用。

5. 提出防范埋地储罐土壤、地下水污染风险应采取的环境监控措施，说明理由。

【参考答案】

1. 计算 1 个批次 A 产品生产过程中的乙醇损耗量。

答：乙醇损耗量：1 000×80%+100+270−1 010×97%=190.3（kg/批）。

2. 指出 A 产品生产中应作为危险废物管理的固体废物。

答：M 包装袋，乙醇钠-乙醇溶液包装桶，残液 S_1。

3. 分别指出图 1 中 G_1 和 G_5 的特征污染因子。

答：G_1：乙醇、乙酸乙酯、A 产品。G_5：A 产品粉碎粉尘。

4. 说明改造后的废气处理系统中各处理单元的作用。

答：① 碱洗单元吸收酸性污染物；② 除雾除湿单元除雾降湿；③ 活性炭吸附单元吸附有机污染物。

5. 提出防范埋地储罐土壤、地下水污染风险应采取的环境监控措施，说明理由。

答：在储罐内安装温度、液位、压力自动报警监控装置，防范因储罐破损泄漏而对土壤和地下水造成污染。重点影响区、敏感目标附近设土壤监测点，储灌区地下水流向下游设地下水监测井。安装监控装置，设置土壤监测点和地下水跟踪监测井，能及时发现储罐泄漏，以便采取措施，避免污染。

【考点分析】

本案例是根据 2014 年案例分析考试试题改编而成的，考生认真体会，综合把握。

1. 计算 1 个批次 A 产品生产过程中的乙醇损耗量。

考试大纲中“二、项目分析（1）分析建设项目施工期和运营期环境影响的因素和途径，识别产污环节、污染因子和污染物特性，核算物耗、水耗、能耗和主要污染物源强”。

该题考查的是物料衡算问题，A 产品生产过程中乙醇损耗量=投入量+生成量−回收量。

2. 指出 A 产品生产中应作为危险废物管理的固体废物。

考试大纲中“二、项目分析（1）分析建设项目施工期和运营期环境影响的因素和途径，识别产污环节、污染因子和污染物特性，核算物耗、水耗、能耗和主要污染物源强；（4）分析固体废物处理处置合理性”。

项目固体废物性质识别是重要的考点，应该从废物产生的原料、途径等角度分析。本题 A 产品生产使用的原料均为危险化学品，故原料废包装袋、废包装桶、反应残液均为危险废物。本题与本书“六、采掘类 案例 4 油田开发项目”中的第 3 题类似。

举一反三

根据《国家危险废物名录》，具有下列情形之一的固体废物（包括液体废物），列入本名录：① 具有腐蚀性、毒性、易燃性、反应性或者感染性等一种或者几种危险特性的；② 不排除具有危险特性，可能对环境或者人体健康造成有害影响的。

3．分别指出图 1 中 G_1 和 G_5 的特征污染因子。

考试大纲中“二、项目分析（1）分析建设项目施工期和运营期环境影响的因素和途径，识别产污环节、污染因子和污染物特性，核算物耗、水耗、能耗和主要污染物源强”。

本题考点是考查考生对一个行业环境影响识别的能力。考试在遇到此类问题时，要结合行业特点，参考工艺流程图及主要原辅材料分析其特征污染物。

缩合反应的原料含乙醇、乙酸乙酯等挥发性有机物，因此可判断 G_1 中含乙醇、乙酸乙酯。缩合反应已经产生了 A 产品，且 A 产品能溶于乙醇有机溶剂，G_1 中应该含有 A 产品成分。

A 产品经真空干燥后，绝大多数乙酸乙酯被除去，破碎包装阶段主要为 A 产品破碎粉尘。

4．说明改造后的废气处理系统中各处理单元的作用。

考试大纲中“六、环境保护措施分析（1）分析污染控制措施的技术经济可行性”。

环保措施一直是近几年案例分析考试的出题方向，请考生认真总结废气、废水、噪声、固体废物的污染防治措施。

举一反三

气态污染物控制措施一般有：吸收净化、吸附净化、气体燃烧净化、气体催化净化、冷凝回收等。

5．提出防范埋地储罐土壤、地下水污染风险应采取的环境监控措施，说明理由。

考试大纲中“五、环境风险评价（2）提出减缓和消除事故环境影响的措施”。

举一反三

涉及土壤、地下水环境问题应结合《环境影响评价技术导则　上壤环境（试行）》（HJ 964—2018）、《环境影响评价技术导则　地下水环境》（HJ 610—2016）的知识点进行。

案例4　L-缬氨酸生产项目

【素材】

某拟建年产2 000 t L-缬氨酸项目，建设内容包括发酵车间、提取车间、公用工程、辅助设施和环保工程。

发酵车间设3个容积100 m^3的发酵罐，以赤砂糖、玉米浆粉为主要原料（培养基），经高温蒸汽灭菌、接种、发酵，产出发酵液。发酵过程中连续补充无菌空气、液氨（无机氮源），发酵产生的异味气体（主要是有机酸、醇等）导入发酵异味气体处理系统。发酵液通过管道输送到提取车间进行分离提取，清空的发酵罐采用自来水清洗、蒸汽灭菌。

提取车间生产工艺流程见图 1。浓缩结晶工段的水蒸气含少量有机酸、醇，经冷凝后用于配制培养基。

辅助设施包括1台5 t/h天然气锅炉和原辅材料储罐区。其中，储罐区设有2个10 m^3的液氨储罐（单个储量6 t），间距为5 m。环保工程包括1座规模为600 m^3/d的高浓度有机废水处理站和1套发酵异味气体处理系统。

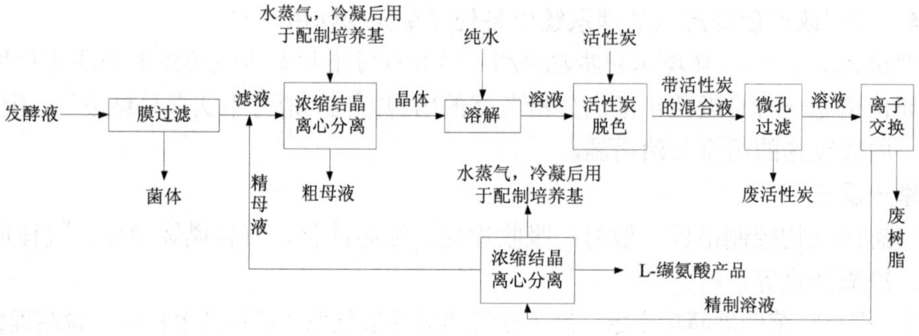

图1　提取车间生产工艺流程

拟建厂址位于工业园区的西南部，紧邻园区边界。经现场踏勘确认，厂界东南侧500 m有D村、西偏南2 600 m有E村，西侧200 m有F村，西偏南1 500 m有G村。该项目大气环境影响评价等级为二级，拟布设2个环境空气质量现状监测点。监测期间主导风向为东北风。

［注：《危险化学品重大危险源辨识》（GB 18218—2018）规定的液氨临界量为10 t。］

【问题】

1．指出图 1 中菌体、粗母液和废树脂的处置利用方式。

2．识别该项目的重大危险源，并说明理由，说明环境风险等级划分的依据。

3．发酵异味气体采用水洗法处理是否可行？说明理由。

4．提出环境空气质量现状补充监测布点方案，说明理由。

【参考答案】

1．指出图 1 中菌体、粗母液和废树脂的处置利用方式。

答：菌体、粗母液综合利用，废树脂送有资质单位处置。

2．识别该项目的重点危险源，并说明理由，说明环境风险等级划分的依据。

答：重点危险源为液氨储罐。

理由：液氨储罐存储液氨 12 t 超过临界量 10 t。

环境风险等级划分依据：根据该项目涉及的物质（如液氨）及工艺系统危险性和项目所在地的环境敏感性确定环境风险潜势，再根据环境风险潜势判定环境风险评价等级。

3．发酵异味气体采用水洗法处理是否可行？说明理由。

答：不可行。

理由：产生大量污水，增加废物产生量，可用冷凝法回收或活性炭吸附法。

4．提出环境空气质量现状补充监测布点方案，说明理由。

答：监测布点方案：主导风向为东北风，下风向西偏南方向 E 村布置一个点，G 村布置 1 个点。

理由：根据《环境影响评价技术导则　大气环境》（HJ 2.2—2018），以近 20 年统计的当地主导风向为轴向，在厂址及主导风向下风向 5 km 范围内设置 1～2 个监测点。

【考点分析】

本案例是根据 2014 年案例分析考试试题改编而成的。这道题目所涉及的考点很多，需要考生综合把握。

1．指出图 1 中菌体、粗母液和废树脂的处置利用方式。

考试大纲中“二、项目分析（1）分析建设项目施工期和运营期环境影响的因素和途径，识别产污环节、污染因子和污染物特性，核算物耗、水耗、能耗和主要污染物源强”。

本题中菌体、粗母液中含有活性发酵菌，可回用于发酵生产。废树脂属于危险废物，送有资质单位处置。

2．识别该项目的重点危险源，说明理由，说明环境风险等级划分的依据

考试大纲中“五、环境风险评价（1）识别重点危险源并描述可能发生的环境风险事故”。

关于重点危险源的识别，2013年考题出现了两次，这与当前对环境风险的特别关注有一定的关系。

此外，《建设项目环境风险评价技术导则》（HJ 169—2018）发布后，环境风险评价相关的内容较2004年有了变化，如环境风险等级划分需要通过环境风险潜势来判定，这些新内容也是环境风险评价工作关注的重点。

举一反三

根据HJ 169—2018，评价工作等级划分相关内容如下（节选）。

“4.3 评价工作等级划分

环境风险评价工作等级划分为一级、二级、三级。根据建设项目涉及的物质及工艺系统危险性和所在地的环境敏感性确定环境风险潜势，按照表1确定评价工作等级。风险潜势为Ⅳ及以上，进行一级评价；风险潜势为Ⅲ，进行二级评价；风险潜势为Ⅱ，进行三级评价；风险潜势为Ⅰ，可开展简单分析。

表1 评价工作等级划分

环境风险潜势	Ⅳ、Ⅳ$^+$	Ⅲ	Ⅱ	Ⅰ
评价工作等级	一	二	三	简单分析[a]

[a] 是相对于详细评价内容而言，在描述危险物质、环境影响途径、环境危害后果、风险防范措施等方面给出定性的说明。见附录A。

……

6.1 环境风险潜势划分

建设项目环境风险潜势划分为Ⅰ、Ⅱ、Ⅲ、Ⅳ/Ⅳ$^+$级。

根据建设项目涉及的物质和工艺系统的危险性及其所在地的环境敏感程度，结合事故情形下环境影响途径，对建设项目潜在环境危害程度进行概化分析，按照表2确定环境风险潜势。

表2 建设项目环境风险潜势划分

环境敏感程度（E）	危险物质及工艺系统危险性（P）			
	极高危害（P1）	高度危害（P2）	中度危害（P3）	轻度危害（P4）
环境高度敏感区（E1）	Ⅳ$^+$	Ⅳ	Ⅲ	Ⅲ
环境中度敏感区（E2）	Ⅳ	Ⅲ	Ⅲ	Ⅱ
环境低度敏感区（E3）	Ⅲ	Ⅲ	Ⅱ	Ⅰ

注：Ⅳ$^+$为极高环境风险。

6.2 P的分级确定

分析建设项目生产、使用、储存过程中涉及的有毒有害、易燃易爆物质，参见附录B 确定危险物质的临界量。定量分析危险物质数量与临界量的比值（*Q*）和所属行业及生产工艺特点（M），按附录C对危险物质及工艺系统危险性（P）等级进行判断。

6.3 E的分级确定

分析危险物质在事故情形下的环境影响途径，如大气、地表水、地下水等，按照附录D对建设项目各要素环境敏感程度（E）等级进行判断。

6.4 建设项目环境风险潜势判断

建设项目环境风险潜势综合等级取各要素等级的相对高值。”

3. 发酵异味气体采用水洗法处理是否可行？说明理由。

考试大纲中“六、环境保护措施分析（1）分析污染控制措施的技术经济可行性”。

废气中含有机酸和醇，采用水洗法会产生大量含有机酸和醇的废水，造成二次污染，可采用冷凝法或活性炭吸附。

4. 提出环境空气质量现状监测布点方案，说明理由。

考试大纲中“三、环境现状调查与评价（2）制定环境现状调查与监测方案”。

举一反三

根据《环境影响评价技术导则　大气环境》（HJ 2.2—2018），大气环境现状补充监测制度如下（节选）：

“6.3.1 监测时段

6.3.1.1 根据监测因子的污染特征，选择污染较重的季节进行现状监测。补充监测应至少取得7 d有效数据。

6.3.1.2 对于部分无法进行连续监测的其他污染物，可监测其一次空气质量浓度，监测时次应满足所用评价标准的取值时间要求。

6.3.2 监测布点

以近20年统计的当地主导风向为轴向，在厂址及主导风向下风向5 km范围内设置1～2个监测点。如需在一类区进行补充监测，监测点应设置在不受人为活动影响的区域。

6.3.3 监测方法

应选择符合监测因子对应环境质量标准或参考标准所推荐的监测方法，并在评价报告中注明。

6.3.4 监测采样

环境空气监测中的采样点、采样环境、采样高度及采样频率，按HJ 664及相关评价标准规定的环境监测技术规范执行。”

案例5 园区化学原料药项目

【素材】

某制药企业位于工业园区，在工业园区建设初期入园，占地面积 3 hm^2。截至2012年工业园区已完成规划用地开发的80%。该企业拟在现有的厂区新建两个车间，生产A、B、C 3种化学原料药产品。一车间独立生产A产品，二车间生产B、C两种产品，B产品和C产品共用一套设备轮换生产。A、B、C 3种产品生产过程中产生的工艺废气污染物主要有甲苯、醋酸、三乙胺，拟在相应的废气产生节点将废气回收预处理后混合送入RTO（热力燃烧）装置处理，处理后尾气经15 m高的排气筒排放。A、B、C 3种产品工艺废气预处理后的主要污染物最大速率见表1。RTO装置的设计处理效率为95%。

该企业现有生产废水可生化性良好，污水处理站采用混凝沉淀+好氧处理工艺，废水处理能力为100 t/d，现状实际处理废水量50 t/d，各项出水水质指标达标。扩建项目废水量40 t/d，废水 BOD_5/COD值小于0.10。拟定的扩建项目污水处理方案是依托现有污水处理站处理全部废水。

表1 工艺废气预处理后主要污染物最大速率 单位：kg/h

废气主要污染物	A产品	B产品	C产品
甲苯	12.5	10	7.5
醋酸	0	2.5	1.0
三乙胺	5	2.5	1.5

【问题】

1. 确定该项目大气特征污染因子。
2. 给出甲苯最大排放速率。
3. 指出废气热力燃烧产生的主要二次污染物，提出对策。
4. 根据水质、水量情况，给出一种适宜的污水处理方案建议，并说明理由。
5. 为评价扩建项目废气排放的影响，现场调查应了解哪些信息？

【参考答案】

1. 确定该项目大气特征污染因子。

答：生产工艺大气特征污染因子：甲苯、醋酸、三乙胺。

污水处理站大气特征污染因子：氨气、硫化氢、臭气浓度。

2. 给出甲苯最大排放速率。

答：A 单独生产，且 B 进行生产时，甲苯最大排放速率=（12.5+10）×（1−95%）= 1.125（kg/h）。

3. 指出废气热力燃烧产生的主要二次污染物，提出对策。

答：废气热力燃烧产生的主要二次污染物为：NO_2。

对策为用活性炭吸附。

4. 根据水质、水量情况，给出一种适宜的污水处理方案建议，并说明理由。

答：由于扩建工程废水 BOD_5/COD 值小于 0.10，可生化性差，需先进行催化氧化预处理，然后再纳入现有污水处理站处理。

理由：现有污水处理站处理能力 100 t/d，目前处理量 50 t/d，还有 50 t/d 的余量，因此在处理量上可以接纳扩建工程 40 t/d 的废水量。

5. 为评价扩建项目废气排放的影响，现场调查应了解哪些信息？

答：（1）扩建工程污染源调查，包括废气种类、废气量、排气筒出口内径、温度等。

（2）评价范围内在建或已批未建的排放同类污染物的污染源调查。

（3）评价范围内大气环境功能区划及环境质量现状和达标情况。

（4）当地气象资料，包括风向、风速等。

（5）评价范围内地形，建筑物，地表覆盖情况等。

（6）评价范围内环境敏感目标的分布。

【考点分析】

本案例是根据 2013 年案例分析试题改编而成的，需要考生认真体会，综合把握。

1. 确定该项目大气特征污染因子。

考试大纲中“四、环境影响识别、预测与评价（1）识别环境影响因素与筛选评价因子”。

特征污染因子识别属于高频考点，2013 年、2014 年环评案例分析考试中多次出现该类型题目。该项目大气特征污染因子题干信息已给出，注意不要遗漏污水处理站的大气特征污染因子。

2. 给出甲苯最大排放速率。

考试大纲中“二、项目分析（1）分析建设项目施工期和运营期环境影响的因素和途径，识别产污环节、污染因子和污染物特性，核算物耗、水耗、能耗和主要污染物源强”。

3．指出废气热力燃烧产生的主要二次污染物，提出对策。

考试大纲中“二、项目分析（1）分析建设项目施工期和运营期环境影响的因素和途径，识别产污环节、污染因子和污染物特性，核算物耗、水耗、能耗和主要污染物源强”和“六、环境保护措施分析（1）分析污染控制措施的技术经济可行性”。

热力燃烧是指把废气温度提高到可燃气态污染物的温度，使其进行全氧化分解的过程。由于废气中含有的可燃气态污染物浓度较低，所以需要燃烧辅助燃料提高废气的温度。热力燃烧过程包括以下3个步骤：①辅助燃料燃烧以提供热量；②废气与高温燃气混合达到反应温度；③保持废气在反应温度下有足够的停留时间，以使其中的可燃气态污染物氧化分解。

本题含氮有机物燃烧最终产物一般为NO_2，废气燃烧产生的CO_2、H_2O不作为主要污染物看待。

4．根据水质、水量情况，给出一种适宜的污水处理方案建议，并说明理由。

考试大纲中“六、环境保护措施分析（1）分析污染控制措施的技术经济可行性”。

本题为废水治理措施题，与本书“二、化工石化及医药类 案例6 新建石化项目”的第2题类似。可生化性差的废水一般可采取混凝沉降、水解酸化、厌氧发酵、树脂吸附、催化氧化等处理方法。

5．为评价扩建项目废气排放的影响，现场调查应了解哪些信息？

考试大纲中“三、环境现状调查与评价（2）制定环境现状调查与监测方案”。

废气排放影响评价需调查内容：该工程大气污染源调查、周边在建与已批未建污染源调查、环境空气质量现状调查、环境空气保护目标调查、气象条件资料等。

举一反三

环境现状调查是环评考试的重点内容之一，根据《环境影响评价技术导则 大气环境》（HJ 2.2—2018），环境现状调查与评价的主要内容如下（节选）：

“6.1 调查内容和目的

6.1.1 一级评价项目

6.1.1.1 调查项目所在区域环境质量达标情况，作为项目所在区域是否为达标区的判断依据。

6.1.1.2 调查评价范围内有环境质量标准的评价因子的环境质量监测数据或进行补充监测，用于评价项目所在区域污染物环境质量现状，以及计算环境空气保护目标和网格点的环境质量现状浓度。

6.1.2　二级评价项目

6.1.2.1　调查项目所在区域环境质量达标情况。

6.1.2.2　调查评价范围内有环境质量标准的评价因子的环境质量监测数据或进行补充监测，用于评价项目所在区域污染物环境质量现状。

6.1.3　三级评价项目

只调查项目所在区域环境质量达标情况。”

案例 6　新建石化项目

【素材】

某石化企业拟建于工业区，工业区集中供水、供电，建有污水处理厂。工业区污水处理厂已建两套好氧污泥法污水处理系统，正在建设一套 SBR 型 50 m^3 污水生化处理系统，处理工业区各企业生产废水。废水处理达标后由同一排放管向深海排放，废水排放口西北 83 m 海域有水产养殖区，在其附近设有定期检测设备。

厂区划分为石化生产装置区、中间罐区、厂内原料产品罐区、码头原料罐区、综合管理设施区和污水处理场。在污水处理厂东南角设基础防渗的露天固废临时贮存场，部分生产装置废水产生情况见表 1，其中 C 股废水中含难生化降解的硝基苯类污染物。

表 1　拟建项目部分生产装置废水产生情况

排放源	排放规律	产生量/（m^3/h）	水质/（mg/L，pH 除外）					
			pH	COD	BOD_5	石油类	氨氮	硝基苯类
A	连续	50	6～7	1 000	350	500	60	—
B	连续	200	6～8	600	300	300	50	—
C	连续	23	—	8 000	极低	—	—	1 000

厂内生产废水处理方案为 A、B、C 3 股废水直接混合后进行除油预处理和生化处理。处理达标后送工业区污水处理厂进一步处理。

项目运营期拟在定期监测站位对海水水质、海洋表层沉积物和生物进行硝基苯类定期监测。

【问题】

1．该项目废水预处理去除石油类可采用哪些方法？

2．根据该项目 A、B、C 3 股废水的特征，简述项目废水处理方案的可行性，优化污水处理方案。

3．污水处理厂产生的固废是否可送厂区固废临时贮存场堆存？说明理由。

4．厂区污水处理厂调节池、曝气池是主要的恶臭源，简述减轻其环境影响的可行措施。

5．说明项目运营期进行硝基苯定期监测的作用。

【参考答案】

1．该项目废水预处理去除石油类可采用哪些方法？

答：隔油池、油水分离器、破乳剂除油、气浮。

油类常以浮油、乳化溶解态油、重油3种形式存于水中，因此预处理方式包括：

（1）浮油可利用其比重小于1且不溶于水的原理，通过机械作用使之上浮并去除，如常用的隔油池。

（2）对于溶解态和乳化态油类可采用投加药剂—气浮法，即破乳—混凝—气浮，将其去除。

（3）对于比重大于1的重油则可用重力分离法加以去除，如设置除油沉砂池。

2．根据该项目A、B、C 3股废水的特征，简述项目废水处理方案的可行性，优化污水处理方案。

答：A、B、C废水混合处理不可行。通过题干信息可知，A、B两股废水可生化性强，而C废水可生化性差，根据“清污分流、污污分流、分质处理”的原则，A、B废水与C废水混合后再生化处理不可行。

优化措施：A、B两股废水混合除油后进行生化处理除碳、脱氨；C股废水中的难降解有机物（COD、硝基苯类）通过混凝处理后再用活性炭吸附等物理和物化方法加以去除至达标。

3．污水处理厂产生的固废是否可送厂区固废临时贮存场堆存？说明理由。

答：不可放置在厂区固废临时贮存场贮存。由《国家危险废物名录》可知，含硝基苯类废物为危险废物，根据《危险废物贮存污染控制标准》（GB 18597—2001）及其修改单，危险废物临时贮存场所除需防渗外，还需防风、防雨、防晒，不得露天堆场。

4．厂区污水处理厂调节池、曝气池是主要的恶臭源，简述减轻其环境影响的可行措施。

答：（1）合理规划，设置合理的卫生防护距离，确保周边敏感目标不受影响，同时将污水处理厂设置在下风向，减小恶臭的影响范围；

（2）调节池、曝气池周边设置绿化带；

（3）对调节池、曝气池进行加盖处理，同时设置臭气收集系统，通过焚烧或活性炭吸附法进行处理。

5．说明项目运营期进行硝基苯定期监测的作用。

答：（1）定期进行水质、沉积物、生物体中硝基苯的监测，有助于了解硝基苯类化合物在海水中的扩散、沉积、迁移的情况和规律，防止其污染环境，以及在生物体中累积，最终影响人体健康等。

（2）定期监测硝基苯，可控制海水环境质量，监测项目废水排放对渔业养殖的影响。

（3）对防范企业超标排放，监控环境风险，严格环境保护制度执行等有重要作用。

【考点分析】

本案例是根据 2010 年案例分析试题改编而成。这道题目所涉及的考点很多，需要考生综合把握。

1. 该项目废水预处理去除石油类可采用哪些方法？

考试大纲中“六、环境保护措施分析（1）分析污染控制措施的技术经济可行性”。

举一反三

环保措施一直是近几年案例分析考试的出题方向，请考生认真总结废气、废水、噪声、固废的污染防治措施。为了强化对环保措施知识点的复习，本书“三、冶金机电类　案例 5　专用设备制造项目”第 5 题的考点分析对有机废气治理措施进行了总结，请对照复习。

2. 根据该项目 A、B、C 3 股废水的特征，简述项目废水处理方案的可行性，优化污水处理方案。

考试大纲中“六、环境保护措施分析（1）分析污染控制措施的技术经济可行性”。

3. 污水处理厂产生的固废是否可送厂区固废临时贮存场堆存？说明理由。

考试大纲中“六、环境保护措施分析（1）分析污染控制措施的技术经济可行性”。

此题属于社会服务类危险废物贮存、处置项目的常考问题，涉及的知识点为危险废物堆放要求。主要包括：①基础必须防渗；②危险废物堆内设置雨水收集池，并能收集 25 年一遇的暴雨 24 h 降雨量；③危险废物堆要防风、防雨、防晒；④不兼容的危险废物不能堆放在一起。

4. 厂区污水处理厂调节池、曝气池是主要的恶臭源，简述减轻其环境影响的可行措施。

考试大纲中“六、环境保护措施分析（1）分析污染控制措施的技术经济可行性”。

此题为污水处理厂类案例常考知识点，类似于本书“五、社会服务类　案例 3　3 万 t/d 污水处理厂项目”中的第 6 题，请对照复习。

举一反三

在污水处理厂中，恶臭浓度最高处为污泥处置工段，恶臭逸出量最大处是好氧曝气池，在曝气过程中恶臭物质逸入空气。考生可以从清除恶臭发生源、切断扩散途径及污染受体保护几个方面回答。

5. 说明项目运营期进行硝基苯定期监测的作用。

考试大纲中“六、环境保护措施分析(1)分析污染控制措施的技术经济可行性”。

举一反三

本题与环境影响评价工作联系较为密切，需要认真理解环境影响评价工作过程中环境质量现状监测和环评报告中提出的环境跟踪监测计划（如环境污染跟踪监测和生态影响跟踪监测）的目的及意义，只有正确理解之后，才能给出正确答案。

一般情况下，环评中现状监测的目的之一是为了调查其环境质量现状和环境容量，给出项目上马前的环境背景值，为预测提供初始浓度；而环境报告中提出项目运营期环境的定期监测，其目的主要有：一是跟踪监测建设项目对环境的影响程度，验证环境影响评价结论；二是监控污染风险，及时发现污染事故，以便及时采取控制措施；三是分析特殊污染物（如难降解、易累积和高毒性的污染物）在环境中的累积作用；四是保护环境、定期监控特定污染物对环境影响的定量手段。

案例 7　离子膜烧碱和聚氯乙烯项目

【素材】

某离子膜烧碱和聚氯乙烯（PVC）项目位于规划工业区。离子膜烧碱装置以原盐为原料生产氯气、氢气和烧碱。为使离子膜装置运行稳定，在厂区设置 3 台容积为 50 m^3 的液氯储罐，液氯储存单元属于重点危险源。

聚氯乙烯生产过程为 HCl 与乙炔气在 $HgCl_2$ 催化剂作用下反应生成氯乙烯单体（VCM），再采用悬浮聚合技术生产 PVC，全年生产运行 8 000 h。

VCM 生产过程中使用 $HgCl_2$ 催化剂 100.8 t/a（折汞 8 188.375 6 kg/a）、活性炭 151.2 t/a，采用活性炭除汞器除去粗 VCM 精馏尾气中的汞升华物（折汞 2 380.891 3 kg/a）。VCM 洗涤产生的盐酸经处理返回 VCM 生产系统，碱洗产生的含汞废碱水 2.5 m^3/h，总汞浓度为 2.0 mg/L，废催化剂中折汞 4 927.204 4 kg/a，更换催化剂卸泵产生的少量废水经锯末、活性炭等吸附带走 840.279 9 kg/a，废水排入含汞废碱水预处理系统，含汞废碱水经化学沉淀、三段活性炭吸附、三段离子交换树脂预处理，总汞浓度 0.001 5 mg/L。废活性炭、树脂更换带走汞 39.970 0 kg/a。预处理合格的废水与厂内其他废水混合、经处理后排至工业区污水处理厂，含汞废物统一送催化剂生产厂家回收利用。

【问题】

1．给出 VCM 生产过程中总汞的平衡图。

2．说明该项目废水排放监控应考虑的主要污染物及监控部位。

3．识别液氯储存单元的风险类型，给出风险源项分析内容和风险事故情形设定内容。

4．在 VCM 生产单元氯元素投入、产出平衡计算中，投入项应包括的物料有哪些？

5．该项目的环境空气现状调查应包括哪些特征污染因子？

【参考答案】

1．给出 VCM 生产过程中总汞的平衡图。

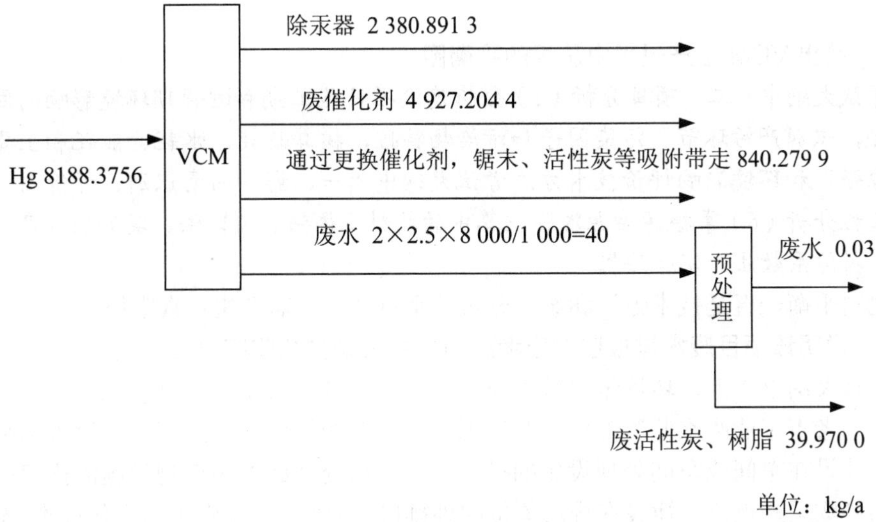

VCM 生产过程中总汞的平衡图

2. 说明该项目废水排放监控应考虑的主要污染物及监控部位。

答：该项目废水排放监控主要应考虑的污染物为：

（1）Hg，监控部位为预处理设施排放口。

（2）COD、SS、pH、石油类、氯离子，监控部位为全厂排放口。

3. 识别液氯储存单元的风险类型，给出风险源项分析内容和风险事故情形设定内容。

答：（1）液氯储存单元风险类型为：液氯储罐的破裂、泄漏。

（2）根据《建设项目环境风险评价技术导则》（HJ 169—2018），源项分析应基于风险事故情形的设定，合理估算源强，该项目源项分析内容包括液氯储罐破裂或泄漏时事故源参数（如泄漏点高度、温度、压力等）、泄漏速率、泄漏时间、泄漏量、泄漏频率等。

（3）风险事故情形设定内容包括：环境风险类型（液氯泄漏）、风险源（液氯罐）、危险单元（液氯储存单元）、危险物质（液氯）和影响途径（泄漏后释放到大气）等。

4. 在 VCM 生产单元氯元素投入、产出平衡计算中，投入项应包括的物料有哪些？

答：投入项应包括的物料有 HCl 和 $HgCl_2$。

5. 该项目的环境空气现状调查应包括哪些特征污染因子？

答：空气特征污染因子为 HCl、Cl_2、Hg、VCM。

【考点分析】

本案例是根据 2009 年案例分析考试试题改编而成的，需要考生认真体会，综合把握。

1．给出VCM生产过程中总汞的平衡图。

考试大纲中“二、项目分析（1）分析建设项目施工期和运营期环境影响的因素和途径，识别产污环节、污染因子和污染物特性，核算物耗、水耗、能耗和主要污染物源强”和环境影响评价技术方法考试大纲中“一、影响因素识别、评价因子筛选和工程分析（6）掌握污染源源强核算中的物料平衡法、类比法、实测法、产污系数法、排污系数法、实验法”。

物料平衡一直是技术方法和案例分析的重点之一，需考生认真掌握。

2．说明该项目废水排放监控应考虑的主要污染物及监控部位。

考试大纲中“六、环境保护措施分析（3）制订环境管理与监测计划”。

此题考查工业废水监测部位及监测因子，涉及的知识点为：第一类污染物采样点位一律设在车间或车间处理设施的排放口或专门处理此类污染物设施的排口；第二类污染物采样点位一律设在排污单位的外排口。类似“一、轻工纺织化纤类 案例4 年产2.5万张牛皮革新建项目”的第3题，请考生参照复习。

3．识别液氯储存单元的风险类型，给出风险源项分析内容和风险事故情形设定内容。

考试大纲中“五、环境风险评价（1）识别重点危险源并描述可能发生的环境风险事故”。

重点危险源相关考题为环评案例分析考试的高频考点。其他的问题形式有：①识别该项目的重点危险源，说明理由；②该项目是否存在重点危险源，说明理由。

举一反三

环境风险类考题涉及的知识点包括：

（1）环境风险评价的基本内容：包括风险调查、环境风险潜势初判、风险识别、风险事故情形分析、风险预测与评价、环境风险管理等。

（2）环境风险类型：包括危险物质泄漏，以及火灾、爆炸等引发的伴生/次生污染物排放。

（3）风险识别内容：包括物质危险性识别、生产系统危险性识别、危险物质向环境转移的途径识别。

（4）最大可信事故：是基于经验统计分析，在一定可能性区间内发生的事故中，造成环境危害最严重的事故。

（5）重点危险源的辨识：① 长期或临时地生产、储存、使用和经营危险化学品，且危险化学品的数量等于或超过临界量的单元；② 单元内存在的危险化学品为多品种时，则按下式计算，若满足，则定为重点危险源：

$$q_1/Q_1+q_2/Q_2+\cdots+q_n/Q_n\geqslant 1$$

式中，q_1，q_2，…，q_n——每种危险化学品实际存在量，t；

Q_1，Q_2，…，Q_n——与各危险化学品相对应的临界量，t。

注：单元是指涉及危险化学品的生产、储存装置、设施或场所，分为生产单元和储存单元。

（6）源项分析方法：源项分析应基于风险事故情形的设定，合理估算源强。泄漏频率可参考 HJ 169—2018 附录 E 的推荐方法确定，也可采用事故树、事件树分析法或类比法等确定。

（7）事故源强的确定：事故源强是为事故后果预测提供分析模拟情形。事故源强设定可采用计算法和经验估算法。计算法适用于以腐蚀或应力作用等引起的泄漏型为主的事故；经验估算法适用于以火灾、爆炸等突发性事故伴生/次生的污染物释放。

（8）突发环境事件应急预案：近年来突发环境事件频发，生态环境主管部门对企业突发环境事件应急预案的备案管理工作的要求越来越高，根据《建设项目环境风险评价技术导则》（HJ 169—2018）（节选）：

“10.3 突发环境事件应急预案编制要求

10.3.1 按照国家、地方和相关部门要求，提出企业突发环境事件应急预案编制或完善的原则要求，包括预案适用范围、环境事件分类与分级、组织机构与职责、监控和预警、应急响应、应急保障、善后处置、预案管理与演练等内容。

10.3.2 明确企业、园区/区域、地方政府环境风险应急体系。企业突发环境事件应急预案应体现分级响应、区域联动的原则，与地方政府突发环境事件应急预案相衔接，明确分级响应程序。”

4．在 VCM 生产单元氯元素投入、产出平衡计算中，投入项应包括的物料有哪些？

考试大纲中“二、项目分析（1）分析建设项目施工期和运营期环境影响的因素和途径，识别产污环节、污染因子和污染物特性，核算物耗、水耗、能耗和主要污染物源强”。

5．该项目的环境空气现状调查应包括哪些特征污染因子？

考试大纲中“三、环境现状调查与评价（2）制定环境现状调查与监测方案”。

本题中的 VCM 为无色、易液化、剧毒气体，属于《大气污染物综合排放标准》（GB 16297）中的控制因子。

本题考点是考查考生对一个行业环境影响识别的能力。考试在遇到此类问题时，要结合行业特点，参考工艺流程图及主要原辅材料分析其特征污染物，只有进入大气中的特征污染物才可能成为环境空气现状调查中的大气特征污染因子。

化工石化及医药类案例小结

历年的案例分析考试中，化工石化及医药类素材五花八门，涉及的生产工艺流程各不相同，鲜有重复，但是该类案例考查的知识点及考查方式比较一致。经归纳，主要有如下几方面：

(1) 废水、废气中的特征污染因子的考查。

主要根据题干信息及工艺流程图判断，从反应添加的原料、溶剂和题干给出的产品中去找。对于部分生僻的化学试剂性质（如挥发性）的考查是考试的难点。

(2) 固体废物性质的判断及其处置措施合理性的分析。

结合危险废物的五性（腐蚀性、毒性、易燃性、反应性和感染性），可以定性判断。化工行业废水处理站污泥常为危险废物，不要遗漏。

固体废物焚烧处理可行性分析。

(3) 废水的处置措施及其合理性分析。

坚持“清污分流、污污分流、分质处理”的原则。

可生化处理废水采用好氧生物处理，难降解有机物（COD、硝基苯类）可通过混凝处理后再用活性炭吸附过滤等物理和物化方法处理。

石油类废水处理方法。

废水送城市污水处理厂处理的可行性。

(4) 废气的处理方法及其特点。

有机废气的处理方法。

恶臭处理措施。

污水处理厂恶臭污染防治措施。

(5) 重点危险源判定。

(6) 物料平衡计算、元素平衡计算、废气污染排放速率计算等。

(7) 废水排放监测部位及监测因子。

(8) 大气环境影响评价现场调查信息和大气环境现状监测布点。

(9) 地下储罐土壤环境风险监控措施。

(10) 危险废物焚烧处理废气排放执行标准。

三、冶金机电类

案例 1　机械装备制造改扩建项目

【素材】

某机械设备制造厂，始建于 1970 年，厂区东西长 800 m，南北宽 600 m。生产部门有铸造、铆焊、机械加工、电镀、涂装、总装等车间，公用部门有锅炉房、油化库等，环保设施有车间污水处理站、全厂污水处理站等。其中，锅炉房现有 2 台 10 t/h 燃煤蒸汽锅炉（1 用 1 备），烟气脱硫系统改造正在实施中。

拟在现有厂区实施改扩建工程，建设内容包括：更新部分铸造、机械加工设备，扩建电镀车间、铆焊车间和锅炉房，改造全厂给排水管网。计划 2016 年年底全部建成。

扩建锅炉房。在预留位置增加 1 台 10 t/h 燃煤蒸汽锅炉，采用布袋除尘+双碱法处理新增锅炉烟气。锅炉房扩建后锅炉 2 用 1 备。

扩建电镀车间。新增 1 条镀铬生产线，采用多级除油、预镀镍、中镀铜、终镀铬复合工艺。其中，中镀铜工段生产工艺流程如图 1 所示，所用物料有氰化钠、氰化亚铜等。

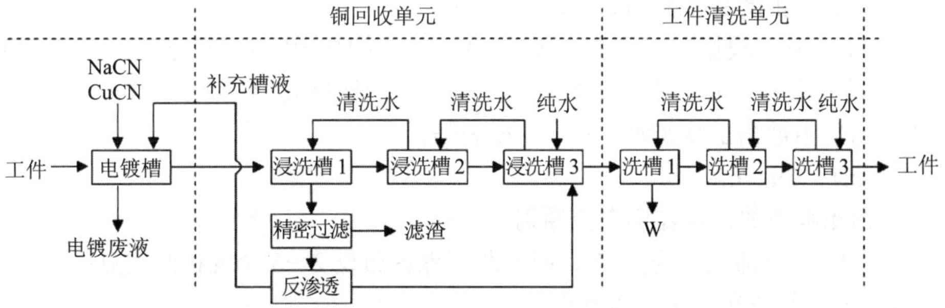

图 1　中镀铜工段生产工艺流程

2010 年，企业所在地及周边 5 km^2 范围已规划为装备制造产业园区。目前，规划用地范围内居民搬迁安置工作基本完成，园区市政给排水管网已建成，污水处理厂正在调试，热力中心正在建设。预计 2016 年初热力中心开始向园区企业供热、供气，区内分散锅炉逐步拆除。

扩建的铆焊车间紧邻东厂界。经调查，与厂界距离最近的 A 村庄位于园区规划用地范围以东，与厂界相距 180 m；与厂界距离最近的耕地位于园区规划用地范围以东，与厂界相距 150 m。

东厂界现状噪声略有超标，近期区域 1#测点 PM_{10}、SO_2 24 h 平均浓度监测结果见表 1。

表 1 区域 1#测点 PM_{10}、SO_2 24 h 平均浓度监测结果汇总 单位：μg/m³

监测时间	1 月 10 日	1 月 11 日	1 月 12 日	1 月 13 日	1 月 14 日	1 月 15 日	1 月 16 日
PM_{10}	90.0	101.3	125.5	118.2	123.4	161.7	180.0
SO_2	180.0	165.1	140.5	120.5	135.6	160.5	155.3

注：根据《环境空气质量标准》（GB 3095—2012），园区 PM_{10}、SO_2 的 24 h 平均浓度限值均为 150 μg/m³。

【问题】

1．锅炉房扩建是否合理？列举理由。

2．给出中镀铜工段废水 W 的污染因子。

3．给出噪声的现状监测布点原则。

4．对表 1 中 PM_{10} 监测数据进行统计分析，并给出评价结果。

5．根据《环境影响评价技术导则 土壤环境（试行）》（HJ 964—2018），确定该项目土壤环境评价等级与评价范围。

【参考答案】

1．锅炉房扩建是否合理？列举理由。

答：不合理。根据题干信息，预计 2016 年年初热力中心开始向园区企业供热、供气，区内分散锅炉逐步拆除。扩建锅炉房不符合园区发展规划。

2．给出中镀铜工段废水 W 的污染因子。

答：pH、Cu、CN^-。

3．给出噪声的现状监测布点原则。

答：（1）设备制造厂东、南、西、北厂界各布设 2～3 个现状监测点；

（2）在 A 村庄布设 1 个监测点。

4．对表 1 中 PM_{10} 监测数据进行统计分析，并给出评价结果。

答：PM_{10} 24 h 平均浓度范围为 90～180 μg/m³，最大浓度占标率为 1.2，最大超标倍数 0.2 倍。监测数据中有 2 个超标，超标率为 28.57%。区域 1#测点环境空气 PM_{10} 质量现状超标。

5．根据《环境影响评价技术导则 土壤环境（试行）》（HJ 964—2018），确定本项目土壤环境评价等级与评价范围。

答：（1）评价等级：该项目为污染影响型项目；该项目具有电镀工艺的设备制

造业，属于 I 类项目；该项目周边有耕地和村庄，敏感程度为敏感。因此土壤环境评价等级为污染影响型一级评价。

（2）评价范围：占地范围（含现有工程及扩建工程）外扩 1 km。

【考点分析】

本题为 2015 年环评案例分析考试试题。

1．锅炉房扩建是否合理？列举理由。

该项目为园区建设项目，需与园区发展规划相协调；特别注意园区的供热供气设施、污水处理厂等的依托情况。

2．给出中镀铜工段废水 W 的污染因子。

考试大纲中“二、项目分析（1）分析建设项目施工期和运营期环境影响的因素和途径，识别产污环节、污染因子和污染物特性，核算物耗、水耗、能耗和主要污染物源强”。

本题为多年来常考题型，回答此类题目时需紧密结合题干给出的物料信息，并了解基本的化学反应方程。电镀铜工艺废水污染物主要为 Cu、CN^-和 pH。

举一反三

电镀废水主要有以下几种：① 多级除油工段产生的废水，主要污染物为：SS、COD、LAS（阴离子表面活性剂）、石油类；② 镀镍后镀件水洗产生的废水，主要污染物为镍、pH；③ 镀铬后镀件水洗产生的废水，主要污染物为镍、铬、pH；④ 车间地面冲洗废水，主要成分是镍、铬、铜、悬浮物、pH。

3．给出噪声的现状监测布点原则。

考试大纲中“三、环境现状调查与评价（2）制定环境现状调查与监测方案”；环境影响评价技术导则与标准考试大纲中“二、环境影响评价技术导则（六）环境影响评价技术导则　声环境　5. 声环境现状调查和评价（3）掌握现场监测法的监测布点原则和监测依据”。

本题需结合噪声监测布点原则及题干信息灵活答题，涉及的考点为噪声监测布点原则：① 布点覆盖整个评价范围，包括厂界和敏感目标。当敏感目标高于（含）三层时，还应选取有代表性的楼层布点。② 现状监测点应重点布设在既受到现有声源影响，又受到建设项目声源影响的敏感目标处，以及有代表性的敏感目标处；为了满足预测要求，也可在距离现有声源不同距离处设衰减监测点。③ 厂界噪声监测点布置在厂界外 1 m 处，间隔 50～100 m，大型项目 100～300 m，具体测量方法参照相应标准执行。

4．对表 1 中 PM_{10} 监测数据进行统计分析，并给出评价结果。

考试大纲中“三、环境现状调查与评价（4）评价环境质量现状”。

本题考查大气环境质量现状监测结果的统计分析内容，须结合题干信息，灵活作答。

根据《环境影响评价技术导则　大气环境》（HJ 2.2—2018）：

“6.4.2　各污染物的环境质量现状评价

6.4.2.1　长期监测数据的现状评价内容，按 HJ 663 中的统计方法对各污染物的年评价指标进行环境质量现状评价。对于超标的污染物，计算其超标倍数和超标率。

6.4.2.2　补充监测数据的现状评价内容，分别对各监测点位不同污染物的短期浓度进行环境质量现状评价。对于超标的污染物，计算其超标倍数和超标率。”

5. 根据《环境影响评价技术导则　土壤环境（试行）》（HJ 964—2018），确定该项目土壤环境评价等级与评价范围。

本题考查土壤环境评价等级、评价范围的确定：

① 评价等级确定应首先分析该项目是属于土壤污染影响型项目还是生态影响型项目，其次判定该项目的类别，再次判定项目的敏感程度，最后确定项目的占地规模。因本题为土壤污染影响型项目，项目类别为 I 类项目，敏感程度为敏感，因此可直接判定其为一级评价，无须确定项目占地规模。

② 评价范围确定应注意，改扩建项目占地范围应包括现有工程和拟建工程。

案例 2 新建陶瓷器件加工项目

【素材】

某高新技术工业园成立于 2005 年，截至 2014 年年底已开发土地面积占规划用地面积的 75%，工业园区污水处理厂已于 2014 年年底投入运行。A 企业在工业园区建设初期入园，占地面积 200 m×180 m，年产 2.5 万只压电陶瓷频率器件。

A 企业提供的资料表明：该企业污水尚未纳入工业园区污水处理系统，现有研磨腐蚀清洗废水经车间预处理达标后，与厂区生活污水一并排入厂区污水处理站，经生化处理后排入工业园区东侧 B 河，总排放口水质达标；厂区污水处理站污泥送城市生活垃圾卫生填埋场处置；喷雾造粒机废气经布袋除尘系统处理，由高 15 m 的排气筒排出。现有工程“三废”产生量及治理情况如表 1 所示。据企业负责人介绍，现有工程配套的环保设施完善，“三废”处理符合环保要求。

拟在现厂区扩建 1 条 2.5 万只/a 压电陶瓷频率器件生产线，生产工艺与现有工程相同；配套建设 1 座含质检中心的 4 层（层高 3.2 m）综合办公楼；改造布袋除尘系统，设计布袋除尘效率 95%，风机总风量为 4 000 m^3/h，现有和扩建的喷雾造粒机废气经布袋除尘系统处理，由现有的排气筒集中排放。

拟改造现有厂区污水处理站，专门预处理扩建工程的研磨腐蚀清洗废水。全厂研磨腐蚀清洗废水经预处理达标后与厂区生活污水一并排入工业园区污水处理厂。

表 1 现有工程“三废”产生量及治理情况

编号	污染源名称	产生量	主要污染物	治理措施及去向
W_1	混配机冷却水	46 m^3/d	—	经总排口直接排放
W_2	研磨腐蚀清洗废水	88.4 m^3/d	Pb、Cu	W_2 经车间预处理与 W_3 一并进入厂区污水处理站，处理后排入 B 河
W_3	生活污水	50 m^3/d	COD、NH_3-N	
G_1	喷雾造粒机废气	0.022 kg/h	铅及其化合物	布袋除尘，风机风量 2 000 m^3/h
S_1	污水处理站污泥	150 kg/d	—	送城市生活垃圾卫生填埋场处置

注：铅及其化合物最高允许排放浓度 0.70 mg/m^3，15 m 高排气筒最高允许排放速率 0.004 kg/h。

【问题】

1. 指出“现有工程的‘三废’处理符合环保要求”说法的可疑之处，说明理由。
2. 扩建工程研磨腐蚀清洗废水的预处理方案是否可行？
3. 评价扩建工程完成后，喷雾造粒机废气的排放达标情况。
4. 简要说明废水预处理站污泥的处理处置要求。

【参考答案】

1. 指出“现有工程的‘三废’处理符合环保要求”说法的可疑之处，说明理由。

答：（1）废水：工业园区污水处理厂已于 2014 年年底投入运行，现有工程废水仍然自行处理后直接排入 B 河，不符合园区污水集中处理的要求。

（2）废气：喷雾造粒机废气经布袋除尘系统处理，未给出除尘系统的去除效率，不能判断废气排放是否达标。

（3）固体废物：厂区污水处理站处理了含重金属 Cu、Pb 的废水，因此污泥需进行危险废物性质鉴别，才能判断是否能够送生活垃圾卫生填埋场处置。

2. 扩建工程研磨腐蚀清洗废水的预处理方案是否可行？

答：可行。拟改造现有厂区污水处理站，专门预处理扩建工程的研磨腐蚀清洗废水。厂区污水处理站就成了专门处理项目含第一类污染物废水的“车间处理设施”，改造后预处理须满足第一类污染物达标。

3. 评价扩建工程完成后，喷雾造粒机废气排放达标情况。

答：排放浓度=2×0.022×（1−95%）÷4 000=0.55（mg/m^3）＜0.70（mg/m^3）

排放速率=2×0.022×（1−95%）=0.002 2（kg/h）

排气筒高度 15 m，周围综合办公楼高 12.8 m。

根据以上分析，如果排气筒距离质检中心大于 200 m，则项目废气排放达标；如果小于 200 m，则污染物排放速率限值应严格 50%执行，排放速率（0.002 2 kg/h）大于 0.002 kg/h，排放不达标。

4. 简要说明废水预处理站污泥的处理处置要求。

答：由于废水预处理站污泥中含重金属 Cu、Pb，应进行废物性质鉴定，若属于危险废物，按照《危险废物贮存污染控制标准》（GB 18597—2001）进行日常管理，最终交有资质的单位处理；若为一般工业固体废物，可送生活垃圾卫生填埋场处置。

【考点分析】

本题为 2015 年环评案例分析考试试题。

1. 指出“现有工程的‘三废’处理符合环保要求”说法的可疑之处，说明理由。

考试大纲中“六、环境保护措施分析（1）分析污染控制措施的技术经济可行性”。

本题涉及的考点包括：设污水处理厂的园区废水需集中处理；大气污染物需达标排放；污水处理厂处理含重金属废水产生的污泥中含重金属，需进行浸出毒性鉴定。

2．扩建工程研磨腐蚀清洗废水的预处理方案是否可行？

考试大纲中“六、环境保护措施分析（1）分析污染控制措施的技术经济可行性”。

本题涉及的考点包括：第一类污染物需在车间或“车间处理设施”排口达标。需要注意：“车间处理设施”是指专门处理单一车间工业废水的装置，而不一定位于车间的内部。

3．评价扩建工程完成后，喷雾造粒机废气的排放达标情况。

考试大纲中“二、项目分析（3）评价污染物达标排放情况”。

本题涉及的考点：① 该项目应执行《大气污染物综合排放标准》（隐含考点）；② 大气污染物排放浓度、排放速率计算；③ 根据《大气污染物综合排放标准》（GB 16297—1996），排气筒高度应高出周围 200 m 半径范围的建筑 5 m 以上，若不能达到，污染物排放速率应较标准值严格 50%执行。

本题 A 企业占地面积 200 m×180 m，若排气筒和质检中心距离位于对角线（长 269 m）两端，两者距离大于 200 m；若不处于对角线上，则两者距离小于 200 m。根据题干信息难以判断二者距离是否大于 200 m，因此难以判断废气排放是否达标。

4．简要说明废水预处理站污泥的处理处置要求。

考试大纲中“六、环境保护措施分析（1）分析污染控制措施的技术经济可行性”。

本题涉及的考点：污水处理厂处理含重金属废水产生的污泥中含重金属，需进行浸出毒性鉴定。同于本案例第 1 题。

案例 3　年产 12 万辆汽车改造项目

【素材】

某汽车制造厂现有整车产能为 12 万辆/a，厂区设有冲压车间、焊接车间、涂装车间、总装车间、外购件库、停车场、试车跑道、空压站、天然气锅炉房、废水处理站、固体废物暂存间、综合楼等。该厂年生产运行 250 d，实行双班制。

涂装车间现有前处理（含脱脂、磷化工段）、电泳底漆和涂装生产线。前处理磷化工段采用镍锌锰系磷酸盐型磷化剂，生产过程中产生磷化废水、磷化废液、磷化渣，清洗管路系统产生废硝酸。电泳底漆生产线烘干室排放的有机废气采用 1 套 RTO 蓄热式热力燃烧装置处理，辅助燃料为天然气。

该厂拟依托现厂区进行扩建，新增整车产能 12 万辆/a。拟新建冲压车间和树脂车间，在现有焊接车间和总装车间内增加部分设备，在涂装车间内新增 1 条中涂面漆生产线，并将涂装车间现有前处理和电泳底漆生产线生产节拍提高 1 倍。

拟新建的树脂车间用于塑料件的注塑成型和涂装，配套建设 1 套 RTO 装置处理挥发性有机废气。扩建工程建成后工作制度不变。

新建树脂车间涂装工段设干式喷漆室（含流平）和烘干室，采用 3 喷 1 烘工艺，涂装所使用的底漆、色漆和罩光漆均为溶剂漆。喷漆室和烘干室产生的挥发性有机物（VOCs、甲苯、二甲苯及其他醚酯醛酮类物质）收集后送入 RTO 装置处理。干式喷漆室进入 RTO 装置的 VOCs 为 32 kg/h，烘干室进入 RTO 装置的 VOCs 为 24 kg/h，RTO 装置的排风量为 15 000 m^3/h，RTO 装置的 VOCs 去除效率为 98%，处理后的废气由 20 m 高排气筒排放。

现有工程磷化废水预处理系统设计处理能力为 30 m^3/h，运行稳定达到设计出水水质要求。扩建工程达产后，磷化废液和磷化废水的污染物浓度不变，磷化废水预处理系统收水情况如表 1 所示。

表 1　磷化废水预处理系统收水情况

废水类型	现有工程	扩建工程达产后全厂	主要污染物	备注
磷化废液	16 m^3/d（折合）	24 m^3/d（折合）	pH、镍、锌、磷酸盐	间歇产生
磷化废水	240 m^3/d	400 m^3/d		连续产生

环评机构确定本项目大气环境影响评价工作等级为二级，拟定的空气环境质量监测方案设2个监测点位，收集有符合监测方位要求的1号、2号监测点上一年度的PM_{10}、SO_2、NO_2、$PM_{2.5}$、CO和O_3环境空气常规监测数据。环评机构拟直接利用收集的环境空气常规监测数据进行现状评价，不再进行环境空气质量现状监测。

【问题】

1．计算树脂车间涂装工段RTO装置的VOCs排放速率及排放浓度。

2．指出涂装车间磷化工段产生的危险废物。

3．现有磷化废水预处理系统是否满足扩建工程达产后的处理需求？说明理由。

4．环评机构“不再进行环境空气质量现状监测”的做法是否合适？说明理由。

【参考答案】

1．计算树脂车间涂装工段RTO装置的VOCs排放速率及排放浓度。

答：（1）VOCs排放速率为：（32+24）×（1−98%）=1.12（kg/h）。

（2）VOCs排放浓度为：（1.12/15 000）×1 000×1 000=74.7（mg/m^3）。

2．指出涂装车间磷化工段产生的危险废物。

答：磷化渣、废硝酸、磷化废液。

3．现有磷化废水预处理系统是否满足扩建工程达产后的处理需求？说明理由。

答：满足。

理由：扩建工程达产后，磷化废水预处理系统日收集磷化废水（液）680 m^3，小于设计处理能力30 m^3/h（720 m^3/d）。

4．环评机构“不再进行环境空气质量现状监测”的做法是否合适？说明理由。

答：不合适。

理由：收集到的资料仅有PM_{10}、SO_2、NO_2、$PM_{2.5}$、CO和O_3环境空气常规监测数据，该项目还有VOCs、甲苯、二甲苯和苯系物等特征污染物，现状监测与评价中也应包含这些特征污染物的监测数据，因此还需要进行环境空气质量现状监测。

【考点分析】

本案例是根据2014年案例分析试题结合2017年试题题目改编而成的。这道题目涉及的考点很多，需要考生综合把握。

1．计算树脂车间涂装工段RTO装置的VOCs排放速率及排放浓度。

考试大纲中“二、项目分析（1）分析建设项目施工期和运营期环境影响的因素和途径，识别产污环节、污染因子和污染物特性，核算物耗、水耗、能耗和主要污染物源强”。

本题类似于本书“二、化工石化及医药类　案例5　园区化学原料药项目”中的第2题。

2．指出涂装车间磷化工段产生的危险废物。

考试大纲中“二、项目分析（1）分析建设项目施工期和运营期环境影响的因素和途径，识别产污环节、污染因子和污染物特性，核算物耗、水耗、能耗和主要污染物源强”。

把握题干信息：前处理磷化工段采用镍锌锰系磷酸盐型磷化剂，生产过程中产生磷化废水、磷化废液、磷化渣，清洗管路系统产生废硝酸。

注意：如果给出与涂装车间磷化工段无关的废物，如污泥，本题不得分。

本题类似于本书“三、冶金机电类　案例5　专用设备制造项目”第3题。

3．现有磷化废水预处理系统是否满足扩建工程达产后的处理需求？说明理由。

考试大纲中“六、环境保护措施分析（1）分析污染控制措施的技术经济可行性”。

该项目磷化废水排放量为400 m^3/d，即25 m^3/h。磷化废液的排放量为24 m^3/d（折合），由于磷化废液是间歇排放，废液排放量波动较大，如果磷化废液的间歇排放量超过5 m^3/h，将超过磷化废水预处理系统的处理能力。根据工程经验，一般会在废水预处理系统前设一缓冲池，保障系统的稳定运行。

4．环评机构“不再进行环境空气质量现状监测”的做法是否合适？说明理由。

考试大纲中“二、项目分析（1）分析建设项目施工期和运营期环境影响的因素和途径，识别产污环节、污染因子和污染物特性，核算物耗、水耗、能耗和主要污染物源强”和“三、环境现状调查与评价（2）制定环境现状调查与监测方案；（3）分析环境现状调查资料、监测数据的代表性和有效性”。

本题的综合性较强，同时考查了3个考点。考查考生对一个行业环境影响识别的能力。考试在遇到此类问题时，要仔细分析所收集到现状监测资料的代表性、时效性，是否能够满足评价工作等级所要求的监测点位布置要求（方位、数量），同时要结合行业特点，参考工艺流程图及主要原辅材料分析其特征污染物，检查所收集资料中监测因子中是否包含了本项目的大气特征污染因子。

举一反三

环境质量现状监测是环评案例考试重点关注的内容之一，也是环评工作中非常重要的环节，根据《环境影响评价技术导则　大气环境》（HJ 2.2—2018），关于环境空气的现状监测内容如下（节选）：

“6.2.1　基本污染物环境质量现状数据

6.2.1.1　项目所在区域达标判定，优先采用国家或地方生态环境主管部门公开发布的评价基准年环境质量公告或环境质量报告中的数据或结论。

6.2.1.2　采用评价范围内国家或地方环境空气质量监测网中评价基准年连续1年的监测数据，或采用生态环境主管部门公开发布的环境空气质量现状数据。

6.2.1.3　评价范围内没有环境空气质量监测网数据或公开发布的环境空气质量

现状数据的，可选择符合 HJ 664 规定，并且与评价范围地理位置邻近，地形、气候条件相近的环境空气质量城市点或区域点监测数据。

6.2.1.4　对于位于环境空气质量一类区的环境空气保护目标或网格点，各污染物环境质量现状浓度可取符合 HJ 664 规定，并且与评价范围地理位置邻近，地形、气候条件相近的环境空气质量区域点或背景点监测数据。

6.2.2　其他污染物环境质量现状数据

6.2.2.1　优先采用评价范围内国家或地方环境空气质量监测网中评价基准年连续 1 年的监测数据。

6.2.2.2　评价范围内没有环境空气质量监测网数据或公开发布的环境空气质量现状数据的，可收集评价范围内近 3 年与项目排放的其他污染物有关的历史监测资料。

6.2.3　在没有以上相关监测数据或监测数据不能满足 6.4 规定的评价要求时，应按 6.3 要求进行补充监测。”

案例 4　铝型材料生产项目

【素材】

某公司拟在工业园区新建 6 万 t/a 建筑铝型材项目，主要原料为高纯铝锭。生产工艺流程见图 1。

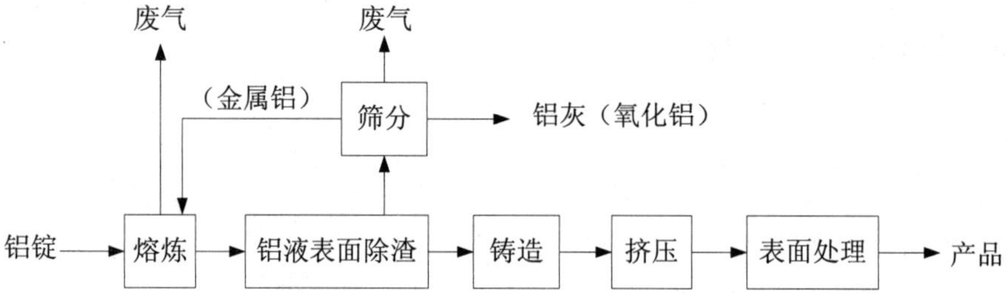

图 1　建筑铝型材生产工艺流程

采用天然气直接加热方式进行铝锭熔炼，熔炼废气产生量 7 000 m^3/h，烟尘初始质量浓度 350 mg/m^3，经除尘净化后排放，除尘效率 70%；筛分废气产生量 15 000 m^3/h，粉尘初始质量浓度 1 100 mg/m^3，经除尘净化后排放，除尘效率 90%；排气筒高度均为 15 m。

表面处理生产工艺为：工件→脱脂→水洗→化学抛光→水洗→除尘→水洗→阳极氧化→水洗→电解着色→水洗→封孔→水洗→晾干。表面处理工序各槽液主要成分见表 1。表面处理工序有酸雾产生，水洗工段产生清洗废水。拟设化学沉淀处理系统处理电解着色水洗工段的清洗废水。

表 1　表面处理工序各槽液主要成分

工段	槽液成分
脱脂	硫酸 150～180 g/L
化学抛光	硫酸 150～180 g/L，磷酸 700～750 g/L，硝酸 25～30 g/L，硝酸铜 0.1～0.24 g/L
除尘	硫酸 150～180 g/L，少量硝酸

工段	槽液成分
阳极氧化	硫酸 150～180 g/L，少量硫酸铝
电解着色	硫酸 15～18 g/L，$NiSO_4 \cdot 6H_2O$ 20～25 g/L
封孔	$NiF_2 \cdot 4H_2O$ 5～6 g/L

注：《大气污染物综合排放标准》（GB 16297—1996）规定：15 m 高排气筒颗粒物最高允许排放质量浓度为 120 mg/m^3，最高允许排放速率为 3.5 kg/h。《工业炉窑大气污染物排放标准》（GB 9078—1996）规定：15 m 高排气筒粉尘排放限值 100 mg/m^3。

【问题】

1．评价熔炼炉、筛分室废气烟尘排放达标情况。

2．识别封孔水洗工段的清洗废水主要污染因子。

3．针对脱脂、除灰、阳极氧化水洗工段的清洗废水，提出适宜的废水处理方案。

4．给出表面处理工序酸雾废气的净化措施。

5．给出电解着色水洗工段的清洗废水处理系统产生污泥处置的基本要求。

【参考答案】

1．评价熔炼炉、筛分室废气烟尘排放达标情况。

答：（1）熔炼炉烟尘排放质量浓度=350×（1−70%）=105（mg/m^3）。熔炼炉执行《工业炉窑大气污染物排放标准》，排气筒高度 15 m 时排放质量浓度限值为 100 mg/m^3，故不达标。

（2）筛分室废气烟尘排放质量浓度=1 100×（1−90%）=110（mg/m^3），排放速率=110×15 000×10^{-6}=1.65（kg/h）。筛分室大气排放执行《大气污染物综合排放标准》，排气筒 15 m 时排放质量浓度限值为 120 mg/m^3，最高允许排放速率为 3.5 kg/h，故筛分室废气排放达标。

2．识别封孔水洗工段的清洗废水主要污染因子。

答：pH、镍、氟化物。

3．针对脱脂、除灰、阳极氧化水洗工段的清洗废水，提出适宜的废水处理方案。

答：脱脂、除灰、阳极氧化废水均为酸性废液，采用碱性中和法处理。

4．给出表面处理工序酸雾废气的净化措施。

答：碱液吸收或洗涤。

5．给出电解着色水洗工段的清洗废水处理系统产生污泥处置的基本要求。

答：电解着色工艺废水含有高浓度重金属 Ni，处理后进入污泥中，污泥属于危险废物，应委托有资质单位处理，场内临时贮存设施应符合《危险废物贮存污染控制标准》（GB 18597—2001）的要求。

【考点分析】

本案例是根据2014年案例分析试题改编而成的。这道题目涉及的考点很多，需要考生综合把握。

1．评价熔炼炉、筛分室废气烟尘排放达标情况。

考试大纲中“二、项目分析（3）评价污染物达标排放情况”。

本题熔炼炉废气执行GB 9078—1996，筛分室废气执行GB 16297—1996。工业炉窑没有排放速率的规定，但除了浓度的规定外，还须考虑排气筒高度的情况。本题考虑到项目处于工业园区的条件，一般按排气筒周边200 m范围内建筑物高度满足要求考虑。

2．识别封孔水洗工段的清洗废水主要污染因子。

考试大纲中“二、项目分析（1）分析建设项目施工期和运营期环境影响的因素和途径，识别产污环节、污染因子和污染物特性，核算物耗、水耗、能耗和主要污染物源强”。

本题考查考生的污染因子识别能力，可从题干信息分析出，主要为Ni、F^-、pH。

3．针对脱脂、除灰、阳极氧化水洗工段的清洗废水，提出适宜的废水处理方案。

考试大纲中“六、环境保护措施分析（1）分析污染控制措施的技术经济可行性”。

环保措施一直是近几年案例分析考试的考点之一，本案例为2014年案例分析考试试题，问题3、问题4、问题5均涉及环保治理措施，请考生务必认真总结废气、废水、噪声、固体废物的污染防治措施。

4．给出表面处理工序酸雾废气的净化措施。

考试大纲中“六、环境保护措施分析（1）分析污染控制措施的技术经济可行性”。

碱液吸收或洗涤是酸雾净化的常用手段。

5．给出电解着色水洗工段的清洗废水处理系统产生污泥处置的基本要求。

考试大纲中“二、项目分析（4）分析废物处理处置合理性”和“六、环境保护措施分析（1）分析污染控制措施的技术经济可行性”。

本题考查的是处理含重金属废水产生污泥的处置问题。危险废物处置须按照《畜禽养殖业污染物排放标准》（GB 18597—2001）、《危险废物填埋污染控制标准》（GB 18598—2019）、《危险废物焚烧污染控制标准》（GB 18484—2020）等标准要求处置。

案例 5　专用设备制造项目

【素材】

某新建专用设备制造厂，主体工程包括铸造、钢材下料、铆焊、机加、电镀、涂装、装配等车间；公用工程有空压站、变配电所、天然气调压站等；环保设施有电镀车间废水处理站、全厂废水处理站、危险废物暂存仓库、固体废物转运站等。

铸造车间生产工艺流程见图 1。用商品芯砂（含石英砂、酚醛树脂、氯化铵），以热芯盒工艺（200～300℃）生产砂芯；采用商品型砂（含膨润土、石英砂、煤粉）和砂芯经振动成型、下芯制模具，用于铁水浇铸。

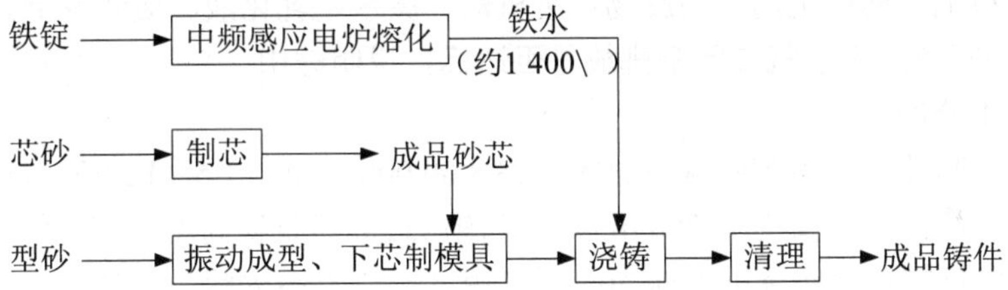

图 1　铸造车间生产工艺流程

铸件清理工部生产性粉尘产生量为 100 kg/h，铸造车间设置通风除尘净化系统，粉尘捕集率 95%，除尘效率 98%。机加车间使用的化学品有水基乳化液（含油类、磷酸钠、消泡水剂、醇类）、清洗剂（含表面活性剂、碱）和机油。

涂装车间设有独立的水旋喷漆室、晾干室和烘干室。喷漆室、烘干室废气参数见表 1。喷漆室废气经 20 m 高排气筒排放，烘干室废气经活性炭吸附处理后由 20 m 高排气筒排放；喷漆室定期投药除渣。

表 1　涂装车间喷漆室、烘干室废气参数

设施名称	废气量/（m^3/h）	废气污染物质量浓度/（mg/m^3）		湿度	温度/℃
		非甲烷总烃	二甲苯		
喷漆室	60 000	50	25	过饱和	25
烘干室	2 000	1 000	500	忽略	100

注：《大气污染物综合排放标准》（GB 16297—1996）规定：二甲苯允许排放质量浓度限值为 70 mg/m^3；排气筒高度 20 m 时允许排放速率为 1.7 kg/h。

【问题】

1．指出制芯工部和浇铸工部产生的废气污染物。

2．计算清理工部生产性粉尘有组织排放的排放速率。

3．指出机加车间产生的危险废物。

4．判断喷漆室废气二甲苯排放是否达标，说明理由。

5．针对烘干室废气，推荐一种适宜的处理方式。

【参考答案】

1．指出制芯工部和浇铸工部产生的废气污染物。

答：制芯工部：挥发性酚、酚类、氯化氢、氨气、臭气浓度。

浇铸工部：粉尘、SO_2、NO_x。

2．计算清理工部生产性粉尘有组织排放的排放速率。

答：排放速率=100×95%×（1−98%）=1.9（kg/h）。

3．指出机加车间产生的危险废物。

答：机加车间产生的危险废物：废机油、废水基乳化液、废清洗剂。

4．判断喷漆室废气二甲苯排放是否达标，说明理由。

答：不能确定。

理由：喷漆室二甲苯的排放速率：$25\times 60\,000\times 10^{-6}=1.5$（kg/h）＜1.7（kg/h），但，题中未给出排气筒周围200 m半径范围内最高建筑物高度，若排气筒高度不满足要求，则排放速率按标准严格50%后二甲苯排放为不达标。喷漆室25℃、湿度过饱和条件下，废气浓度（25 mg/m^3）表面上小于70 mg/m^3，但过饱和状态下水含量不定，不能折算成干气浓度（剔除水分后浓度变大），因此无法判定浓度是否达标。

5．针对烘干室废气，推荐一种适宜的处理方式。

答：先焚烧后用活性炭吸附。烘干室废气成分是非甲烷总烃和二甲苯。非甲烷总烃是有机物，易燃，燃烧产物主要是CO_2和水；二甲苯的燃烧热值低，直接燃烧不充分，会剩余较低浓度的苯系物，使用活性炭吸附去除。

【考点分析】

本案例是根据2013年案例分析考试试题改编而成的，需要考生认真体会，综合把握。

1．指出制芯工部和浇铸工部产生的废气污染物。

考试大纲中“二、项目分析（1）分析建设项目施工期和运营期环境影响的因素和途径，识别产污环节、污染因子和污染物特性，核算物耗、水耗、能耗和主要污染物源强”。

本题考点是考查考生对一个行业环境影响识别的能力，类似于本书“二、化工石化及医药类　案例7 离子膜烧碱和聚氯乙烯项目”第5题和“三、冶金机电类　案例3　年产12万辆汽车改造项目”第4题。

2．计算清理工部生产性粉尘有组织排放的排放速率。

考试大纲中“二、项目分析（1）分析建设项目施工期和运营期环境影响的因素和途径，识别产污环节、污染因子和污染物特性，核算物耗、水耗、能耗和主要污染物源强”。

把握题干关键信息：粉尘产生量 100 kg/h，铸造车间设置通风除尘净化系统，粉尘捕集率95%，除尘效率98%。

3．指出机加车间产生的危险废物。

考试大纲中“二、项目分析（1）分析建设项目施工期和运营期环境影响的因素和途径，识别产污环节、污染因子和污染物特性，核算物耗、水耗、能耗和主要污染物源强”。

把握题干关键信息：机加车间使用的化学品有水基乳化液（含油类、磷酸钠、消泡水剂、醇类）、清洗剂（含表面活性剂、碱）和机油。本题类似于本书“三、冶金机电类　案例3　年产12万辆汽车改造项目”第2题。

4．判断喷漆室废气二甲苯排放是否达标，说明理由。

考试大纲中“二、项目分析（3）评价污染物达标排放情况”。

二甲苯废气排放达标分析，需考虑3个层面：① 排放浓度达标；② 排放速率达标；③ 排气筒高度是否满足要求。

本题类似于本书 “三、冶金机电类 案例4 铝型材料生产项目”第1题。

5．针对烘干室废气，推荐一种适宜的处理方式。

考试大纲中“六、环境保护措施分析（1）分析污染控制措施的技术经济可行性”。

烘干室废气主要为有机物，有效的处置方法有：燃烧法、活性炭吸附等。由于甲苯、二甲苯等苯系物的燃烧热值低，直接燃烧不充分。目前，处理含“三苯”有机废气的方法主要有活性炭吸附法、催化燃烧法以及生物处理法三种。

举一反三

针对类似项目，降低该项目有机废气排放的途径：一是提高清洁生产水平，降低有机溶剂的使用量、提高回收率；二是有效收集有机废气进行净化治理。

有机废气的净化治理方法有：① 燃烧法。将废气中的有机物作为燃料烧掉或使其高温氧化，适用于中、高浓度范围的废气净化。② 催化燃烧法。在氧化催化剂的作用下，将碳氢化合物氧化分解，适用于各种浓度、连续排放的烃类废气净化。③ 吸附法。常温下用适当的吸附剂对废气中的有机物进行物理吸附，如活性炭吸附，适用于低浓度的废气净化。④ 吸收法。常温下用适当的吸收剂对废气中的有机组分进行物理吸收，如碱液吸收等，对废气浓度限制较小，适用于含有颗粒物的废气净化。⑤ 冷凝法。采用低温，使有机物组分冷却至其露点以下，液化回收，适用于高浓度而露点相对较高的废气净化。

案例 6　电解铜箔项目

【素材】

某公司拟在工业园区建设电解箔项目，设计生产能力 8 000 t/a，电解箔生产原料为高纯铜，生产工艺包括硫酸溶铜、电解生箔、表面处理、裁剪收卷。其中表面处理工艺流程见图 1，表面处理工序粗化、固化工段水平衡见图 2。工业园区建筑物高度为 10～20 m。

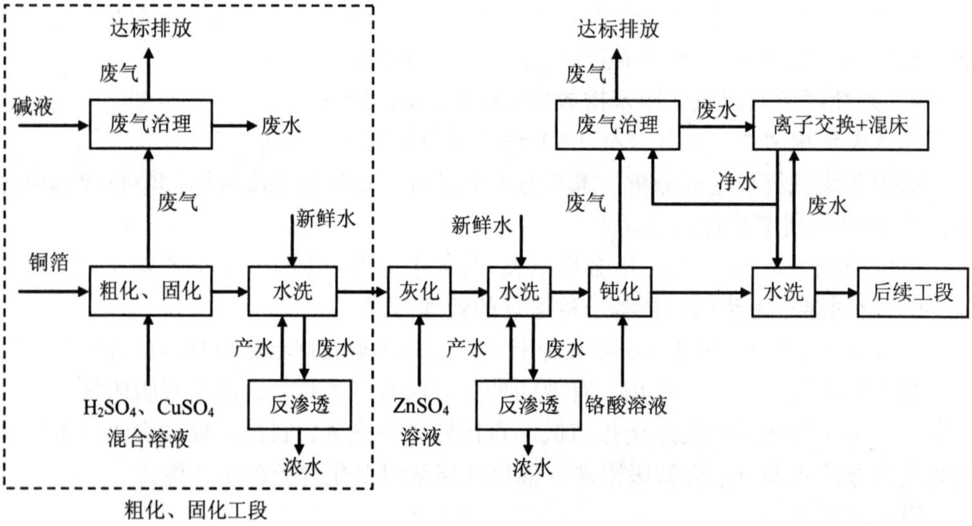

图 1　表面处理工艺流程

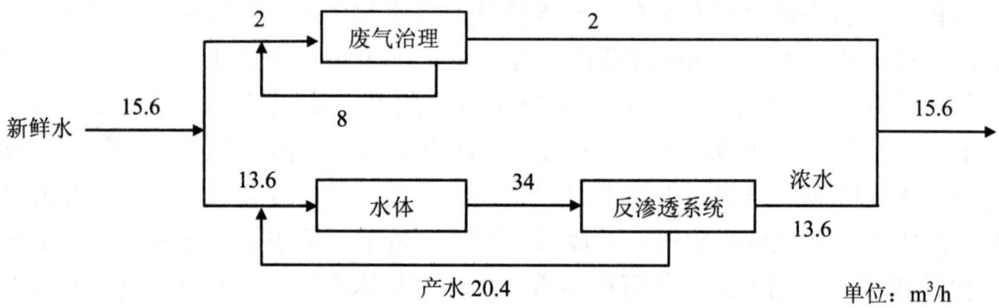

图 2　粗化、固化工段水平衡

粗化、固化工段废气经碱液喷淋洗涤后通过位于车间顶部的排气筒排放，排气筒距地面高 15 m。

拟将表面处理工序产生的反渗透浓水和粗化、固化工段的废气治理废水，以及离子交换树脂再生产生的废水混合后处理。定期更换的粗化固化槽液、灰化槽液和钝化槽液委外处理。

【问题】

1．指出该项目各种废水混合处理存在的问题，并提出调整建议。

2．计算表面处理工序粗化、固化工段水的重复利用率。

3．评价粗化、固化工段废气排放，应调查哪些信息？

4．指出表面处理工序会产生哪些危险废物？

【参考答案】

1．指出该项目各种废水混合处理存在的问题，并提出调整建议。

答：存在的问题有：离子交换树脂再生产生的废水中含有铬，为一类污染物，含一类污染物的废水在没达标前不能与其他废水混合。

调整建议：采用化学沉淀法先对离子交换树脂再生产生的废水进行处理，铬达标后，再与其他废水混合后处理。

2．计算表面处理工序粗化、固化工段水的重复利用率。

答：粗化、固化工段水的重复利用率为：

$$（8+20.4）/（8+20.4+15.6）\times 100\%=64.5\%$$

3．评价粗化、固化工段废气排放，应调查哪些信息？

答：应调查下列信息：① 排放污染物种类；② 排放污染物浓度；③ 污染物排放速率；④ 排气筒高度及周围 200 m 半径范围内建筑物高度。

4．指出表面处理工序会产生哪些危险废物？

答：废弃离子交换树脂，含铜、锌、铬的各类浓废液，粗化固化槽液，灰化槽渣和钝化槽液，工业废水处理站污泥。

【考点分析】

1．指出该项目各种废水混合处理存在的问题，并提出调整建议。

考试大纲中“六、环境保护措施分析（1）分析污染控制措施的技术经济可行性”。

举一反三

此问题与“三、冶金机电类　案例 7　新建汽车制造项目”第 2 题大同小异，考点均为《污水综合排放标准》（GB 8978—1996）中有关第一类水污染物的相关规定内容。请一并进行总结分析。

2．计算表面处理工序粗化、固化工段水的重复利用率。

考试大纲中“二、项目分析（1）分析建设项目施工期和运营期环境影响的因素和途径，识别产污环节、污染因子和污染物特性，核算物耗、水耗、能耗和主要污染物源强”。

水重复利用率=重复用水量/（新水量+重复用水量）。

3．评价粗化、固化工段废气排放，应调查哪些信息？

考试大纲中“二、项目分析（3）评价污染物达标排放情况”。

本题的考点类似于“三、冶金机电类 案例 8 铜精矿冶炼厂扩建改造工程”第 2 题和“三、冶金机电类 案例 5 专用设备制造项目”第 4 题。

4．指出表面处理工序会产生哪些危险废物。

考试大纲中“四、环境影响识别、预测与评价（1）识别环境影响因素与筛选评价因子”。

举一反三

对于危险废物的相关考题，首先应该想到《国家危险废物名录》中常见的危险废物名称及危险废物贮存、转运、填埋、焚烧等相关规定，部分考点出自《危险废物填埋污染控制标准》（GB 18598—2019）、《危险废物焚烧污染控制标准》（GB 18484—2020）、《危险废物贮存污染控制标准》（GB 18597—2001）及其修改清单。关于危险废物的其他类似考题见本书“二、化工石化及医药类 案例 6 新建石化项目”中的第 3 题。

案例 7　新建汽车制造项目

【素材】

某汽车有限公司拟新建一条汽车生产线，工程总投资 40 亿元人民币，建成后将具备 15 万辆/a 的整车生产能力。厂区位于某开发区内，地形简单，场地基础土层为连续分布的棕黄色粉土，厚度约为 2 m，渗透系数 2.4×10^{-5}cm/s，其下为砂、砾卵石层，厚度约为 10 m，为该区域主要含水层，但不作为饮用水源。调查表明项目附近区域无村民自建饮用水井。

该项目位于环境空气质量功能二类区，距市中心约为 18 km。主要工程内容包括：涂装车间、总装车间、焊装车间、冲压车间等主体工程，以及配套的公用动力、仓库、物流区、办公楼等辅助工程，在新建的涂装车间内还设有烘干炉废气焚烧设施、涂装废水处理设施。

拟建工程废气主要来源于涂装车间有机废气和焊装车间焊接粉尘。涂装车间内，烘干室废气经焚烧处理，喷漆室废气经水旋捕集除漆雾，涂装车间处理后的有机废气采用 55 m 高排气筒集中排放，废气量约为 150 万 m^3/h，废气中主要污染物为二甲苯，排放浓度为 10 mg/m^3；涂装车间面积 30 000 m^2，有部分二甲苯无组织排放，排放量为 0.6 kg/h。焊装车间焊接废气经布袋除尘器过滤净化处理后由 15 m 高排气筒排出室外，废气量约为 80 万 m^3/h，CO 浓度约为 3 mg/m^3，粉尘浓度约为 1.8 mg/m^3。

项目所在开发区有集中污水处理厂收集处理园区内工业和生活污水。该项目生产工艺废水主要来自涂装车间，包括脱脂清洗废水、磷化清洗废水、电泳清洗废水和喷漆废水，排放量约为 710 m^3/d；经涂装车间预处理后，涂装车间排水中 COD 约为 100 mg/L，BOD_5 约为 20 mg/L，SS 约为 45 mg/L，石油类浓度约为 1.5 mg/L，总镍浓度约为 1.1 mg/L，六价铬浓度约为 0.4 mg/L。其他工艺废水约为 135 m^3/d，COD 约为 80 mg/L，石油类浓度约为 1.5 mg/L。生活污水约为 220 m^3/d，COD 约为 350 mg/L，BOD_5 约为 280 mg/L，SS 约为 250 mg/L。上述预处理后的涂装废水与其他工艺废水、生活污水混合，通过市政管网进入开发区污水处理厂，处理达标后排入湖泊。受纳湖泊主要功能为工业、航运，距厂区约为 200 m，与厂区地下水水力联系较密切。设备冷却水采用循环水系统，焊装车间焊机冷却水站、制冷站、空压站及扩建冲压车间循环水系统因工艺需要而溢流出来的循环冷却水，排放量约为 1 034 m^3/d，其中基本无污染物，直接排入雨水管网。项目水平衡见图 1。

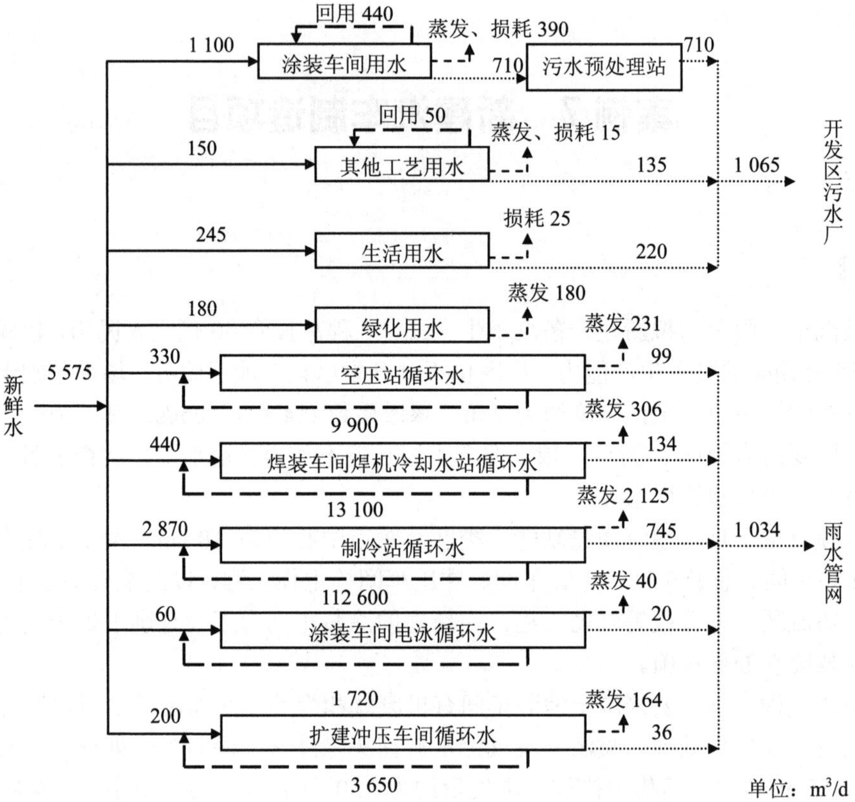

图 1 项目水平衡

【问题】

1．该项目排入开发区污水处理厂的废水水质执行污水综合排放标准三级标准（COD 500 mg/L、BOD_5 300 mg/L、SS 400 mg/L、石油类 20 mg/L、总镍 1.0 mg/L、六价铬 0.5 mg/L），请评价该项目废水是否达标排放。为确保该项目污水达标排放，主要应监控哪些污染因子？请给出监测点位建议。

2．根据图 1 中该项目水平衡图，计算项目工艺水回用率、间接冷却水循环率、全厂水重复利用率。

3．根据《大气污染物综合排放标准》（表 1），计算该项目二甲苯最高允许排放速率（kg/h），并分析该项目二甲苯有组织排放是否满足排放标准要求。

4．给出扩建工程环境空气质量现状监测及评价的特征因子。

表 1　新污染源大气污染物排放限值（节选）

序号	污染物	最高允许排放浓度/（mg/m^3）	最高允许排放速率/（kg/h）			无组织排放监控浓度限值	
			排气筒/m	二级	三级	监控点	浓度/（mg/m^3）
17	二甲苯	70	15	1.0	1.5	周界外浓度最高点	1.2
			20	1.7	2.6		
			30	5.9	8.8		
			40	10	15		

【参考答案】

1. 该项目排入开发区污水处理厂的废水水质执行污水综合排放标准三级标准（COD 500 mg/L、BOD_5 300 mg/L、SS 400 mg/L、石油类 20 mg/L、总镍 1.0 mg/L、六价铬 0.5 mg/L），请评价该项目废水是否达标排放。为确保该项目污水达标排放，主要应监控哪些污染因子？请给出监测点位建议。

答：各污染物在不同排放点的排放浓度见表 2。

表 2　不同排放点的排放浓度

污水排放点	污水排放量/（m^3/d）	主要污染物排放浓度/（mg/L）					
		COD	BOD_5	SS	石油类	总镍	六价铬
涂装车间预处理出口	710	100	20	45	1.5	1.1	0.4
其他工艺排水出口	135	80			1.5		
生活排水出口	220	350	280	250			
总排口	1 065	149.11	71.17	81.64	1.19	0.73	0.27
标准值	—	500	300	400	20	1.0	0.5

从计算结果来看，总排口各污染物排放浓度均小于标准值，似乎做到了达标排放，但因为总镍和六价铬属于第一类污染物，在车间或车间处理设施排放口采样，其中车间排放口浓度标准为：总镍 1.0 mg/L、六价铬 0.5 mg/L。该项目中涂装车间预处理后排水中总镍浓度约为 1.1 mg/L、超过标准 1.0 mg/L 的要求，故该项目废水实际上没有达标排放。

为确保该项目污水达标排放，对 COD、BOD_5、SS、石油类、镍、六价铬等污染因子均需进行监控。其中镍、六价铬必须在涂装车间预处理后设监测点进行监测，以确保车间口达标；其余的 COD、BOD_5、SS、石油类等因子可仅在总排口设监测点进行监测；为了解涂装车间预处理效果，也可在涂装车间预处理前后分别设监测点位对各污染因子进行检测，以确定处理效率。

2. 根据图 1 中该项目水平衡图，计算项目工艺水回用率、间接冷却水循环率、全厂水重复利用率。

答：工艺水回用＝440+50＝490（m^3/d）

工艺水取水量＝1 100+150＝1 250（m^3/d）

间接冷却水循环量＝9 900+13 100+112 600+1 720+3 650＝140 970（m^3/d）

间接冷却取水量＝330+440+2 870+60+200＝3 900（m^3/d）

（1）工艺水回用率＝100%×工艺水回用量/工艺水用水量

＝100%×工艺水回用量/（工艺水取水量+工艺水回用量）

＝100%×490/（1 250+490）＝28.16%

（2）间接冷却水循环率＝100%×间接冷却水循环量/间接冷却水用水量

＝100%×间接冷却水循环量/（间接冷却取水量+间接冷却水循环量）

＝100%×140 970/（3 900+140 970）

＝97.31%

（3）全厂水重复利用率＝100%×全厂水重复利用量/全厂用水量

＝100%×全厂水重复利用量/（全厂取水量+全厂水重复利用量）

＝100%×（工艺水回用量+间接冷却水循环量）/

（全厂取水量+工艺水回用量+间接冷却水循环量）

＝100%×（490+140 970）/（5 575+490+140 970）

＝96.21%

3. 根据《大气污染物综合排放标准》（表 1），计算该项目二甲苯最高允许排放速率（kg/h），并分析该项目二甲苯有组织排放是否满足排放标准要求。

答：该项目位于环境空气质量功能二类区，应执行《大气污染物综合排放标准》（GB 16297—1996）二级排放标准：二甲苯最高允许排放浓度为 70 mg/m^3；因排气筒高度 55 m，高于表 2 所列排气筒高度的最高值 40 m，用外推法计算其最高允许排放速率：项目排气筒的最高允许排放速率＝表列排气筒最高高度对应的最高允许排放速率×（排气筒的高度/表列排气筒的最高高度）^{2}＝10×（55/40）^{2}＝18.91（kg/h）。

该项目涂装车间二甲苯有组织排放废气量 150 万 m^3/h，排放浓度 10 mg/m^3，小于标准要求的 70 mg/m^3，计算其排放速率为 10×1 500 000/1 000 000＝15（kg/h），小于标准要求的 18.91 kg/h，故该项目二甲苯有组织排放可满足二级排放标准要求。

4. 给出扩建工程环境空气质量现状监测及评价的特征因子。

答：甲苯、二甲苯、非甲烷总烃、焊接粉尘。

【考点分析】

1. 该项目排入开发区污水处理厂的废水水质执行《污水综合排放标准》三级标准（COD 500 mg/L、BOD_5 300 mg/L、SS 400 mg/L、石油类 20 mg/L、总镍 1.0 mg/L、六价铬 0.5 mg/L），请评价该项目废水是否达标排放。为确保该项目污水达标排放，主要应监控哪些污染因子？请给出监测点位建议。

考试大纲中“六、环境保护措施分析（1）分析污染控制措施的技术经济可行性；（3）制订环境管理与监测计划”。

举一反三

《污水综合排放标准》（GB 8978—1996）规定：

“4.2.1　本标准将排放的污染物按其性质及控制方式分为两类。

4.2.1.1　第一类污染物：不分行业和污水排放方式，也不分受纳水体的功能类别，一律在车间或车间处理设施排放口采样，其最高允许排放浓度必须达到本标准要求（采矿行业的尾矿坝出水口不得视为车间排放口）。

4.2.1.2　第二类污染物：在排污单位排放口采样，其最高允许排放浓度必须达到本标准要求。”

应熟悉该标准中第一类污染物名称，了解其标准值，具体见该标准表 1。

表 1　第一类污染物最高允许排放浓度　　单位：mg/L

序号	污染物	最高允许排放浓度
1	总汞	0.05
2	烷基汞	不得检出
3	总镉	0.1
4	总铬	1.5
5	六价铬	0.5
6	总砷	0.5
7	总铅	1.0
8	总镍	1.0
9	苯并[*a*]芘	0.000 03
10	总铍	0.005
11	总银	0.5
12	总α放射性	1 Bq/L
13	总β放射性	10 Bq/L

2. 根据图1中该项目水平衡图，计算项目工艺水回用率、间接冷却水循环率、全厂水重复利用率。

考试大纲中“二、项目分析（1）分析建设项目施工期和运营期环境影响的因素和途径，识别产污环节、污染因子和污染物特性，核算物耗、水耗、能耗和主要污染物源强”。

清洁生产专题应重点阐述拟建项目生产工艺和技术来源，评价工艺技术与装备水平的先进性。分别给出单位产品物耗、能耗、水耗、污染物产生量、污染排放量以及全厂水的重复利用率等指标，体现循环经济理念，量化评价项目的清洁生产水平，由此提出提高清洁生产水平的措施及方案。本题主要考查新水用量指标的计算，但对其他指标的计算方法也应有所了解。

3. 根据《大气污染物综合排放标准》（表1），计算该项目二甲苯最高允许排放速率（kg/h），并分析该项目二甲苯有组织排放是否满足排放标准要求。

考试大纲中“四、环境影响识别、预测与评价（2）选用评价标准”。

举一反三

熟悉GB 16297—1996中关于最高允许排放速率计算的规定：

“7.3　若某排气筒的高度处于本标准列出的两个值之间，其执行的最高允许排放速率以内插法计算，内插法的计算式见本标准附录B；当某排气筒的高度大于或小于本标准列出的最大或最小值时，以外推法计算其最高允许排放速率，外推法计算式见本标准附录B。

7.4　新污染源的排气筒一般不应低于15 m。若新污染源的排气筒必须低于15 m，其排放速率标准值按7.3的外推计算结果再严格50%执行。

附录B（标准的附录）确定某排气筒最高允许排放速率的内插法和外推法

B1　某排气筒高度处于表列两高度之间，用内插法计算其最高允许排放速率，按下式计算：

$$Q=Q_a+(Q_{a+1}-Q_a)(h-h_a)/(h_{a+1}-h_a)$$

式中：Q——某排气筒最高允许排放速率；

Q_a——比某排气筒低的表列限值中的最大值；

Q_{a+1}——比某排气筒高的表列限值中的最小值；

h——某排气筒的几何高度；

h_a——比某排气筒低的表列高度中的最大值；

h_{a+1}——比某排气筒高的表列高度中的最小值。

B2　某排气筒高度高于本标准表列排气筒高度的最高值，用外推法计算其最高允许排放速率。按下式计算：

$$Q=Q_b(h/h_b)^2$$

式中：Q——某排气筒的最高允许排放速率；

Q_b——表列排气筒最高高度对应的最高允许排放速率；

h——某排气筒的高度；

h_b——表列排气筒的最高高度。

B3　某排气筒高度低于本标准表列排气筒高度的最低值，用外推法计算其最高允许排放速率，按下式计算：

$$Q=Q_c(h/h_c)^2$$

式中：Q——某排气筒的最高允许排放速率；

Q_c——表列排气筒最低高度对应的最高允许排放速率；

h——某排气筒的高度；

h_c——表列排气筒的最低高度。”

4．给出扩建工程环境空气质量现状监测及评价的特征因子。

考试大纲中“四、环境影响识别、预测与评价（1）识别环境影响因素与筛选评价因子”。

案例 8　铜精矿冶炼厂扩建改造工程

【素材】

某有限公司为大幅度降低吨铜成本、增加效益、充分挖掘潜力和利用闪速炉首次冷修的良机，决定进行扩建改造工程，将铜的产量由 15 万 t/a 提高到 21 万 t/a。其中：阳极铜产量由 15 万 t/a 提高到 21 万 t/a，其中，19 万 t/a 阳极铜生产阴极铜，2 万 t/a 阳极铜作为产品直接外销；阴极铜产量由 15 万 t/a 提高到 19 万 t/a；硫酸（100%硫酸）产量由 49.5 万 t/a 提高到 63.4 万 t/a。

改扩建工程包括闪速炉熔炼工序、贫化电炉及渣水淬工序、吹炼工序、电解精炼工序、硫酸工序 5 个工序的改扩建。

扩建改造工程完成后，硫的回收率由 95.15%增至 95.5%，SO_2 排放量由 2 131 t/a 降至 1 948 t/a，烟尘排放量由 139.7 t/a 降至 133 t/a；废水排放总量为 375.4 万 t/a，废水中主要污染物为 Cu、As、Pb。工业水循环率由 91.7%增至 92.5%。

改扩建工程完成后，生产过程中的废气主要来源于干燥尾气、环保集烟烟气（通过环保集烟罩收集闪速炉等冶金炉的泄漏烟气）、阳极炉烟气、制酸脱硫尾气 4 个高架排放源。其污染源主要污染物排放情况见表 1。

表 1　污染源主要污染物排放情况

污染源	烟囱尺寸		烟气出口温度/℃	烟气量/（m^3/h）	烟尘质量浓度/（mg/m^3）	SO_2 质量浓度/（mg/m^3）
	H/m	Φ/mm				
干燥尾气	120	2 000	60	91 988	84	777
环保集烟烟气	120	3 000	66	94 200	100	714
阳极炉烟气	70	2 200	350	91 799	—	662
硫酸脱硫尾气	90	1 800	40	187 926.8	—	285

项目冶炼过程中产生水淬渣、转炉渣；污酸、酸性废水在处理过程中产生含砷渣、石膏、中和渣。中和渣浸出试验结果见表 2。

表 2　中和渣浸出试验结果　　单位：mg/L

元素	Cu	Pb	Zn	Cd	As
浸出结果	0.035	0.25	0.64	0.15	0.034

环评机构判定本项目地下水环境影响评价工作等级为一级，在现状调查及评价阶段，评价机构按照《环境影响评价技术导则　地下水环境》（HJ 610—2016）要求先后开展了评价区环境水文地质条件调查、场地水文地质条件调查和地下水环境质量现状监测及评价工作。

根据调查，距离项目厂址 850 m 处有一果园。

【问题】

1．计算环境空气评价等级、确定评价范围和环境空气现状监测点数。各污染源 SO_2 最大地面浓度及距离详见表 3。

表 3　SO_2 最大地面浓度及距离

污染源	最大地面浓度/（mg/m³）	最大地面距离/m	$D_{10\%}$/m
干燥尾气	0.117 6	754	3 500
环保集烟烟气	0.109 2	765	2 800
阳极炉烟气	0.037 38	1 100	—
硫酸脱硫尾气	0.092 4	717	2 200

2．干燥尾气、环保集烟烟气、硫酸脱硫尾气是否达标排放？

3．全年工作时间为 8 000 h，问项目是否满足 SO_2 总量控制要求？

4．根据浸出试验结果，说明中和渣是否为危险废物。运营期固体废物应如何处置？

5．环评机构在现状调查及评价阶段，现已开展工作是否满足要求？说明理由。

6．根据《环境影响评价技术导则　土壤环境（试行）》（HJ 964—2018），判定该项目土壤评价工作等级；根据工作等级，布设土壤现状监测点。

【参考答案】

1．计算环境空气评价等级、确定评价范围和环境空气现状监测点数。

答：环境空气评价等级：

根据《环境影响评价技术导则　大气环境》（HJ 2.2—2018）中评价等级的确定依据，再根据表 3 计算可得（表 4）：

表 4　污染源最大地面浓度和地面浓度占标率

污染源	最大地面浓度/（mg/m³）	地面浓度占标率/%
干燥尾气	0.117 6	23.52
环保集烟烟气	0.109 2	21.84
阳极炉烟气	0.037 38	7.48
硫酸脱硫尾气	0.092 4	18.48

该项目 SO_2 最大地面浓度占标率为23.52%，该项目评价等级为一级。

评价范围：以项目厂址为中心区域，自厂界外延 $D_{10\%}$（即3.5 km）的矩形区域。

监测布点数：根据《环境影响评价技术导则　大气环境》（HJ 2.2—2018），环境空气现状补充监测点数为1～2个。

2．干燥尾气、环保集烟烟气、硫酸脱硫尾气是否达标排放？

答：干燥尾气、环保集烟烟气、硫酸脱硫尾气排放浓度和速率计算结果见表5。

表5　污染源主要污染物排放浓度和速率计算结果

污染源	烟囱尺寸 H/m	烟气量/（m^3/h）	烟尘		SO_2	
			质量浓度/（mg/m^3）	速率/（kg/h）	质量浓度/（mg/m^3）	速率/（kg/h）
干燥尾气	120	91 988	84	7.73	777	71.5
环保集烟烟气	120	94 200	100	9.42	714	67.3
阳极炉烟气	70	91 799	—	—	662	60.7
硫酸脱硫尾气	90	187 926.8	—	—	285	53.5

根据《铜、镍、钴工业污染物排放标准》（GB 25467—2010），改扩建企业铜冶炼烟气 SO_2 最高允许排放质量浓度为400 mg/m^3；颗粒物最高允许排放质量浓度为80 mg/m^3。排气筒高于15 m且200 m范围内有建筑物时，须高出建筑物3 m，否则污染物排放浓度限值严格50%执行。干燥尾气、阳极炉烟气、环保集烟烟气排放浓度和排放速率均高于GB 25467—2010排放限值，烟气排放不达标。由于周边建筑高度不确定，制酸脱硫尾气排放是否达标不能确定。

3．全年工作时间为8 000 h，问项目是否满足 SO_2 总量控制要求？

答：该项目 SO_2 年排放量为：

（71.5+67.3+60.7+53.5）×8 000=2 024 000（kg）=2 024（t）

该项目 SO_2 总量指标为2 050 t，年 SO_2 排放量为2 024 t，满足 SO_2 总量控制要求。

4．根据浸出试验结果，说明中和渣是否为危险废物。运营期固体废物应如何处置？

根据《危险废物鉴别标准　浸出毒性鉴别》（GB 5085.3—2007），重金属铜、铅等浸出标准见表6。中和渣浸出试验重金属浸出浓度均低于鉴别标准，中和渣为一般固体废物。

表6　浸出毒性标准　　单位：mg/L

元素	Cu	Pb	Zn	Cd	As
鉴别标准	100	5	100	1	5

运营期工业固体废物有水淬渣、转炉渣、中和渣、石膏、砷滤渣等。根据《国家危险废物名录》，砷滤渣属危险废物，水淬渣、转炉渣、石膏属一般废物。中和渣无明确规定，中和渣浸出试验结果表明，该渣为一般废物。

水淬渣、转炉渣、中和渣、石膏按《一般工业固体废物贮存和填埋污染控制标准》（GB 18599—2020）进行贮存和处置，优先考虑综合利用、不能综合利用的进行堆场堆存。

砷滤渣：按照危险废物贮存污染控制标准进行贮存。砷滤渣堆存所排废水进入污水处理站处理，不直接外排。砷滤渣经移出地和接收地环保部门批准，现已与有关厂家签订销售合同将砷铜厂原料外售。

5. 环评机构在现状调查及评价阶段，现已开展工作是否满足要求？说明理由。

答：不满足。

理由：该项目为扩建改造项目，地下水环境影响评价工作等级为一级，根据《环境影响评价技术导则　地下水环境》（HJ 610—2016），还应开展地下水污染源调查工作，地下水污染源调查应包括两方面：① 调查评价区内具有与建设项目产生或排放同种特征因子的地下水污染源；② 在现有工程区的可能造成地下水污染的主要装置或设施附近开展包气带污染现状调查。对包气带进行分层采样，样品进行浸溶试验，测试分析浸溶液成分。

6. 根据《环境影响评价技术导则　土壤环境（试行）》（HJ 964—2018），判定该项目土壤评价工作等级；根据工作等级，布设土壤现状监测点。

答：评价等级：该项目为污染影响型项目；该项目为有色金属冶炼，属于Ⅰ类项目；该项目周边有耕地，敏感程度为敏感。因此土壤环境评价等级为污染影响型一级评价。

现状监测点：占地范围（含现有工程及扩建工程）内设 5 个柱状样点，2 个表层样点；占地范围外的 1 km 内布设 4 个表层样点。

【考点分析】

1. 计算环境空气评价等级、确定评价范围和环境空气现状监测点数。

考试大纲中“三、环境现状调查与评价（2）制定环境现状调查与监测方案；四、环境影响识别、预测与评价（3）确定评价工作等级和评价范围”。

本题主要考查环评人员对 HJ 2.2—2018 的掌握和应用情况。按 HJ 2.2—2018 规定确定评价等级、范围和大气监测布点数。

举一反三

确定合理的评价等级、评价范围及开展环境现状监测都是环评工作中的重要环节，也是环评考试的重点内容之一，根据 HJ 2.2—2018 相关内容节选如下：

表 2 评价等级判别表

评价工作等级	评价工作分级判据
一级评价	P_{max}≥10%
二级评价	1%≤P_{max}<10%
三级评价	P_{max}<1%

5.3.3 评价等级的判定还应遵守以下规定

5.3.3.1 同一项目有多个污染源（两个及以上，下同）时，则按各污染源分别确定评价等级，并取评价等级最高者作为项目的评价等级。

5.3.3.2 对电力、钢铁、水泥、石化、化工、平板玻璃、有色等高耗能行业的多源项目或以使用高污染燃料为主的多源项目，并且编制环境影响报告书的项目评价等级提高一级。

5.3.3.3 对等级公路、铁路项目，分别按项目沿线主要集中式排放源（如服务区、车站大气污染源）排放的污染物计算其评价等级。

5.3.3.4 对新建包含 1 km 及以上隧道工程的城市快速路、主干路等城市道路项目，按项目隧道主要通风竖井及隧道出口排放的污染物计算其评价等级。

5.3.3.5 对新建、迁建及飞行区扩建的枢纽及干线机场项目，应考虑机场飞机起降及相关辅助设施排放源对周边城市的环境影响，评价等级取一级。

5.3.3.6 确定评价等级同时应说明估算模型计算参数和判定依据，相关内容与格式要求见附录 C 中 C.1。

5.4 评价范围确定

5.4.1 一级评价项目根据建设项目排放污染物的最远影响距离（$D_{10\%}$）确定大气环境影响评价范围。即以项目厂址为中心区域，自厂界外延 $D_{10\%}$的矩形区域作为大气环境影响评价范围。当 $D_{10\%}$超过 25 km 时，确定评价范围为边长 50 km 的矩形区域；当 $D_{10\%}$小于 2.5 km 时，评价范围边长取 5 km。

5.4.2 二级评价项目大气环境影响评价范围边长取 5 km。

5.4.3 三级评价项目不需设置大气环境影响评价范围。

5.4.4 对于新建、迁建及飞行区扩建的枢纽及干线机场项目，评价范围还应考虑受影响的周边城市，最大取边长 50 km。

5.4.5 规划的大气环境影响评价范围以规划区边界为起点，外延规划项目排放污染物的最远影响距离（$D_{10\%}$）的区域。

此外，环评中在判定水、声、生态的评价等级，确定评价范围和监测布点时，要注意对水体、声环境、生态功能的调查，并要掌握水、声所执行的环境质量标准，这样才能客观确定相应的评价等级。

2．干燥尾气、硫酸脱硫尾气、环保集烟烟气是否达标排放？

考试大纲中“六、环境保护措施分析（1）分析污染控制措施的技术经济可行性”。

本题主要考查环评人员能否针对冶金项目污染源排放情况，根据污染物排放标准，核实污染源污染物是否达标排放。判断大气污染物是否达标排放，不仅要考虑排放浓度，还要考虑排气筒高度的排放速率。

对闪速炉、转炉、铸渣机、沉渣机和阳极炉等系统的烟气泄漏点或散发点布置集烟罩，将泄漏烟气收集经环保烟囱排放。环保集烟烟囱不仅收集闪速炉、转炉冶炼炉的泄漏烟气，同时也收集铸渣机、沉渣机等散发点的烟气，主要解决低空污染问题。

3.全年工作时间为 8 000 h，问项目是否满足 SO_2 总量控制要求？

考试大纲中删除了“分析重点污染物排放总量控制对策的适用性”的相关要求，但污染物排放总量的核算依然为考试重点之一。

4．根据浸出试验结果，说明中和渣是否为危险废物。运营期固体废物应如何处置？

考试大纲“六、环境保护措施分析（1）分析污染控制措施的技术经济可行性”。

铜冶炼所产生的大部分工业固体废物均可作为建材、炼铁的原料，对铜冶炼项目所产生的工业固体废物的处置首先应考虑对其进行综合利用，如铜冶炼渣采用浮选，首先回收铜冶炼渣中的铜，然后再考虑无害化处置。

举一反三

重有色金属冶炼所用原料大部分为硫化矿，工业固体废物处置重点关注污酸和酸性废水处理产生的含砷渣，一般含砷渣为危险废物，临时堆场或堆场应考虑防渗措施、雨季淋溶水收集等。对于外销，需经移出地和接收地生态环境部门批准才行。

5．环评机构在现状调查及评价阶段，现已开展工作是否满足要求？说明理由。

考试大纲中“三、环境现状调查与评价（2）制定环境现状调查与监测方案”。

地下水污染源调查是地下水环境现状调查与评价的重要组成内容，根据《环境影响评价技术导则　地下水环境》（HJ 610—2016）的要求，对于“对于一级、二级的改、扩建项目”，不但要调查“调查评价区内具有与建设项目产生或排放同种特征因子的地下水污染源”，还要在现有工程区域内“可能造成地下水污染的主要装置或设施附近开展包气带污染现状调查”。对包气带进行分层取样，一般在 0～20 cm 埋深范围内取 1 个样品，其他取样深度应根据污染源特征和包气带岩性、结构特征等确定，并说明理由。样品进行浸溶试验，测试分析浸溶液成分。

6．根据《环境影响评价技术导则　土壤环境（试行）》（HJ 964—2018），判定该项目土壤评价工作等级；根据工作等级，布设土壤现状监测点。

本题考查土壤环境评价等级，现状监测点布设。

（1）评价等级确定应首先分析项目属于土壤污染影响型项目还是生态影响型项目，其次判定该项目的类别，再次判定敏感程度，最后确定项目占地规模。

因本题为土壤污染影响型项目，项目类别为Ⅰ类项目，敏感程度为敏感，因此可直接判定其为一级评价，无须确定项目占地规模。

（2）现状监测点布设应确定调查范围，土壤污染影响型一级评价项目调查范围为占地边界外1 km范围内。

冶金机电类案例小结

冶金机电类与轻工纺织化纤类、化工石化及医药类同属于污染型案例，常涉及喷涂、电镀、锻造等工段，其考查的知识点及考查方式也比较一致，主要为工程分析、环保措施的知识点考查，近年还考查了环境质量现状监测方面的知识点。只要考生全面复习，掌握了《环境影响评价技术导则与标准》的考点，结合案例题干信息认真分析，就应该比较容易得分。

历年环评案例考试中冶金机电类的考查内容主要如下：

（1）废水、废气中的特征污染因子的考查：根据题干信息及工艺流程图判断，从反应添加的原料、溶剂，题干给出的产品中去找。

（2）废气达标排放评价。

（3）废水的处置措施合理性分析。

①坚持“清污分流、污污分流、分质处理”的原则。

②第一类污染物要求车间或车间处理设施排放口达标。

（4）废气的处理，有机废气、含酸雾废气的处理方法。

（5）固体废物性质的判断及其处置措施合理性的分析。

①冶金机电行业工业废水含重金属，废水处理站污泥常为危险废物。

②危险废物处置要求。

（6）环境质量现状监测方案。

（7）与园区规划（环评）符合性分析。

四、建材火电类

案例1 生活垃圾焚烧项目

【素材】

某市拟在城市东北郊区新建1座日处理能力为1 000 t的生活垃圾焚烧电厂。工程建设内容包括2×500 t/d的垃圾焚烧炉（机械炉排炉）、垃圾贮坑、焚烧发电系统、烟气净化系统、污水处理站等，年运行333 d，每天运行24 h。入炉生活垃圾含有C、H、O、N、S、Cl等元素及微量重金属，其中含硫率为0.06%，燃烧过程中S元素转化为SO_2的份额为80%。

该厂拟采用"炉内低氮燃烧+急冷+半干法烟气净化+活性炭吸附+布袋除尘"工艺处理焚烧烟气，烟气排放量为10.24万m^3/h，设计脱硫效率为80%，处理后的烟气由高100 m的烟囱排放；垃圾贮坑的气体收集后送垃圾焚烧炉燃烧处理；拟建厂内污水处理站处理垃圾渗滤液、卸料大厅清洗废水、循环冷却水和厂区生活污水，设计出水达到《污水综合排放标准》（GB 8978—1996）二级标准，废水处理达标后就近排入A河；焚烧炉渣定期外运至砖厂制砖，焚烧飞灰固化处理后送城市生活垃圾填埋场分区填埋，污水处理站污泥脱水后送垃圾焚烧炉焚烧处理。

拟建厂址位于城市东北部，距城市规划区约4 km。城区至厂址公路途经B村庄，厂址与B村庄相距1.5 km，距厂址东侧800 m有A河由北向南流过。A河城市市区河段上游水环境功能为Ⅲ类，市区河段水环境功能为Ⅳ类，现状水环境质量达标。

注：《生活垃圾焚烧污染控制标准》（GB 18485—2001）中规定，焚烧炉的SO_2排放限值为260 mg/m^3。

【问题】

1. 分别指出垃圾临时贮存、焚烧过程中产生的主要废气污染物。
2. 评价该厂SO_2排放达标状况。
3. 针对该厂污水处理方案存在的缺陷，提出相应的改进建议。
4. 判定该厂产生固体废物的类别，并分析处理方案的合理性。

【参考答案】

1．分别指出垃圾临时贮存、焚烧过程中产生的主要废气污染物。

答：（1）垃圾临时贮存主要废气污染物：硫化氢、氨、甲硫醇、臭气。

（2）垃圾焚烧主要废气污染物：烟尘、二氧化硫、氮氧化物、氯化氢、二噁英、重金属。

2．评价该厂 SO_2 排放达标状况。

答：SO_2 排放质量浓度=$2\times500\times10^9/24\times0.06\%\times0.8\times2\times0.2\div(1.024\times10^5)$ = 78.1（mg/m^3），符合 GB 18485—2001 限值要求，排放达标。

3．针对该厂污水处理方案存在的缺陷，提出相应的改进建议。

答：（1）缺陷：循环冷却水进入污水处理厂处理；改进建议：循环冷却水应重复使用，不外排。

（2）缺陷：设计出水水质为 GB 8978—1996 二级标准；改进建议：由于出水排入 A 河段为Ⅲ类水体，应该将设计出水水质提高到 GB 8978—1996 一级标准。

4．判定该厂产生固体废物的类别，并分析处理方案的合理性。

答：（1）焚烧炉渣，属于一般Ⅰ类工业固体废物，外运至砖厂制砖，方案合理。

（2）焚烧飞灰，属于危险废物，固化后送垃圾填埋场分区填埋，方案不合理，应按《生活垃圾焚烧飞灰污染控制技术规范（试行）》（HJ 1134—2020）要求进行处置。

（3）污泥，脱水后送垃圾焚烧炉焚烧处置，方案不合理。

【考点分析】

本案例是根据 2014 年案例分析考试试题改编而成，考生认真体会，综合把握。

1．分别指出垃圾临时贮存、焚烧过程中产生的主要废气污染物。

考试大纲中“二、项目分析（1）分析建设项目施工期和运营期环境影响的因素和途径，识别产污环节、污染因子和污染物特性，核算物耗、水耗、能耗和主要污染物源强”。

本题考点是考查考生对垃圾焚烧行业环境影响识别的能力。

垃圾贮存的主要废气污染物：硫化氢、氨、甲硫醇、臭气。

焚烧的主要废气污染物：烟尘、二氧化硫、氮氧化物、氯化氢、二噁英、重金属。

2．评价该厂 SO_2 排放达标状况。

考试大纲中“二、项目分析（3）评价污染物达标排放情况”。

废气排放达标分析，需考虑 3 个层面的问题：① 排放浓度是否达标；② 排放速率是否达标；③ 排气筒高度是否满足要求。

本题类似于“三、冶金机电类”中“案例 7　新建汽车制造项目”第 4 题，“案例 4　铝型材料生产项目”第 1 题和“案例 5　专用设备制造项目”第 4 题。

3．针对该厂污水处理方案存在的缺陷，提出相应的改进建议。

考试大纲中“六、环境保护措施分析（1）分析污染控制措施的技术经济可行性”。

本题为废水治理措施题，污水处理需考虑分质处理，污水排放需达标。该题与本书“二、化工石化及医药类　案例 5　园区化学原料药项目”第 4 题和“二、化工石化及医药类 案例 6　新建石化项目”第 2 题类似。

4．判定该厂产生固体废物的类别，并分析处理方案的合理性。

考试大纲中“二、项目分析（1）分析建设项目施工期和运营期环境影响的因素和途径，识别产污环节、污染因子和污染物特性，核算物耗、水耗、能耗和主要污染物源强”和“六、环境保护措施分析（1）分析污染控制措施的技术经济可行性”。

垃圾焚烧炉渣属于一般 I 类工业固体废物；焚烧飞灰属于危险废物。

污泥因含水率高不适合焚烧处理。

案例 2　煤矸石电厂项目

【素材】

某煤化公司位于北方山区富煤地区，周围煤矿密集，在煤洗选生产过程中，产出中煤和煤矸石约 100 万 t/a，且周围现存煤矸石有 600 万 t/a 以上。该公司决定利用当地的煤矸石、中煤，安装 4 台超高压 135 MW 双缸双排气凝汽式直接空冷汽轮发电机组和 4 台 480 t/h 循环流化床锅炉。

该自备电厂设计煤种配比为煤矸石∶中煤＝22∶78，校核煤种的配比为煤矸石∶中煤＝30∶70，根据煤质检测报告，煤矸石、中煤的收到基低位发热量分别为 5 050 kJ/kg、14 600 kJ/kg。锅炉采用湿法脱硫（脱硫效率 95%）、电袋除尘（效率 99.9%）后，烟气经 2 座 150 m 高钢筋混凝土烟囱排入大气（2 台炉合用一座烟囱），两座烟囱相距 100 m。该项目 SO_2 排放总量 636 t/a，NO_x 排放总量 829 t/a，烟尘排放总量 128 t/a，计划通过淘汰本地区污染严重的小焦化厂 6 家，削减 SO_2 排放总量 1 000 t/a、NO_x 排放总量 1 000 t/a、烟尘排放总量 166 t/a，作为该项目总量来源。

该项目位于北方缺水地区，电厂生活用水采用煤化公司自备井提供的自来水；生产用水有 3 个备选取水方案：A 方案是以项目南 15 km 处的水库为水源；B 方案是以项目 5 km 以内附近多家煤矿矿坑排水作为水源；C 方案是以项目往南 10 km 处拟建中的城市污水处理厂中水作为水源。上述 3 个备选水源水质水量均满足电厂用水要求。

【问题】

1．法律明文规定该项目环评报告书中必须要有的文件是（　　）。

A．水资源论证报告　　　　B．水土保持方案

C．煤质分析报告　　　　D．项目建议书

2．根据该项目备选取水方案，确定推荐的取水方案，并说明原因。

3．请计算该项目两个烟囱的等效烟囱高度和位置。

【参考答案】

1．法律明文规定该项目环评报告书中必须要有的文件是（ B ）。

A．水资源论证报告　　B．水土保持方案

C．煤质分析报告　　D．项目建议书

2．根据该项目备选取水方案，确定推荐的取水方案，并说明原因。

答：推荐的取水方案为 B，以煤矿矿坑排水作为水源。城市污水处理厂建成前，方案 A 水库水可做备用水源；城市污水处理厂建成后，优选方案 C 城市污水处理厂中水做备用水源。

3．请计算该项目两个烟囱的等效烟囱高度和位置。

答：两个烟囱的等效烟囱高度为 150 m，位于两个排气筒连线的中点上、距两个烟囱均为 50 m。计算过程如下：

（1）等效烟囱高度 h

$$h=\sqrt{\frac{1}{2}\left(h_1^2+h_2^2\right)}$$

式中：h_1，h_2 —— 烟囱 1 和烟囱 2 的高度。

因 $h_1=h_2=150$ m，则：

$$h=\sqrt{\frac{1}{2}\left(h_1^2+h_2^2\right)}=\sqrt{\frac{1}{2}\left(h_1^2+h_1^2\right)}=\sqrt{h_1^2}=h_1=150\,\text{m}$$

（2）等效烟囱位于烟囱 1 和烟囱 2 的连线上，以烟囱 1 为原点，等效排气筒距原点的距离 x：

$$x=a\frac{Q-Q_1}{Q}$$

式中：a —— 烟囱 1 和烟囱 2 的距离，100 m；

Q_1 —— 烟囱 1 的污染物排放速率，kg/h；

Q —— 等效烟囱的污染物排放速率，$Q=Q_1+Q_2$，Q_2 为烟囱 2 的污染物排放速率，kg/h。

因 $Q_1=Q_2$，则 $Q=2Q_1$，计算 x 得：

$$x=a\frac{Q-Q_1}{Q}=a\frac{2Q_1-Q_1}{2Q_1}=a\frac{Q_1}{2Q_1}=\frac{1}{2}a=50\text{（m）}$$

【考点分析】

1. 法律明文规定该项目环评报告书中必须要有的文件是（ B ）。

A. 水资源论证报告　　　　B. 水土保持方案

C. 煤质分析报告　　　　D. 项目建议书

考试大纲中“一、相关法律法规、政策及规划的符合性分析（1）建设项目与相关法律法规的符合性分析”。

举一反三

本案例项目位于山区，《中华人民共和国水土保持法》（2010年修订）第二十五条规定：“在山区、丘陵区、风沙区以及水土保持规划确定的容易发生水土流失的其他区域开办可能造成水土流失的生产建设项目，生产建设单位应当编制水土保持方案，报县级以上人民政府水行政主管部门审批，并按照经批准的水土保持方案，采取水土流失预防和治理措施。”故B是正确答案。水资源论证报告、煤质分析报告、项目建议书虽然也是环评的重要参考文件，但没有法律明文规定是环评报告中必需的。

2. 根据该项目备选取水方案，确定推荐的取水方案，并说明原因。

考试大纲中“一、相关法律法规、政策及规划的符合性分析（2）建设项目与环境政策的符合性分析”。

举一反三

《国家发展改革委关于燃煤电站项目规划和建设有关要求的通知》（发改能源〔2004〕864号）要求“在北方缺水地区，新建、扩建电厂禁止取用地下水，严格控制使用地表水，鼓励利用城市污水处理厂的中水或其他废水……坑口电站项目首先考虑使用矿井疏干水”。该项目位于富煤地区，周围煤矿密集，属坑口电站，首先考虑使用矿井疏干水作为水源（方案B）；该项目位于北方缺水地区，鼓励利用城市污水处理厂的中水（方案C），严格限制使用地表水（方案A）。

3. 请计算该项目两个烟囱的等效高度和位置。

考试大纲中“二、项目分析（1）分析建设项目施工期和运营期环境影响的因素和途径，识别产污环节、污染因子和污染物特性，核算物耗、水耗、能耗和主要污染物源强”。

案例 3 热电联产项目

【素材】

北方某城市地势平坦，主导方向为东北风，当地水资源缺乏，城市主要供水水源为地下水，区域已出现大面积地下水降落漏斗区。城市西北部有一座库容 0.32 亿 m^3 水库，主要功能为防洪、城市供水和农业用水。该市现有的城市二级污水处理厂位于市区南部，处理规模为 10 万 t/d（年运行按 365 d 计），污水处理达标后供位于城市西南的工业区再利用。

现拟在城市西南工业区内分期建设热电联产项目。一期工程拟建 1 台 350 MW 热电联产机组，配 1 台 1 160 t/h 的粉煤锅炉。汽机排汽冷却拟采用二次循环冷水冷却方式，配 1 座自然通风冷却塔（汽机排汽冷却方式一般包括直接水冷却、空冷和二次循环冷水冷却）。采用高效袋式除尘、SCR 脱硝、石灰石—石膏脱硫方法处理锅炉烟气，脱硝效率 80%，脱硫效率 95%，净化后烟气经 210 m 高的烟窗排放。SCR 脱硝系统氨区设一个 100 m^3 的液氨储罐，储量为 55 t。生产用水主要包括化学系统用水、循环冷却系统用水和脱硫系统用水，新鲜水用水量分别为 40.4 万 t/a、289 万 t/a、29 万 t/a，拟从水库取水。生活用水采用地下水。配套建设干贮灰场，粉煤灰、炉渣、脱硫石膏全部综合利用，暂无法综合利用的送灰场临时贮存。生产废水主要有化学系统的酸碱废水、脱硫系统的脱硫废水、循环冷却系统的排污水等，拟处理后回用或排放。

设计煤种和校核煤种基本参数及锅炉烟气中 SO_2、烟尘的初始质量浓度见表 1。

表 1 设计煤种和校核煤种基本参数及锅炉烟气中 SO_2、烟尘的初始质量浓度

	低位发热值/（kJ/kg）	收到基全硫/%	收到基灰分/%	SO_2/（mg/m^3）	烟尘/（mg/m^3）
设计煤种	23 865	0.61	26.03	1 920	25 600
校核煤种	21 771	0.66	22.41	2 100	21 100

注：①《危险化学品重大危险源辨识》（GB 18218—2018）规定液氨的临界量为 10 t；② 锅炉烟气中 SO_2、烟尘分别执行《火电厂大气污染物排放标准》（GB 13223—2011）中 100 mg/m^3 和 30 mg/m^3 的排放限值要求。

【问题】

1．提出该项目用水优化方案，并说明理由。

2．识别该项目重点危险源，并说明理由。

3．评价 SO_2 排放达标情况。

4．计算高效袋式除尘器的最小除尘效率（石灰石—石膏脱硫系统除尘效率按 50%计。

5．提出一种适宜的酸碱废水处理方式。

【参考答案】

1．提出该项目用水优化方案，并说明理由。

答：生产用水优先使用城市污水处理厂中水，水库水可用作备用水源，禁止开采地下水。理由：该项目处于北方缺水城市，且该区域已出现大面积的地下水降落漏斗，根据火电行业政策，这里禁止取用地下水。此外，城市二级污水处理厂的处理规模为 0.365 亿 t/a，完全可满足该项目生产用水的需求（358.4 万 t/a）。

理由：生活用水可采用地下水。

2．识别该项目重点危险源，并说明理由。

答：该项目重点危险源：55 t 的液氨储罐。

理由：液氨储罐的储量为 55 t，超出了《危险化学品重大危险源辨识》（GB 18218—2018）规定的液氨临界量 10 t。

3．评价 SO_2 排放达标情况。

答：根据设计煤种，SO_2 排放质量浓度=1 920×（1−95%）= 96（mg/m^3），未超过《火电厂大气污染物排放标准》（GB 13223—2011）中规定的 100 mg/m^3。根据校核煤种，SO_2 排放质量浓度=2 100×（1−95%）=105（mg/m^3），超过了 GB 13223—2011 中规定的 100 mg/m^3。综上，要使锅炉烟气中 SO_2 达标，必须同时满足使用设计煤种和校核煤种时均达标，因此该项目 SO_2 排放不达标。

4．计算高效袋式除尘器的最小除尘效率（石灰石—石膏脱硫系统除尘效率按 50%计）。

答：设除尘效率为 x，则使用设计煤种时，25 600×（1−50%）（1−x）=30，解得 x=99.8%；

使用校核煤种时，21 100×（1−50%）（1−x）=30，解得 x =99.7%。

高效袋式除尘器最小除尘效率为 99.8%。

5．提出一种适宜的酸碱废水处理方式。

答：（1）经常性酸碱废水的处理：废水贮池→中和池→清净水池→回用水池。

（2）非经常性酸碱废水的处理：废水贮池→pH 调节槽→混凝槽→反应槽→澄清

上部水→中和池→清净水池→回用水池。

【考点分析】

本案例是根据2013年案例分析试题改编而成。这道题目涉及的考点很多，需要考生综合把握。

1．提出该项目用水优化方案，并说明理由。

考试大纲中"一、相关法律法规运用和政策、规划的符合性分析（2）建设项目与环境政策的符合性分析"。

根据《国家发展改革委关于燃煤电站项目规划和建设有关要求的通知》（发改能源〔2004〕864号），要求"在北方缺水地区，新建、扩建电厂禁止取用地下水，严格控制使用地表水，鼓励利用城市污水处理厂的中水或其他废水……坑口电站项目首先考虑使用矿井疏干水"。

2．识别该项目重点危险源，并说明理由。

考试大纲中"五、环境风险评价（1）识别重点危险源并描述可能发生的环境风险事故"。

根据《危险化学品重大危险源辨识》，超过了规定的临界量即为重点危险源。本题与"二、化工石化及医药类　案例7　离子膜烧碱和聚氯乙烯项目"第3题和"五、社会服务类　案例4　污水处理厂改扩建项目"第2题类似。

举一反三

根据《建设项目环境风险评价技术导则》（HJ 169—2018），环境风险评价过程中已不再要求识别重点危险源，主要风险评价内容节选如下：

"4.4　评价工作内容

4.4.1　环境风险评价基本内容包括风险调查、环境风险潜势初判、风险识别、风险事故情形分析、风险预测与评价、环境风险管理等。

4.4.2　基于风险调查，分析建设项目物质及工艺系统危险性和环境敏感性，进行风险潜势的判断，确定风险评价等级。

4.4.3　风险识别及风险事故情形分析应明确危险物质在生产系统中的主要分布，筛选具有代表性的风险事故情形，合理设定事故源项。

4.4.4　各环境要素按确定的评价工作等级分别开展预测评价，分析说明环境风险危害范围与程度，提出环境风险防范的基本要求。

4.4.4.1　大气环境风险预测。一级评价需选取最不利气象条件和事故发生地的最常见气象条件，选择适用的数值方法进行分析预测，给出风险事故情形下危险物质释放可能造成的大气环境影响范围与程度。对于存在极高大气环境风险的项目，应进一步开展关心点概率分析。二级评价需选取最不利气象条件，选择适用的数值方法进行分析预测，给出风险事故情形下危险物质释放可能造成的大气环境影响范围与程度。三级评价应定性分析说明大气环境影响后果。

4.4.4.2　地表水环境风险预测。一级、二级评价应选择适用的数值方法预测地表水环境风险，给出风险事故情形下可能造成的影响范围与程度；三级评价应定性分析说明地表水环境影响后果。

4.4.4.3　地下水环境风险预测。一级评价应优先选择适用的数值方法预测地下水环境风险，给出风险事故情形下可能造成的影响范围与程度；低于一级评价的，风险预测分析与评价要求参照 HJ 610 执行。

4.4.5　提出环境风险管理对策，明确环境风险防范措施及突发环境事件应急预案编制要求。

4.4.6　综合环境风险评价过程，给出评价结论与建议。”

3．评价 SO_2 排放达标情况。

考试大纲中“二、项目分析（3）评价污染物达标排放情况”。

废气排放达标分析，需考虑3个层面的问题：① 排放浓度是否达标；② 排放速率是否达标；③ 排气筒高度是否满足要求。

设计煤种是指设计锅炉时用于确定锅炉各部分结构尺寸，并通过热力计算给出锅炉设计性能各项参数和保证值所依据的计算煤种。

校核煤种是指设计锅炉时，与设计煤种同时向制造厂提出的一个（有时多于一个）煤种，其某些煤质指标偏离设计煤种的数值，要求制造厂保证当锅炉燃用该煤种时，能在额定蒸汽参数下带锅炉最大连续出力负荷长期、连续、稳定运行。

只有当锅炉燃用设计煤种和校核煤种排放 SO_2 均达标时，本题 SO_2 排放才算达标。

4．计算高效袋式除尘器的最小除尘效率（石灰石—石膏脱硫系统除尘效率按50%计）。

考试大纲中“二、项目分析（3）评价污染物达标排放情况”。

5．提出一种适宜的酸碱废水处理方式。

考试大纲中“六、环境保护措施分析（1）分析污染控制措施的技术经济可行性”。

本题化学水系统排放的酸碱废水主要有两种：一种是用离子交换树脂处理锅炉的补给水，排放的废水主要是 pH 超标；另一种是锅炉酸性废水，锅炉酸洗排出的废水成分较复杂。经常性的酸碱废水是指过滤器冲洗水、离子交换树脂处理锅炉补给水、化验室废水等。非经常性的酸碱废水指锅炉化学清洗废水和锅炉空气预热器清洗废水。

案例 4 热电联产工程

【素材】

为满足工业用汽和采暖用热需求、某经济开发区拟实施热电联产工程，并协同处置城镇污水处理厂污泥。建设内容包括：3×280 t/h 循环流化床锅炉（2 用 1 备）和 2×30 MW 背压式热电联产机组（1 炉 1 机配置）等主体工程：全封闭条形煤场、污泥干化车间，灰库、渣仓、氨水储罐、柴油储罐等储运工程；给排水、变配电、化学水处理、冷却塔等公铺工程；烟（废）气、废水处理等环保工程。工作制度为：1 台机组为工业用户提供工业用汽，年利用数为 6 500 h；1 台机组为采暖用户提供采暖用热，年利用数为 2 880 h。工程投产后，将替代供热范围内 10 台燃煤小锅炉。

污泥干化车间设 1 座污泥仓和 1 台圆盘干燥机，处理能力为 5 t/h（湿基），年利用数为 6 500 h。来自城镇污水处理厂含水率 80%的污泥先暂存在污泥仓内，后通过加料机送入圆盐干燥机进行干化处理，得到含水率为 40%的干污泥（收到基低位发热量为 6 300 kJ/kg），干燥机以自产蒸汽（约 160℃）作热源，采用间接加热方式。

污泥干化车间配建 1 套干燥废气处理装置和 1 套废水处理装置。污泥干燥废气采用“旋风除尘+冷凝”工艺处理，不凝气送锅炉燃烧，冷凝废水送废水处理装置处理，处理工艺为“调节+气浮+两级 A/O+二沉+过滤”。本工程采用当地煤作燃料（收到基低位发热量为 21 000 kJ/kg），并掺烧少量干污泥。干污泥由皮带输送机送至上煤点与破碎后的煤掺混后送锅炉燃烧。经测算，单台锅炉耗煤量 36 t/h（未考虑掺烧污泥），标态干、湿烟气量分别为 82.7 m^3/s，90.2 m^3/s（含氧量 6%）。掺烧污泥、不凝气后，烟气量和锅炉热效率基本无变化。

3 台锅炉各自配有独立的烟气净化系统，净化工艺均为：低氮燃烧＋炉内 SNCR 脱硝＋静电除尘器预除尘＋烟气循环流化床半干法吸收塔脱硫＋布袋除尘器除尘。其中脱硝效率不低于 60%，脱硝还原剂为氨水（配 2 座 30 m^3 氨水储罐）；静电除尘器和布袋除尘器的除尘效率分别为 97%和 99.95%；吸收塔的脱硫效率为 98%，脱硫剂为消石灰。锅炉烟气经烟气净化系统处理后由 1 座高 150 m、出口内径 3.5 m 的单管烟囱 S1 排放，烟气排放温度 90℃。

除灰渣系统采用干出灰、机械出渣的灰渣分除处理工艺，设计灰渣比 6∶4。单台锅炉炉渣产生量为 3.2 t/h，半干法脱硫系统新增烟尘量（进入布袋除尘器前）为

2.4 t/h（掺烧污泥所造成的灰渣和烟尘量的变化，可忽略不计）。

经调查，该工程所在地区为环境空气不达标区域，不达标因子为 NO_2，当地政府已编制了“环境空气限期达标规划”（以下简称“达标规划”）。达标规划给出了污染源清单和削减清单，模拟了达标规划实施后的浓度场。达标规划的污染源清单未包含该工程，削减源清单未包含被替代燃煤小锅炉。环境空气评价范围内无在建和拟建污染源。

环评文件编制单位确定该工程大气环境影响评价工作等级为一级，给出的 NO_2 预测评价内容包括：① 采用进一步预测模型 NO_x 排放源，在正常排放情况下 NO_2 短期浓度和年均浓度；② 采用该工程贡献浓度减去被替代燃煤小锅炉的贡献浓度，并叠加环境质量现状浓度得到项目投产后95%保证率 NO_2 日平均浓度。编制单位给出的该工程在正常排放条件下 NO_x 排放源部分参数，见表1。

表1 本工程 NO_x 排放源部分参数

名称	排气筒高度/m	排气筒出口内径/m	烟气流速/（m/s）	烟气温度/℃	年排放数/h
S1	150	3.5	3×11.4	90	6500

环评文件编制单位核算了该工程的碳排放量（不考虑掺烧污泥、不凝气产生的碳排放量），其中煤单位热值含碳量为 2.644×10^{-2} t/GJ）（对应收到基低位发热量），碳氧化率为98%。

【问题】

1．计算该工程烟尘排放浓度和年排放量。
2．指出湿污泥干化尾气冷凝废水的主要污染物。
3．表1中烟气流速和年排放小时数取值是否正确？说明理由。
4．编制单位 NO_2 预测评价内容是否合理？说明理由。
5．计算该工程掺烧污泥替代煤的 CO_2 年减排量。

【参考答案】

1．计算该工程烟尘排放浓度和年排放量

答：烟尘排放浓度=2.4÷1 000×（1−99.95%）÷（82.7×3 600）=4.03（mg/m^3）

年排放量=2.4×（1−99.95%）×（6 500+2 880）=11.256（t/a）。

2．指出湿污泥干化尾气冷凝废水的主要污染物。

答：COD、BOD_5、氨氮等。

3．表1中烟气流速和年排放小时数取值是否正确？说明理由。

答：不正确，应按照采暖期和非采暖期的不同工况分别列出烟气流速和年排放小时数。

4．编制单位 NO_2 预测评价内容是否合理？说明理由。

答：不合理，应考虑本项目属于 NO_2 非达标区，预测时应叠加规划目标浓度后评价保证日均浓度和年均浓度占标率，并评价年平均质量浓度的变化率。

5．计算本工程掺烧污泥替代煤的 CO_2 年减排量。

答：污泥年排放热值=5×6 500×（1−40%）×6 300=1 228 500（GJ/a）

污泥替代燃煤二氧化碳排放量=1 228 500×26.44×10^{-3}×0.98÷12×44

=116 717（t）

【考点分析】

本案例是根据2021年案例分析考试试题改编而成。这道题目涉及的考点很多，需要考生综合把握。

1．计算该工程烟尘排放浓度和年排放量

本项目类型为火电污染型项目，本题主要考点在于筛选有效信息，通过布袋除尘器前端烟尘量和除尘效率计算末端排放浓度，计算年排放量时需考虑2用1备，采暖期使用的前置条件，难度较低。

2．指出湿污泥干化尾气冷凝废水的主要污染物。

本题主要考查城镇污水处理厂污泥携带废液的主要成分，题干中给出了污泥干燥的控制温度和污泥低位发热量，说明污泥废液中的污染因子基本未发生变化，根据一般经验，污泥干化温度低于155℃时有机物基本不分解，200℃时约有5%分解，温度大于300℃低位发热量无法测定。本题中控制温度为160℃，故按污染物不分解考虑，本题难度一般。

3．表1中烟气流速和年排放小时数取值是否正确？说明理由。

本题考查的是工程分析和大气预测中有组织点源变化源的设定，结合题干信息应按采暖期和非采暖期分别给出，本题难度较低。

4．编制单位 NO_2 预测评价内容是否合理？说明理由。

本题考查的是大气预测非达标区预测情景的设定，重点考察有规划目标浓度的污染因子预测内容，本题难度一般。

5．计算该工程掺烧污泥替代煤的 CO_2 年减排量。

本题考查替代燃料发热量与碳排放的折算，该类型项目考生较为陌生，需要转变思路，本题难度较高。

五、社会服务类

案例1　市政供水项目

【素材】

西北地区某市拟建一城市供水项目，由取水工程、净水厂工程及输水工程组成，取水工程包括水源取水口、取水泵房和原水输水管线。取水口设在A水库取水池内，取水泵房位于取水池北侧500 m，原水输水管线由取水口至城区净水厂，全厂28 km。净水厂工程包括净水厂和净水厂供水管线。净水厂选址位于城区东北侧3 km处。设计规模为1 300 m^3/d，采用混合—沉淀—过滤—加氯加氨消毒净水工艺。净水厂占地面积6.25万m^2，绿化率40%，主要建（构）筑物有配水井、混合池、反应池、沉淀池、滤池、清水池、加氯间、加氨间、加药间、贮泥池、污泥浓缩池、污泥脱水机房、中控室、化验室及综合办公楼。净水厂供水管线从净水厂清水池至市区供水管网，全长3.6 km。

工程永久占地8.2万m^2，主要为取水口、取水泵房、净水厂及沿线排气井和排泥井占地；临时占地23万m^2，主要为管沟开挖、弃渣场和临时便道占地。取水泵房现状用地为耕地；原水输水管线沿途为低山丘陵，现状用地主要为耕地、园地和林地，途经3个村庄，穿越河流2处、干渠3处、道路3处；净水厂选址为规划的市政建设用地，现状用地为苗圃；净水厂供水管线主要沿道路和绿化带敷设。原水输水管线工程沿线拟设置2处弃渣场，总占地6 000 m^2，1#弃渣场位于丘陵台地，现状用地为耕地；2#弃渣场位于低谷地，现状用地为草地，渣场平整后进行覆土复耕和绿化。

A水库为山区水库，主要功能为防洪、城镇供水和农业灌溉供水。库区周边主要分布有天然次生林，覆盖率为20%，库区内现有多处网箱养鱼区，库区周边散布有零星养殖户。库区上游现有两个乡镇，以农业活动为主，有少数酒厂，板材加工厂及小规模采石场，上游乡镇废水散排入乡间沟渠。

净水厂内化验室为生活饮用水42项水质指标分析室，常用药品有氰化物、砷化物、汞盐、甲醇、无水乙醇、石油醚以及强酸、强碱等。加药间主要存放聚丙烯酰胺、聚合氯化铝和粉末活性炭，其中，活性炭用于原水水质超标时投加使用。净水厂沉淀池排泥水量为1 900 m^3/d（含水率99.7%），排泥水送污泥浓缩池进行泥水分离，泥水分离排出上清液 1 710 m^3/d，浓缩后的污泥（含水率 97%）经污泥脱水机房脱水后外运（污泥含水率低于 80%）。

【问题】

1. 针对库区周边环境现状，需要采取哪些水源保护措施？
2. 说明原水输水管线施工期的主要生态影响。
3. 给出污泥浓缩池上清液的合理去向，说明理由。
4. 计算污泥脱水机房污泥的脱出水量。
5. 净水厂运行期是否产生危险废物？说明理由。

【参考答案】

1. 针对库区周边环境现状，需要采取哪些水源保护措施？

答：（1）库区周边进行植树造林，增加覆盖率。

（2）禁止库区养殖，清理现有的网箱养鱼区、零星养殖户。

（3）对上游乡镇散排入乡间沟渠的废水采取处理措施，防止排入库区。

（4）采取措施，防治农业面源污染进入库区。

（5）划定水源保护区。

（6）加强管理，防止生活垃圾及其他生产废物排入库区。

2. 说明原水输水管线施工期的主要生态影响。

答：原水输水管线施工期的主要生态影响包括。

（1）施工占用耕地、园地和林地，引起土地利用类型的改变。

（2）管线开挖、临时道路、车辆碾压等造成植被破坏、水土流失等不利影响。

（3）穿越河流管道施工产生的废水对河流水生生态的影响。

（4）弃渣场占用耕地、草地，造成耕地减少、草地植被破坏、水土流失。

3. 给出污泥浓缩池上清液的合理去向，说明理由。

答：污泥浓缩池上清液回流进入净水系统回用。

理由：污泥浓缩池上清液水量大，净水及污泥处理所使用药剂对上清液水质不构成污染，上清液水质较简单且水质未发生明显改变，经净水系统处理可达到出水要求。

4. 计算污泥脱水机房污泥的脱出水量。

答：浓缩污泥的体积为：1 900−1 710=190（m^3/d），含水率 97%，脱水后污泥含水率 80%，污泥脱水前后密度变化可以忽略。设污泥脱出水量为 M，则：$190\times\rho\times(1-97\%)=(190-M)\times\rho\times(1-80\%)$，解得 M=161.5 m^3/d。

5. 净水厂运行期是否产生危险废物？说明理由。

答：净水厂运行期会产生危险废物。

理由：化验室的药品多为危险化学品，运行期化验室化验水质时会产生废酸、废碱、含重金属废物、有机废物及危险化学品废弃盛装物等均属于危险废物。

【考点分析】

此题由2016年环评案例分析考试试题改编而成，需要考生认真体会，综合把握。

1. 针对库区周边环境现状，需要采取哪些水源保护措施？

考试大纲中“六、环境保护措施分析（1）分析污染控制措施的技术经济可行性”。

详见《集中式饮用水水源地规范化建设环境保护技术要求》（HJ 773—2015）。

2. 说明原水输水管线施工期的主要生态影响。

考试大纲中“四、环境影响识别、预测与评价（1）识别环境影响因素与筛选评价因子”。

本题也可参考本书“七、交通运输类　案例5　新建成品油管道工程　问题3. 管道施工期的生态环境影响有哪些？”。

3. 给出污泥浓缩池上清液的合理去向，说明理由。

考试大纲中“二、项目分析（4）分析固体废物处理处置合理性”。

污泥浓缩池上清液1 710 m^3/d，含水量大，且上清液水质与净化水水质没有明显的差别。

4. 计算污泥脱水机房污泥的脱出水量。

考试大纲中“二、项目分析（1）分析建设项目施工期和运营期环境影响的因素和途径，识别产污环节、污染因子和污染物特性，核算物耗、水耗、能耗和主要污染物源强”。

污泥脱水前后，浓度基本保持不变。

5. 净水厂运行期是否产生危险废物？说明理由。

考试大纲中“五、环境风险评价（1）识别重点危险源并描述可能发生的环境风险事故”。

使用危险化学品项目一般会产生废危险化学品、危险化学品反应废物（含酸碱、重金属、有机物）、危险化学品废包装袋等，属于危险废物。

案例 2　污水处理厂增建污泥处置中心项目

【素材】

某城市现有污水处理厂设计规模为 3.0 万 m^3/d，采用“A^2/O+高效沉淀+深床滤池”处理工艺，处理后尾水达到《城镇污水处理厂污染物排放标准》（GB 18918）一级 A 标准后排入景观河道。厂区内主要构筑物有进水泵房、格栅间、曝气沉砂池、生物池、二沉池、高效沉淀池、深床滤池、污泥浓缩脱水机房和甲醇加药间（内设 6 个甲醇储罐，单罐最大储量 16 t）。其中，进水泵房和污泥浓缩脱水机房分别采用全封闭设计并配套生物滤池除臭设施，废气净化后分别由 15 m 高排气筒排放。

拟在厂区预留用地内增建 1 座污泥处置中心，设计规模为 160 t/d 绝干污泥量，采用“中温厌氧消化+板框脱水+热干化”处理工艺。经处理后污泥含水率为 40%，外运作为园林绿化用土。污泥消化产生的沼气经二级脱硫处理后供给沼气锅炉。沼气锅炉生产的热水（80℃）和热蒸汽（170℃）作为污泥消化、干化的热源。污泥脱水产生的滤液经除磷脱氮预处理后回流污水处理厂。

新建污泥处置中心的主要构筑物有污泥调理间、污泥消化间、污泥干化间和污泥滤液预处理站。其中，污泥调理间、污泥干化间和污泥滤液预处理站均采取全密闭负压排风设计，分别配套生物滤池除臭设施（适宜温度 22～30℃），废气除臭后分别经 3 根 15 m 高排气筒排放。污泥干化间产生的废气温度为 60～65℃，H_2S、NH_3 浓度是其他产臭构筑物的 8～10 倍，沼气罐区与甲醇加药间相距 280 m，设有 16 个 800 m^3 沼气罐（单个沼气罐储气量为 970 kg）。

该项目所在地区夏季主导风向为西南风，现状厂界东侧 650 m 有 A 村庄，东南侧 1 200 m 有 1 处新建居民小区。该项目环评第一次公示期间，A 村庄有居民反映该污水处理厂夏季常有明显恶臭散发，导致居民无法开窗通风，并有投诉。

经预测分析，环评机构给出的恶臭影响评价结论为：污泥处置中心 3 根排气筒对 A 村庄的恶臭污染物贡献值叠加后满足环境标准限值要求，该项目对 A 村庄的恶臭影响可以接受。

注：《危险化学品重大危险源辨识》（GB 18218—2018）中甲醇临界量 500 t，沼气临界量参照甲烷为 50 t。

【问题】

1. 污泥干化间废气除臭方案是否合理？说明理由。
2. 该项目是否存在重大危险源？说明理由。
3. 给出该项目大气环境质量现状监测因子。
4. 指出环评机构的恶臭影响评价结论存在的问题。

【参考答案】

1. 污泥干化间废气除臭方案是否合理？说明理由。

答：不合理。理由：① 污泥干化间废气温度为 60～65℃，而生物滤池除臭设施的适宜温度为 22～30℃，废气温度过高会影响生物滤池的稳定性和处理效果。② 污泥干化间废气 H_2S、NH_3 浓度过高，应先预处理再进生物滤池处理，可用喷淋降温+生物滤除处理。

2. 该项目是否存在重点危险源？说明理由。

答：不存在重点危险源。

该项目涉及的危险品：甲醇和沼气。甲醇加药间最大甲醇储存量为：6×16 t=96 t，小于临界量（500 t）；沼气罐区沼气最大储量：16×0.97 t=15.52 t，小于临界量（50 t）。

根据《危险化学品重大危险源辨识》，边生产单元和储存单元含多种危险化学品：$q_1/Q_1+q_2/Q_2=96/500+15.52/50=0.50<1$

因此，该项目不存在重点危险源。

3. 给出该项目大气环境质量现状监测因子。

答：常规指标：SO_2、NO_2、PM_{10}、$PM_{2.5}$、CO、O_3；特征监测因子：H_2S、NH_3、臭气浓度、甲醇。

4. 指出环评机构的恶臭影响评价结论存在的问题。

答：（1）预测评价只叠加了 3 根排气洞作为污染源的贡献值，未叠加 A 村庄的背景浓度，直接得出满足环境标准限值要求的错误结论。

（2）项目环评第一次公示期间，A 村庄有居民反映该污水处理厂夏季常有明显恶臭散发，导致居民无法开窗通风，并有投诉。进一步佐证了 A 村庄恶臭污染物背景浓度较高，叠加新增 3 根排气筒贡献值后，居民会进一步受到污水处理厂的恶臭影响。

（3）未叠加污泥滤液等恶臭无组织排放影响。

【考点分析】

本题为 2015 年环评案例分析考试试题。

1. 污泥干化间废气除臭方案是否合理？说明理由。

考试大纲中“六、环境保护措施分析（1）分析污染控制措施的技术经济可行性”。

本题考点为：① 恶臭处理方式：密闭负压收集、集中处理，生物除臭、洗涤、吸收等方式。② 恶臭处理方法：物理法（掩蔽法、稀释法、冷凝法和吸附法），化学法（燃烧法、氧化法和化学吸收法），生物法（经济合理、适宜温度下进行）。

本题较为灵活，考生需认真分析，根据题干信息，找到要点。

举一反三

污水处理厂需要考虑除臭的设施及集气方式：① 无须经常人工维护的设施，如沉砂池、初沉池和污泥浓缩池等，应采用固定式的封闭措施控制臭气；② 需经常维护和保养的设施，如格栅间、泵房水井和污水处理厂的污泥脱水机房等，应采用局部活动式或简易式的臭气隔离措施控制臭气。

2. 该项目是否存在重点危险源？说明理由。

考试大纲中“五、环境风险评价（1）识别重点危险源并描述可能发生的环境风险事故”。

本题为近几年环评案例分析考试的常考题型，难点在于对环境风险单元的概念的理解，属于较新考点。涉及的考点为：

（1）《危险化学品重大危险源辨识》（GB 18218—2018）中单元的概念：涉及危险化学品的生产、储存装置、设施或场所，分为生产单元和储存单元。生产单元是指危险化学品的生产、加工及使用等的装置及设施，当装置及设施之间有切断阀时，以切断阀作为分隔界限划分为独立的单元。储存单元是指用于储存危险化学品的储罐或仓库组成的相对独立的区域，储罐区以罐区防火堤为界限划分为独立的单元，仓库以独立库房（独立建筑物）为界限划分为独立的单元。

（2）单元内存在的危险化学品为多品种时，经计算若满足下式：

$$q_1/Q_1+q_2/Q_2+\cdots+q_n/Q_n \geqslant 1$$

则定为重点危险源。

另外，要了解危险化学品的几种主要类型：爆炸品、易燃气体、毒性气体、易燃液体、易于自燃的物质、遇水放出易燃气体的物质、氧化性物质、有机过氧化物、毒性物质。危险化学品的临界量不需记忆，题干会提供相关信息。

3. 给出该项目大气环境质量现状监测因子。

考试大纲中“二、项目分析（1）分析建设项目施工期和运营期环境影响的因素和途径，识别产污环节、污染因子和污染物特性，核算物耗、水耗、能耗和主要污染物源强”。

本题考查项目大气环境质量监测因子，为常考题型，主要包括常规监测因子和项目特征污染因子。

（1）常规监测因子：凡项目排放的污染物属于常规污染物的均为常规监测因子（SO_2、NO_2、CO、O_3、PM_{10}、$PM_{2.5}$等）。

（2）项目特征污染因子：项目排放的特征污染物有国家、地方环境质量标准的；或《工业企业设计卫生标准》（TJ 36—1979）中居住区大气中有害物质最高允许浓度列表中有的；没有相应质量标准但是属于毒性较大的。

该项目由沼气锅炉供热，将排放 SO_2、NO_2（NO_x）、PM_{10}、$PM_{2.5}$等，故入选环境现状监测因子；同时，根据题干，该项目排放 H_2S、NH_3、臭气（《恶臭污染物排放标准》中的一项控制指标）；项目含甲醇加药间，甲醇属于易挥发气体，有毒。沼气车间虽溢出甲烷，但没有剧毒性，未列于国家、地方环境质量标准及 TJ 36 中居住区大气中有害物质最高允许浓度列表中，故不选取。

4. 指出环评机构的恶臭影响评价结论存在的问题。

考试大纲中“七、环境可行性分析（3）判断环境影响评价结论的正确性”。

2013 年出过类似的污水处理厂环评结论正确性分析的题目。应根据题干信息逐条分析结论的正确性。

本题考点为：① 大气环境影响预测评价中，对于环境敏感点的评价应采用贡献值叠加背景值后，再进行判断，评价结论仅采用贡献值分析影响不正确。② 对于类似的改扩建项目，环评结论应该与项目影响实际效果相结合。③（比较隐晦的知识点）该项目存在无组织排放源的影响。

污水处理厂原有的主要构筑物有进水泵房、格栅间、曝气沉砂池、生物池、二沉池、高效沉淀池、深床滤池、污泥浓缩脱水机房和甲醇加药间。其中，进水泵房和污泥浓缩脱水机房分别采用全封闭设计并配套生物滤池除臭设施，其他的构筑物恶臭污染物无组织排放影响。

案例 3　3 万 t/d 污水处理厂项目

【素材】

某新设立的工业园区规划建设 1 座规模为 30 000 t/d 的污水处理厂，收水范围包括工业园区和相距 3 km 处的规划新农村小区。工业园区定向招商入区企业的工业废水总量为 15 300 t/d，拟收集的生活污水总量为 9 200 t/d。拟将入区企业工业废水分类收集送至污水处理厂进行分质预处理。污水处理厂收集的各类废水水质见表 1。

表 1　污水处理厂收集的各类废水水质汇总

污水类别	水量/（m^3/d）	主要污染物质量浓度/（mg/L）								
		COD_{Cr}	BOD_5	SS	氨氮	TP	氰化物	TDS	石油类	pH（量纲一）
含氰废水	1 500	350	200	50			85			
高浓度废水	6 000	6 200	2 100	850	200					
酸碱废水	1 000	800	350	90	5	45				2～11
含油废水	1 600	2500	800	120	100				120	
一般工业废水	3 000	220	80	150	20					
生活污水	9 200	400	250	300	35	3				
合计	22 300	COD_{Cr} 加权平均质量浓度为 2 102 mg/L；BOD_5 加权平均质量浓度为 765 mg/L								
冷却塔排水	800	90		20		8		1 000		
除盐站排水	1 400	60		260				3 000		

污水处理厂采用“预处理+二级生化+深度处理”工艺，其中冷却塔排水和除盐站排水直接进入深度处理段，出水水质执行《城镇污水处理厂污染物排放标准》（GB 18918—2002）一级 A 标准。污水处理厂生化处理段设计 COD_{Cr} 进水水质为 1 000 mg/L，COD_{Cr} 去除率为 80%；深度处理段 COD_{Cr} 去除率为 75%。

污水处理厂采用“浓缩+脱水+热干化”工艺处理污泥，干污泥含水率小于 50%，拟运至距厂址 12 km 的城市生活垃圾卫生填埋场处置或用于园林绿化。

污水处理厂位于 B 河流域一级支流 A 河东侧。A 河流经拟建厂址西侧后于下游 2.5 km 处汇入 B 河，多年平均流量 10.2 m^3/s；自 A 河汇入口上游 10 km 至下游 25 km 河段执行Ⅲ类水质标准，自 A 河汇入口下游 5 km 至 25 km 为规划的纳污河段，现状水质达标。

过程可行性研究提出两个排水方案。方案1：污水处理厂尾水就近排入A河；方案2：污水处理厂尾水经管道引至B河排放，排放口位于A河汇入口下游8 km处。

【问题】

1．指出宜单独进行预处理的工业废水类别以及相应的预处理措施。

2．计算污水处理厂出水COD_{Cr}质量浓度。

3．指出污泥处置方案存在的问题。

4．在工程可行性研究提出的排水方案中确定推荐方案，并说明理由。

5．请列出预测排放口下游20 km处BOD_5所需要的基础数据和参数。

6．污水处理厂产生的恶臭可以采取哪些污染防治措施？

【参考答案】

1．指出宜单独进行预处理的工业废水类别以及相应的预处理措施。

答：（1）含氰废水：化学氧化法。

（2）高浓度废水：化学氧化法。

（3）含油废水：气浮、隔油。

（4）酸碱废水：中和法。

2．计算污水处理厂出水COD_{Cr}质量浓度。

答：生化处理后出水COD_{Cr}质量浓度：1 000×（1−80%）=200（mg/L）；

进入深处理阶段，混合后质量浓度：（22 300×200+800×90+1 400×60）÷（22 300+800+1 400）=188.41（mg/L）；

出水COD_{Cr}质量浓度：188.41×（1−75%）=47.1（mg/L）。

3．指出污泥处置方案存在的问题。

答：污泥不能用于园林绿化，也不能送城市生活垃圾卫生填埋场处置；应进行性质鉴别，如果属于危险废物，应交有相应资质的单位处理。

4．在工程可行性研究提出的排水方案中确定推荐方案，并说明理由。

答：推荐方案2。

理由：A河为支流，环境容量小，B河为纳污河段，与规划相符。

5．请列出预测排放口下游20 km处BOD_5所需要的基础数据和参数。

答：预测BOD_5可以采用河流纵向一维水质模型进行预测，按照连续稳定排放考虑。

预测排放口下游20 km处BOD_5所需要的基础数据和参数包括：O'Connor数、贝克来数、河流排放口初始断面混合浓度、河流沿程坐标、污染物综合衰减系数、污染物纵向扩散系数、断面流速、水面宽度、污水排放量、河流上游污染物浓度、污染物排放浓度、河流流量、断面面积等。

6．污水处理厂产生的恶臭可以采取哪些污染防治措施？

答：恶臭可以采取以下污染防治措施：① 将恶臭主要发生源尽可能地布置在远离厂址附近的居民区等敏感点的地方，以保证环境敏感点在防护距离之外而不受到影响。② 设置卫生防护距离，卫生防护距离内现有居民进行环保搬迁，禁止新建居民点。③ 在厂区污水及污泥生产区周围设置绿化隔离带，选择种植不同系列的树种，组成防止恶臭的多层防护隔离带，尽量降低恶臭污染的影响。④ 污泥浓缩控制发酵，污泥脱水后要及时清运以减少污泥堆存；在各种池体停产修理时，池底积泥会裸露出来并散发臭气，应当采取及时清除积泥的措施来防止臭气的影响。⑤ 对污水处理厂散发恶臭气体的单元进行加盖处理，将恶臭收集后处理。主要除臭技术有离子除臭法、生物除臭法和化学除臭法。

【考点分析】

本案例是根据2014年环评案例分析考试试题改编而成，需要考生认真体会，综合把握。

1．指出宜单独进行预处理的工业废水类别以及相应的预处理措施。

考试大纲中“六、环境保护措施分析（1）分析污染控制措施的技术经济可行性”。

环保措施一直是近几年案例分析考试的考点之一，本案例为2014年案例分析考试试题改编而成。本题类似于“三、冶金机电类　案例4　铝型材料生产项目”中的第3题。

2．计算污水处理厂出水COD_{Cr}质量浓度。

考试大纲中“二、项目分析（1）分析建设项目施工期和运营期环境影响的因素和途径，识别产污环节、污染因子和污染物特性，核算物耗、水耗、能耗和主要污染物源强”。

本题需注意生化处理后，冷却水、除盐站排水的汇入对COD_{Cr}浓度的影响。

3．指出污泥处置方案存在的问题。

考试大纲中“六、环境保护措施分析（1）分析污染控制措施的技术经济可行性”。

工业废水处理污泥，应进行性质鉴别，根据污泥的性质进行处置。本题类似于“三、冶金机电类　案例4　铝型材料生产项目”中的第5题。

4．在工程可行性研究提出的排水方案中确定推荐方案，并说明理由。

考试大纲中“六、环境保护措施分析（1）分析污染控制措施的技术经济可行性”和“七、环境可行性分析（1）分析不同工程方案（选址、规模、工艺等）环境比选的合理性”。

本题与“二、化工石化及医药类 案例5　园区化学原料药项目”的第4题类似。

5. 请列出预测排放口下游 20 km 处 BOD_5 所需要的基础数据和参数。

考试大纲中“四、环境影响识别、预测与评价（5）选择、运用预测模式与评价方法”。

举一反三

地表水环境影响预测模型包括数学模型、物理模型。《环境影响评价技术导则 地表水环境》（HJ 2.3—2018）中“表 4”和“表 5”应牢记。在模拟河流顺直、水流均匀且排污稳定时可以采用解析解模型；在模拟湖库水域形态规则、水流均匀且排污稳定时可以采用解析解模型。

表 4 河流数学模型适用条件

模型分类	模型空间分类						模型时间分类	
	零维模型	纵向一维模型	河网模型	平面二维	立面二维	三维模型	稳态	非稳态
适用条件	水域基本均匀混合	沿程横断面均匀混合	多条河道相互连通，使得水流运动和污染物交换相互影响的河网地区	垂向均匀混合	垂向分层特征明显	垂向及平面分布差异明显	水流恒定、排污稳定	水流不恒定，或排污不稳定

表 5 湖库数学模型适用条件

模型分类	模型空间分类						模型时间分类	
	零维模型	纵向一维模型	平面二维	垂向一维	立面二维	三维模型	稳态	非稳态
适用条件	水流交换作用较充分、污染物质分布基本均匀	污染物在断面上均匀混合的河道型水库	浅水湖库，垂向分层不明显	深水湖库，水平分布差异不明显，存在垂向分层	深水湖库，横向分布差异不明显，存在垂向分层	垂向及平面分布差异明显	流场恒定、源强稳定	流场不恒定或源强不稳定

《环境影响评价技术导则 地表水环境》（HJ 2.3—2018）中附录 E 3.2.1 相关内容如下：

“根据河流纵向一维水质模型方程的简化、分类判别条件（即：O’Connor 数α和贝克来数 Pe 的临界值），选择相应的解析解公式。

$$\alpha = \frac{kE_x}{u^2}$$

$$\mathrm{Pe} = \frac{uB}{E_x}$$

当$\alpha \leqslant 0.027$、$\mathrm{Pe} \geqslant 1$时，适用对流降解模型：

$$C = C_0 \exp\left(-\frac{kx}{u}\right) \qquad x \geqslant 0$$

当$\alpha \leqslant 0.027$、Pe＜1时，适用对流扩散降解简化模型：

$$C = C_0 \exp\left(\frac{ux}{E_x}\right) \qquad x < 0$$

$$C = C_0 \exp\left(-\frac{kx}{u}\right) \qquad x \geqslant 0$$

$$C_0 = (C_p Q_p + C_h Q_h)/(Q_p + Q_h)$$

当$0.027 < \alpha \leqslant 380$时，适用对流扩散降解模型：

$$C(x) = C_0 \exp\left[\frac{ux}{2E_x}\left(1+\sqrt{1+4\alpha}\right)\right] \qquad x < 0$$

$$C(x) = C_0 \exp\left[\frac{ux}{2E_x}\left(1-\sqrt{1+4\alpha}\right)\right] \qquad x \geqslant 0$$

$$C_0 = (C_p Q_p + C_h Q_h)/\left[(Q_p + Q_h)\sqrt{1+4\alpha}\right]$$

当$\alpha > 380$时，适用扩散降解模型：

$$C = C_0 \exp\left(x\sqrt{\frac{k}{E_x}}\right) \qquad x < 0$$

$$C = C_0 \exp\left(-x\sqrt{\frac{k}{E_x}}\right) \qquad x \geqslant 0$$

$$C_0 = (C_p Q_p + C_h Q_h)/(2A\sqrt{kE_x})$$

式中：α——O'Connor数，量纲一，表征物质离散降解通量与移流通量比值；

Pe——贝克来数，量纲一，表征物质移流通量与离散通量比值；

C_0——河流排放口初始断面混合浓度，mg/L；

x——河流沿程坐标，m（x=0指排放口处，x＞0，指排放口下游段，x＜0指排放口上游段）；

k——污染物综合衰减系数，1/s；

E_x——污染物纵向扩散系数，m^2/s；

u——断面流速，m/s；

B——水面宽度，m；

Q_p——污水排放量，m^3/s；

C_h——河流上游污染物浓度，mg/L；

C_p——污染物排放浓度，mg/L；

Q_h——河流流量，m^3/s；

A——断面面积，m^2。”

6．污水处理厂产生的恶臭可以采取哪些污染防治措施？

考试大纲中“六、环境保护措施分析（1）分析污染控制措施的技术经济可行性”。

举一反三

2007 年环评案例分析考试有一道类似的题目。

污水处理厂恶臭污染主要来自格栅及进水泵房、沉砂池、生物反应池、储泥池、污泥浓缩池等装置，恶臭的主要成分为硫化氢、氨、挥发酸、硫醇类等。污水处理厂的恶臭物质逸出量受污水量、污泥量、污水中的溶解氧量、污泥稳定程度、污泥堆存方式及数量、日照、湿度和风速等多种因素的影响。在污水处理厂中，恶臭浓度最高的为污泥处置工段，恶臭逸出量最大的是好氧曝气池——在曝气过程中恶臭物质逸入空气。考生可以从清除恶臭发生源、切断扩散途径及污染受体保护几个方面来回答该题目。

案例 4　污水处理厂改扩建项目

【素材】

某市拟对位于城区东南郊的城市污水处理厂进行改扩建。区域年主导风向为西北风，A 河由西经市区流向东南，厂址位于 A 河左岸，距河道 700 m。厂址西南 200 m 处有甲村，以南 240 m 处有乙村，东北 900 m 处有丙村。按新修编的城市总体规划，城市东南部规划建设工业区，甲村和乙村搬迁至丙村东侧与其合并。按照地表水环境功能区划，A 河市区下游河段水体功能为Ⅲ类。

现有工程污水处理能力为 4 万 t/d，采用 A^2/O 处理和液氯消毒工艺，出水达到《城镇污水处理厂污染物排放标准》（GB 18918—2002）二级标准后排入 A 河。采用浓缩脱水工艺将污泥脱水至含水率 80%后送城市生活垃圾填埋场处置。

扩建工程用地为规划的城市污水处理厂预留地，新增污水处理规模 4 万 t/d，采用“A^2/O 改良+混凝沉淀+滤池”处理和液氯消毒；新增污水处理系统出水执行《城镇污水处理厂污染物排放标准》一级 A 标准，经现排污口排入 A 河；扩建加氯加药间，液氯贮存量为 6 t；新建 1 座甲醇投加间用于生物脱氮，甲醇贮存量为 15 t。

拟对现有工程污泥处理系统、恶臭治理系统进行改造：新建 1 座污泥处置中心，采用生物干化/好氧发酵工艺，将全厂污泥含水率降至 40%；全厂构筑物采用加盖封闭集气除臭方式，设置 3 处离子除臭间处理污水区、污泥区和污泥处置中心的恶臭气体，净化达标后的废气由 3 个 15 m 高排气筒排放。

环评单位拟定的综合评价结论为：该工程建设符合国家产业政策、城市总体规划；经采取“以新带老”污染治理措施后，各种污染物可实现达标排放；工程不涉及重点危险源；环境效益改善明显；该工程建设环境可行。

注：《危险化学品重大危险源辨识》（GB 18218—2018）规定的液氯和甲醇的临界量分别为 5 t 和 500 t。

【问题】

1．判断工程设计的“以新带老”方案是否全面？说明理由。

2．识别该项目重点危险源，并说明理由。

3．为分析工程对 A 河的环境影响，需调查哪些方面的相关资料？

4．指出综合评价存在的错误，并说明理由。

【参考答案】

1. 判断工程设计的"以新带老"方案是否全面？说明理由。

答：不全面。

理由：现有工程污水排入 A 河执行《城镇污水处理厂污染物排放标准》（GB 18918—2002）二级标准不符合要求，改扩建工程应将现有工程污水治理纳入"以新带老"方案，采用与扩建工程相同的处理工艺，使出水符合 GB 18918—2002 一级 A 标准。

2. 识别该项目重点危险源，并说明理由。

答：(1) 扩建后液氯贮存量达到 6 t 的加氯加药间。

(2) 加氯加药间液氯贮存为 6 t，超过了《危险化学品重大危险源辨识》（GB 18218 —2018）规定的临界量 5 t。

3. 为分析工程对 A 河的环境影响，需调查哪些方面的相关资料？

答：根据《环境影响评价技术导则　地表水环境》（HJ 2.3—2018），调查内容包括：建设项目及区域水污染源调查、受纳或受影响水体水环境质量现状调查、区域水资源与开发利用状况、水文情势与相关水文特征值调查，以及水环境保护目标、水环境功能区或水功能区、水环境质量管理要求等调查。

4. 指出综合评价存在的错误，并说明理由。

答：(1)"各种污染物可实现达标排放"错误。理由：现有污水处理厂污水排放没有"以新带老"措施，排放不达标。

(2)"工程不涉及重点危险源"错误。理由：液氯的贮存构成了重点危险源。

(3)"环境效益改善明显，该工程建设环境可行"错误。理由：基于现有污水处理厂污水排放没有"以新带老"措施，排放不达标，扩建工程新增污水增加了污染物排放，故环境效益没有改善，A 河的水质会进一步恶化。

【考点分析】

本案例是根据 2013 年环评案例分析考试试题改编而成，需要考生认真体会，综合把握。

1. 判断工程设计的"以新带老"方案是否全面？说明理由。

考试大纲中"六、环境保护措施分析 (1) 分析污染控制措施的技术经济可行性"。

改扩建项目"以新带老"是环境保护的基本要求。回答本题只需根据题干信息，分析现有污水处理厂存在哪些环境问题，改扩建项目采取的"以新带老"措施是否全面考虑了现有工程存在的环境问题即可作答。

2. 识别该项目重点危险源，并说明理由。

考试大纲中"五、环境风险评价 (1) 识别重点危险源并描述可能发生的环境风险事故”。

根据《危险化学品重大危险源辨识》(GB 18218—2018)，超过了规定的临界量即为重点危险源。本题与“二、化工石化及医药类　案例 7　离子膜烧碱和聚氯乙烯项目”第 3 题和“四、建材火电类　案例 3　热电联产项目”第 2 题类似。

3. 为分析工程对 A 河的环境影响，需调查哪些方面的相关资料？

考试大纲中“三、环境现状调查与评价（2）制定环境现状调查与监测方案”。

现有排污口：现有工程实际排水水质、排污口的位置等。

地表水环境调查包括：河流的分布、水系、水环境功能区划；水文资料调查：应与拟采用的环境影响预测方法密切相关；地表水水质现状调查：是否涉及特殊功能保护区调查。

举一反三

地表水环境现状调查内容包括建设项目及区域水污染源调查、受纳或受影响水体水环境质量现状调查、区域水资源与开发利用状况、水文情势与相关水文特征值调查，以及水环境保护目标、水环境功能区或水功能区、近岸海域环境功能区及其相关的水环境质量管理要求等调查。根据《环境影响评价技术导则　地表水环境》(HJ 2.3—2018)，环境调查的主要内容和要求节选如下：

“6.6.1　建设项目污染源调查应在工程分析基础上，确定水污染物的排放量及进入受纳水体的污染负荷量。

6.6.2　区域水污染源调查

6.6.2.1　应详细调查与建设项目排放污染物同类的，或有关联关系的已建项目、在建项目、拟建项目（已批复环境影响评价文件，下同）等污染源。

a）一级评价，以收集利用排污许可证登记数据、环评及环保验收数据及既有实测数据为主，并辅以现场调查及现场监测；

b）二级评价，主要收集利用排污许可证登记数据、环评及环保验收数据及既有实测数据，必要时补充现场监测；

c）水污染影响型三级 A 评价与水文要素影响型三级评价，主要收集利用与建设项目排放口的空间位置和所排污染物的性质关系密切的污染源资料，可不进行现场调查及现场监测；

d）水污染影响型三级 B 评价，可不开展区域污染源调查，主要调查依托污水处理设施的日处理能力、处理工艺、设计进水水质、处理后的废水稳定达标排放情况，同时应调查依托污水处理设施执行的排放标准是否涵盖建设项目排放的有毒有害的特征水污染物。

6.6.2.2　一级、二级评价，建设项目直接导致受纳水体内源污染变化，或存在与建设项目排放污染物同类的且内源污染影响受纳水体水环境质量，应开展内源污染调查，必要时应开展底泥污染补充监测。

6.6.2.3 具有已审批入河排放口的主要污染物种类及其排放浓度和总量数据，以及国家或地方发布的入河排放口数据的，可不对入河排放口汇水区域的污染源开展调查。

6.6.2.4 面污染源调查主要采用收集利用既有数据资料的调查方法，可不进行实测。

6.6.2.5 建设项目的污染物排放指标需要等量替代或减量替代时，还应对替代项目开展污染源调查。

6.6.3 水环境质量现状调查

6.6.3.1 应根据不同评价等级对应的评价时期要求开展水环境质量现状调查。

6.6.3.2 应优先采用国务院生态环境主管部门统一发布的水环境状况信息。

6.6.3.3 当现有资料不能满足要求时，应按照不同等级对应的评价时期要求开展现状监测。

6.6.3.4 水污染影响型建设项目一级、二级评价时，应调查受纳水体近3年的水环境质量数据，分析其变化趋势。

6.6.4 水环境保护目标调查。应主要采用国家及地方人民政府颁布的各相关名录中的统计资料。

6.6.5 水资源与开发利用状况调查。水文要素影响型建设项目一级、二级评价时，应开展建设项目所在流域、区域的水资源与开发利用状况调查。

6.6.6 水文情势调查

6.6.6.1 应尽量收集临近水文站既有水文年鉴资料和其他相关的有效水文观测资料。当上述资料不足时，应进行现场水文调查与水文测量，水文调查与水文测量宜与水质调查同步进行。

6.6.6.2 水文调查与水文测量宜在枯水期进行。必要时，可根据水环境影响预测需要、生态环境保护要求，在其他时期（丰水期、平水期、冰封期等）进行。

6.6.6.3 水文测量的内容应满足拟采用的水环境影响预测模型对水文参数的要求。在采用水环境数学模型时，应根据所选用的预测模型需输入的水文特征值及环境水力学参数决定水文测量内容；在采用物理模型法模拟水环境影响时，水文测量应提供模型制作及模型试验所需的水文特征值及环境水力学参数。

6.6.6.4 水污染影响型建设项目开展与水质调查同步进行的水文测量，原则上可只在一个时期（水期）内进行。在水文测量的时间、频次和断面与水质调查不完全相同时，应保证满足水环境影响预测所需的水文特征值及环境水力学参数的要求。”

4．指出综合评价存在的错误，并说明理由。

考试大纲中“七、环境可行性分析（3）判断环境影响评价结论的正确性”。

根据题干信息逐条分析结论的正确性。

案例 5　危险废物处置中心项目

【素材】

某市拟建一个危险废物安全处置中心，其主要的建设内容包括安全填埋场、物化处理车间、稳定/固化处理车间、公用工程及生活办公设施等。该地区主导风向为 SW，降雨充沛。

拟选场址一：位于低山丘陵山坡及沟谷区，西南侧直线距离 1.8 km 处为某村庄，主要植被为人工种植的果园、水稻、蔬菜等。选址所在地区交通方便，仅需建进场公路 1 km；垃圾运输沿途经过 3 个村庄，人口居住稀疏。选址区场地外东北侧为地势最高点，场地北部有一条东西走向沟谷，在沟谷西部有一个人工土石坝，沟谷汇水在此形成一个人工鱼塘。场地外南侧池塘为最低点，场地南部汇水沿南侧坡地汇入南部沟谷向南流出。选址区南侧 5 km 处有一个森林公园。选址区位于最近水厂取水点上游 25 km 处。距离选址区西边界 0.2 km 处有一高压高架输电线穿过。

拟选场址二：位于某村庄北面山谷（距离该村 1.5 km），地表植被主要为马尾松—芒萁群落和人工种植林，交通方便。需建进场公路 0.8 km；垃圾运输沿途经过 2 个村庄，人口居住比较密集。选址区临近森林公园（约 1 km），场地周围地势南高北低，北侧有一水塘（非饮用水）。选址区位于最近水厂取水点上游 20 km 处，距最近变电站 1 km。

【问题】

1．通过两个场址的比较，哪个更适合建设危险废物安全处置中心？请说明理由。

2．该建设项目评价的重点是什么？

3．该项目现状调查的主要内容是什么？

4．水环境影响的主要评价因子包括哪些？

5．环境影响预测的主要内容及预测时段包括哪些？

6．上述危险废物安全处置中心还缺少的主要建设内容是（　　）。

A．锅炉房　　B．宿舍　　C．污水处理厂　　D．填埋场

7．根据《环境影响评价技术导则　地下水环境》(HJ 610—2016)，判定该项目地下水评价工作等级；根据工作等级，布设地下水水质现状监测井。

8．提出防止或减缓该项目地下水环境影响的环境保护措施。

【参考答案】

1．通过两个场址的比选，哪个更适合建设危险废物安全处置中心？请说明理由。

答：两个场址对比分析见表 1。

表 1　两个场址对比分析

条　件	场址一	场址二
自然生态环境影响	主要植被为人工种植的果园、水稻、蔬菜等，离最近水厂取水点上游 25 km 处	地表植被为马尾松—芒萁群落和人工种植林，离最近水厂取水点上游 20 km 处
地形条件	地形有利，能尽量减少工程量，有足够覆土来源	地形有利，能尽量减少工程量，有足够覆土来源
交通状况	交通方便，需建进场公路 1 km	交通方便，需建进场公路 0.8 km
周围敏感点情况	1.8 km 处有村庄，5 km 处有森林公园	1.5 km 处有村庄，1 km 处有森林公园
地质水文条件	场地北部有沟谷，南部汇水沿南侧坡地汇入南部沟谷向南流出	场地周围地势南高北低，北侧有一水塘
水电设施条件	0.2 km 处有一高压高架输电线	1 km 处有变电站
垃圾运输沿线影响	沿途经过 3 个村庄，人口居住稀疏	沿途经过 2 个村庄，人口居住比较密集

由表 1 可知，与场址二相比，场址一的优点是：破坏人工种植的果园、蔬菜，对生态破坏相对较小；离最近水厂取水点相对较远，对水环境影响相对较小；距离电力设施比较近，距离村庄和森林公园等敏感点比较远，对周围敏感点声环境和景观等影响小。缺点是：建进场公路比场址二长 0.2 km；村庄数目多，人口居住比较稀疏。综合上述两个场址的优缺点，选择场址一对周围环境的影响相对较小，更适合建设固体废物安全处置中心。

2．该建设项目评价的重点是什么？

答：该项目环境影响评价的重点是危险废物处理工艺的可行性、处置中心选址的合理性、危险废物贮存设施的污染防治措施分析，以及填埋场运行期间渗滤液对地表水和地下水环境的影响。此外还包括公众参与。

3．该项目现状调查的主要内容是什么？

答：进行该项目环境影响评价时环境现状调查的主要内容如下。

（1）地理位置：建设项目所处的经纬度、行政区位置和交通位置，并附地理位置图。

（2）地质环境：根据现有资料详细叙述该地区的特点，以及断裂、坍塌、地面沉陷等不良地质构造。若没有现成的地质资料，应根据评价要求做一定的现场调查。

（3）地形地貌：建设项目所在地区的海拔高度、地形特征、相对高差的起伏状况，周围的地貌类型。

（4）气象与气候。

（5）地表水环境：地表水水系分布、水文特征；地表水资源分布及利用情况，主要取水口分布；地表水水质现状及污染来源等。

（6）地下水环境。

（7）大气环境：根据现有资料，简单说明项目周围地区大气环境中主要的污染物、污染来源、大气环境容量；环境空气质量现状调查，项目所在区域环境空气质量达标情况。

（8）土壤：土地利用（现状、规划及历史情况）、土壤类型及其分布、土壤理化特性、土壤环境质量现状等。

（9）生态调查：植被情况（如类型、主要组成、覆盖度和生长情况等），有无国家重点保护的或稀有的野生动植物。

（10）水土流失。

（11）声环境：确定声环境现状调查的范围、监测布点与现有污染源调查工作。

（12）社会经济：包括经济指标、人口、工业与能源、农业与土地利用、交通运输等。

（13）人文遗迹、自然遗迹与珍贵景观：主要是与项目邻近的森林公园情况，并调查选址区是否有其他需要重点保护的景观。

4．水环境影响的主要评价因子包括哪些？

答：地表水环境影响主要评价因子：pH、COD、BOD、SS、石油类、氨氮、总磷、挥发酚、总汞、总氰化物，还有其他重金属如 Cu、Cd、Zn、As 等；地下水环境影响的主要评价因子：pH、总汞、总氰化物、Cr^{6+}、Cu、Zn、Cd、As。

5．环境影响预测的主要内容及预测时段包括哪些？

答：项目环境影响预测的主要内容包括：

（1）水环境：包括地表水和地下水，主要预测填埋场渗滤液、预处理车间产生的废水以及生活区污水对水环境的影响。分析渗滤液的环境影响时，还应考虑非正常情况下如防渗层破裂对地下水的污染。

（2）大气环境：施工扬尘、填埋机械和运输车辆尾气、填埋场废气对填埋场周围环境和沿线环境空气的影响。

（3）噪声：施工机械、作业机械和运输车辆噪声对周围环境的影响。

（4）水土流失：项目选址区位于低山丘陵区，建设期对植被的破坏会造成一定程度的水土流失，要采取防护措施。

（5）生态环境和景观影响：建设填埋场会在一定程度上破坏植被，占用土地会引起水土流失，弃土堆放等会对选址区及其周围生态环境和景观产生一定的影响。

（6）土壤环境：主要预测填埋场渗滤液、预处理车间产生的废水垂直入渗和地面漫流对土壤环境的影响。

预测时段：建设期、运行期和服务期满后（封场后）3 个时段。

6. 上述危险废物安全处置中心还缺少的主要建设内容是（ C ）。

因为锅炉房属于公用工程，宿舍属于生活办公设施，填埋场已经交代属于主要建设内容之一，因此只能选 C。

7. 根据《环境影响评价技术导则　地下水环境》（HJ 610—2016），判定该项目地下水评价工作等级；根据工作等级，布设地下水水质现状监测井。

答：危险废物填埋场地下水评价等级为一级。

地下水水质现状监测井布设：不得少于 7 个，场址上游 1 个，场地内 1 个，两侧各 1 个，下游 3 个。下游 3 个监测井可作为污染监控井及运移扩散井。

8. 提出防止或减缓该项目地下水环境影响的环境保护措施。

答：（1）工程措施：① 根据建设项目场地天然基础层条件及《危险废物填埋污染控制标准》（GB 18598—2019）铺设适当的防渗层。防渗层铺设完成后进行检测，保证防渗层有效。② 对项目所在区水文地质条件进行详细调查。③ 设置渗滤液集排水系统和雨水集排系统。④ 设置地下水监测系统：上游 1 口背景监测井，下游 3 口。

（2）管理措施：① 入场危险废物必须符合相关标准对废物的入场要求。② 地下水监测因子应根据填埋废物特性由当地环保主管部门确定，监测因子应有代表性。③ 封场：当填埋场处置的废物数量达到填埋场设计容量时，应实行封场；封场最终覆盖层应为多层结构；封场后应继续维护管理。

【考点分析】

此题由 2010 年环评案例分析考试试题改编而成，考生需要认真体会，综合把握。

1. 通过两个场址的比选，哪个更适合建设危险废物安全处置中心？请说明理由。

考试大纲中“七、环境可行性分析（1）分析不同工程方案（选址、规模、工艺等）环境比选的合理性”。

此题属于建设项目选址优化分析，参照《危险废物填埋污染控制标准》（GB 18598）填埋场场址选择的要求，分析要点为：

（1）自然生态环境影响：是否影响水源地、选址区植被。

（2）地形条件：地势、地形是否有利，工程量，覆土来源。

（3）地质水文条件：是否有不良地质现象及其影响地表水的程度。

（4）水电设施条件：与饮用水源地和供电设施的距离。

（5）交通状况。

（6）周围敏感点（包括居民区和风景区）情况：与敏感点的距离、选址区是否在居民区下风向、项目建设是否影响附近居民区的景观。

（7）依据《危险废物填埋污染控制标准》，危险废物填埋场场址的位置及与周围人群的距离应依据环境影响评价结论确定。

（8）垃圾运输沿线对居民的影响。

最后，根据项目的特点及主要的环境影响，综合优化选择场址。

2．该建设项目评价的重点是什么？

一般情况下，评价重点在识别环境影响因素与筛选评价因子，判断建设项目影响环境的主要因素及分析产生的主要环境问题结束后再确定。该项目为危险废物处置场，其主要的处置方式是固化后填埋，因此其评价重点为：① 根据该市固体废物的产生数量、种类及特征，分析处理危险废物工艺的可行性，是否能达到废物利用、资源回收、清洁生产的要求。② 工程运行后其对选址区范围内及其周围地表水和地下水的影响。③ 根据拟选场址内的工程地址和水文情况，分析项目选址的合理性，以及污染防治措施的可行性。

举一反三

危险废物处置工程项目环境影响评价应关注的问题：

（1）必须详细调查、了解和描述危险废物的产生量、危险废物的种类和特性，它关系到危险废物处置中心的建设规模、处置工艺。因为危险废物的来源复杂、种类繁多、特性各异，而且各种废物在产生的数量上也有极大的差异，因此搞清废物的来源、种类、特性，对于评价处置场规模、处置场选址的优劣和处置工艺的可行性至关重要。

（2）危险废物安全处置中心的环境影响评价必须贯彻“全过程管理”的原则，包括收集、临时贮存、中转、运输、处置以及工程建设期和运营期的环境问题。

（3）对危险废物安全填埋处置工艺的各个环节进行充分分析，对填埋场的主要环境问题，如渗滤液的产生、收集和处理系统以及填埋气体导排、处理和利用系统进行重点评价，对渗滤液泄漏及污染物的迁移转化进行预测评价。对于配有焚烧设施的处置中心，还要对焚烧工艺和主要设施进行充分的分析，首先审查焚烧系统的完整性，对烟气净化系统的配置和净化效果进行论述，将烟气排放对大气环境的影响作为评价重点。

（4）危险废物处置工程的选址是一个比较敏感的问题，除了要考虑环境的基本条件，还要考虑公众的心理影响因素，因此必须对场址的比选进行充分的论证，做好公众参与的调查和分析工作。

（5）必须要有风险分析和应急措施，包括运输过程中产生的事故风险、填埋场渗滤液的泄漏事故风险以及由于入场废物的不相容性产生的事故风险。

3．该项目现状调查的主要内容是什么？

考试大纲中“三、环境现状调查与评价（1）判定评价范围内环境敏感区；（2）制定环境现状调查与监测方案”。

举一反三

建设项目现状调查的主要内容：① 自然环境，包括项目地理位置、地质、地形地貌、土壤、植被等；② 项目周围水（包括地表水和地下水）、大气、噪声、生态现状、主要污染源情况、环境容量等；③ 社会经济情况，包括人口、工农业、土地利用、交通等；④ 项目周围是否有需要重点保护的人文遗迹、自然遗迹与珍贵景观等。

4．水环境影响的主要评价因子包括哪些？

考试大纲中“四、环境影响识别、预测与评价（1）识别环境影响因素与筛选评价因子”。

本案例项目评价因子的选择依据：① 环境标准中包含的指标；② 选址区地表水（或地下水）水体主要的污染指标；③ 项目污水中主要污染物的种类；④ 具有代表性，能表征废物特性的参数。对于地表水来说，评价因子包括地表水环境中常见的污染因子，既包括表征有机污染的指标，也包括氮、磷和重金属等无机污染指标。

5．环境影响预测的主要内容及预测时段包括哪些？

考试大纲中“四、环境影响识别、预测与评价（1）识别环境影响因素与筛选评价因子；（4）确定环境要素评价专题的主要内容”。

一般的建设项目的环境影响包括水、大气、噪声、生态（包括水土流失）和景观等几个方面，同时还要考虑项目建设和运行的时期不同，其对环境的影响也不同。具体的内容要根据项目的建设内容和特点确定。

举一反三

对于危险废物处置中心建设项目，必须评价封场后的环境影响。预测时段包括建设期、运行期和服务期满后（封场后）3个时段。

6．上述危险废物安全处置中心还缺少的主要建设内容是（ C ）

考试大纲中“一、相关法律法规、政策及规划的符合性分析（1）建设项目与相关法律法规的符合性分析；（2）建设项目与环境政策的符合性分析”。

根据危险废物安全处置中心污染物控制的要求，严禁将集、排水系统收集的渗滤液直接排放，必须对其进行处理并只有在达到《污水综合排放标准》（GB 8978—1996）中第一类污染物和第二类污染物最高允许排放浓度要求后方可排放。注意，若有地方标准，此处应执行地方的水污染物排放标准。

7．根据《环境影响评价技术导则　地下水环境》（HJ 610—2016），判定该项目地下水评价工作等级；根据工作等级，布设地下水水质现状监测井。

考试大纲中“三、环境现状调查与评价（2）制定环境现状调查与监测方案”和“四、环境影响识别、预测与评价（3）确定评价工作等级和评价范围”。

8．提出防止或减缓该项目地下水环境影响的环境保护措施。

考试大纲中“六、环境保护措施分析（1）分析污染控制措施的技术经济可行性”。

注意，《危险废物填埋污染控制标准》已修订，GB 18598—2019于2020年6月1日实施。

案例 6　300 万 t 垃圾填埋场项目

【素材】

某大城市拟建一生活垃圾填埋场，设计填埋量为 300 万 t，填埋厚度为 25 m，主要设施有：防渗衬层系统、渗滤液导排系统、雨污分流系统、地下水监测设施、填埋气导排系统以及覆盖和封场系统。按工程计划，该填埋场 2011 年 1 月投入使用。该填埋场渗滤液产生量预计为 120 t/d。拟将渗滤液送至该城市二级污水处理厂进行处理，城市污水处理厂污水日处理能力为 3 万 t/d，目前日处理量为 2.3 万 t/d。拟选厂址特点见表 1。

表 1　拟选厂址特点

所在位置	不在水源保护区、矿产资源储备区等需要特别保护的区域内
地质条件	山谷型填埋场
土壤性质	黏土，厚度 2.5 m，饱和渗透系数为 1.0×10^{-6} cm/s
地下水位	基础层底部与地下水最高水位距离约 0.9 m
洪水位条件	标高重现期大于 50 年一遇洪水位
距离敏感点位置	距离下风向村庄 3 km

【问题】

1．该填埋场选址和所建设施是否合理？如果不合理请说明理由。

2．该填埋场可选用何种防渗衬层？（　　）

A. 不需要使用衬层，现有土壤性质可以满足防渗要求

B. 采用厚底不低于 2 m，饱和渗透系数小于 1.0×10^{-7}cm/s 的天然黏土防渗衬层

C. 采用单层人工合成材料衬层，衬层下的天然黏土防渗衬层饱和渗透系数小于 1.0×10^{-7} cm/s 且厚度不小于 0.75 m

D. 采用双层人工合成材料衬层，衬层下的天然黏土防渗衬层饱和渗透系数小于 1.0×10^{-7}cm/s 且厚度不小于 0.75 m

3．可以进入该垃圾填埋场的垃圾为（　　）。

A. 生活垃圾焚烧炉渣

B. 企事业单位产生的办公废物

C. 含水率为 65%的生活污水处理厂污泥

D. 禽畜养殖废物

E. 生活垃圾焚烧飞灰

4．该填埋场渗滤液的处理方式是否可行？如果不可行请说明理由。

5．垃圾填埋场的主要环境影响有哪些？

【参考答案】

1．该填埋场选址和所建设施是否合理？如果不合理请说明理由。

答：该垃圾填埋场选址合理；所建设施不完善。根据《生活垃圾填埋场污染控制标准》（GB 16889—2008），生活垃圾填埋场应配备的设施有：防渗衬层系统、渗滤液导排系统、渗滤液处理设施、雨污分流系统、地下水监测设施、填埋气导排系统、覆盖和封场系统。在本案例中，基础层底部与地下水最高水位距离约 0.9 m，不到 1 m，因此更应建立地下水导排系统并确保填埋场的运行期和后期维护与管理期内地下水水位与基础层底部距离大于 1 m。此外，由于该填埋场设计填埋量为 300 万 t，填埋厚度为 25 m，按照《生活垃圾填埋场污染控制标准》（GB 16889—2008）要求，应建立甲烷利用设施或火炬燃烧设施来处理填埋场产生的甲烷气体。

2．该填埋场可选用何种防渗衬层？（ C ）

A. 不需要使用衬层，现有土壤性质可以满足防渗要求

B. 采用厚底不低于 2 m，饱和渗透系数小于 1.0×10^{-7}cm/s 的天然黏土防渗衬层

C. 采用单层人工合成材料衬层，衬层下的天然黏土防渗衬层饱和渗透系数小于 1.0×10^{-7}cm/s 且厚度不小于 0.75 m

D. 采用双层人工合成材料衬层，衬层下的天然黏土防渗衬层饱和渗透系数小于 1.0×10^{-7}cm/s 且厚度不小于 0.75 m

3．可以进入该垃圾填埋场的垃圾为（ AB ）。

A. 生活垃圾焚烧炉渣

B. 企事业单位产生的办公废物

C. 含水率为 65%的生活污水处理厂污泥

D. 禽畜养殖废物

E. 生活垃圾焚烧飞灰

4．该填埋场渗滤液的处理方式是否可行？如果不可行请说明理由。

答：不可行。根据《生活垃圾填埋场污染控制标准》（GB 16889—2008），首先生活垃圾填埋场必须设置污水处理装置，其次经填埋场污水处理装置处理后的废水，如果因为达不到排放标准要求而送至城市二级污水处理厂进行处理时，要求城市二

级污水处理厂每日处理渗滤液的总量不超过污水处理总量的 0.5%，并不超过该城市二级污水处理厂额定的污水处理能力。该案例超过了 0.5%。

5．垃圾填埋场的主要环境影响有哪些？

答：垃圾填埋场对环境的主要影响：填埋场渗滤液泄漏或处理不当对地下水土壤及地表水的污染；填埋场产生气体的排放对大气的污染、对公众健康的危害以及可能发生的爆炸对公众安全的威胁；填埋场的存在对周围景观的不利影响和对土壤的污染；垃圾堆体对周围地质环境的影响；填埋机械噪声对公众的影响；填埋场滋生的害虫、昆虫、啮齿动物以及在填埋场觅食的鸟类和其他动物可能传播疾病；填埋垃圾中的塑料袋、纸张以及尘土等在未来得及覆盖压实的情况下可能飘出场外，造成环境污染和景观破坏；流经填埋场区的地表径流可能受到污染。

【考点分析】

1．该填埋场选址和所建设施是否合理？如果不合理请说明理由。

考试大纲中“一、相关法律法规政策及规划的符合性分析（1）建设项目与相关法律法规的适用性分析；（2）建设项目与环境政策的符合性分析”和“七、环境可行性分析（1）分析不同工程方案（选址、规模、工艺等）环境比选的合理性”。

该题考查对《生活垃圾填埋场污染控制标准》（GB 16889—2008）中垃圾填埋场场址选择及根据场址实际情况和生活垃圾填埋场建设规模而需要配套建设的设施。

举一反三

根据考试大纲的要求，对于固体废物的环境影响评价，应掌握生活垃圾填埋、生活垃圾焚烧、危险废物填埋、危险废物焚烧、危险废物贮存、一般工业固体废物贮存与处置的相关要求和规定。对于场址的选择，出题角度经常为“给出不同场址的各类条件，进行比对，从而选择更为合理的选址”，考查考生对场址选择的相关要求的掌握程度。

为了便于记忆，生活垃圾填埋场场址选择规则笔者简单归纳为：符合规划、避开保护区域、标高不小于 50 年一遇洪水位、避开地质不稳定区域。详细内容参见 GB 16889—2008。

2．该填埋场可选用何种防渗衬层？（ C ）

考试大纲中“六、环境保护措施分析（1）分析污染控制措施的技术经济可行性”。

该题考查的是根据生活垃圾填埋场选址处的土壤条件，选择合适的防渗衬层。该案例中，天然基础层厚度 2.5 m，饱和渗透系数为 1.0×10^{-6} cm/s，应采用厚度不低于 2 m，饱和渗透系数小于 1.0×10^{-7} cm/s 的天然黏土防渗衬层，或者防渗能力更好的防渗衬层。

举一反三

防渗衬层是指设置于填埋场底部及四周边坡的、由天然材料和（或）人工合成材料组成的防止渗漏的垫层，可分为天然黏土防渗衬层、单层人工合成材料衬层（一层人工合成材料衬层+黏土衬层或者具有同等以上隔水效力的其他材料）、双层人工合成材料防渗衬层（两层人工合成材料衬层+黏土衬层或者具有同等以上隔水效力的其他材料）。笔者将生活垃圾填埋场的防渗衬层选择情况归纳如表 1 所示。

表 1　生活垃圾填埋场的防渗衬层选择情况

天然基础层 饱和渗透系数 k 和厚度 d	应选用的防渗衬层类型	构成防渗衬层的天然黏土层 饱和渗透系数 k 和厚度 d
$k<1.0\times10^{-7}$ cm/s 且 $d\geqslant2$ m	天然黏土防渗衬层	$k<1.0\times10^{-7}$ cm/s 且 $d\geqslant2$ m
1.0×10^{-7} cm/s$<k<1.0\times10^{-5}$ cm/s 且 $d\geqslant2$ m	单层人工合成材料衬层	$k<1.0\times10^{-7}$ cm/s 且 $d\geqslant0.75$ m
$k\geqslant1.0\times10^{-5}$ cm/s 或 $d<2$ m	双层人工合成材料衬层	$k<1.0\times10^{-7}$ cm/s 且 $d\geqslant0.75$ m

防渗衬层选择时可按照表 1 选择或者选择防渗能力更好的。对于危险废物填埋场的防渗衬层的选择大家可以自行归纳。

3．可以进入该垃圾填埋场的垃圾为（　AB　）。

考试大纲中“六、环境保护措施分析（1）分析污染控制措施的技术经济可行性”。

该题考查生活垃圾填埋场填埋废物的入场要求。A、B 均为可直接进入该填埋场的垃圾，C 的含水率过高，D 不可进入，而对进入生活垃圾填埋场的生活垃圾焚烧飞灰则有 3 个限制条件。

举一反三

可直接进入生活垃圾填埋场的废物有：① 由环境卫生机构收集或者自行收集的混合生活垃圾，以及企事业单位产生的办公废物；② 生活垃圾焚烧炉渣（不包括焚烧飞灰）；③ 生活垃圾堆肥处理产生的固态残余物；④ 服装加工、食品加工以及其他城市生活服务行业产生的性质与生活垃圾相近的一般工业固体废物。

经处理后可进入生活垃圾填埋场的废物有：

（1）满足以下 3 个条件的生活垃圾焚烧飞灰和医疗废物焚烧残渣（包括飞灰、底渣）：① 含水率小于 30%；② 二噁英含量低于 3 μg TEQ/kg；③ 按照 HJ/T 300 制备的浸出液中危害成分浓度（金属离子等）低于《生活垃圾填埋场污染控制标准》（GB 16889—2008）规定的限值。

（2）经过下列处理的《医疗废物分类目录》中的感染性废物：① 按照 HJ/T 228—2006 要求进行破碎毁形和化学消毒处理，并满足消毒效果检验指标；② 按照 HJ/T 229—2006 要求进行破碎毁形和微波消毒处理，并满足消毒效果检验指标；③ 按照 HJ/T 276—2006 要求进行破碎毁形和高温蒸汽处理，并满足处理效果检验指标。

（3）经处理后，按照 HJ/T 300—2006 制备的浸出液中危害成分浓度低于《生活垃圾填埋场污染控制标准》（GB 16889—2008）规定的限值的一般工业固体废物。

（4）厌氧产沼等生物处理后的固态残余物，粪便经处理后的固态残余物和经处理后含水率小于 60%的生活污水处理厂污泥。

不得进入生活垃圾填埋场的废物有：① 未经处理的餐厨废物；② 未经处理的粪便；③ 禽畜养殖废物；④ 电子废物及其处理处置残余物；⑤ 除本填埋场产生的渗滤液之外的任何液态废物和废水。

4．该填埋场渗滤液的处理方式是否可行，如果不可行请说明理由？

考试大纲中“六、环境保护措施分析（1）分析污染控制措施的技术经济可行性”。

该题从两个角度考查了渗滤液的处理问题。① 垃圾填埋场必须要有渗滤液处理装置。② 经过处理后的渗滤液送城市污水处理厂进一步处理时，对于处理量的要求。

举一反三

关于垃圾填埋场渗滤液的考查角度较多，以下两个方面应该注意：① 2011 年 7 月 1 日以后，生活垃圾填埋场必须自行处理渗滤液并达到标准要求，不允许再送往城市二级污水处理厂。② 年轻（5 年以内）的垃圾填埋场和老（5 年以上）的垃圾填埋场，二者渗滤液组分的区别（表 1）。

表 1　不同年限垃圾填埋场渗滤液组分区别

垃圾填埋场性质	年轻的	老的
pH	较低	中性或弱碱性
BOD 与 COD 浓度	较高	较低
BOD/COD	较高	较低
重金属离子浓度	较高	下降

5．垃圾填埋场的主要环境影响有哪些？

考试大纲中“四、环境影响识别、预测与评价（1）识别环境影响因素与筛选评价因子”。

该题考查对项目的环境影响的分析。对于生活垃圾填埋场无外乎就是从水、气、声、渣、风险、生态、景观、土壤、地质这些方面来考虑，并逐条分析。

举一反三

大家在分析一个项目对环境的影响时，首先分析该项目会产生水、气、声、渣、风险、辐射中的哪些污染，然后逐个分析这些污染因素对水环境（地表水和地下水）、气环境、声环境、土壤、生态、景观和人类安全健康的影响。从这些角度入手，基本可以做到分析全面，没有遗漏。

总而言之，该案例重点考查的是对生活垃圾填埋场有关内容的掌握情况，希望诸位考生能以此题为例，仔细研读《生活垃圾填埋场污染控制标准》（GB 16889—2008）、《生活垃圾焚烧污染控制标准》（GB 18485—2014）、《危险废物填埋污染控制标准》（GB 18598—2019）、《危险废物焚烧污染控制标准》（GB 18484—2020）、《危险废物贮存污染控制标准》（GB 18597—2001）、《一般工业固体废物贮存和填埋污染控制标准》（GB 18599—2020）。

案例7 新建居住区项目

【素材】

某市在城区北部S河两岸规划建设大型居住区项目，其中位于S河南岸的一期工程已建成，尚未入住；现在拟建设位于S河北岸的二期工程，二期工程规划占地面积3 km^2，建设内容包括：居住楼房，配套幼儿园、小学、综合性医院、超市、餐饮等服务设施，以及燃煤集中供热锅炉房和垃圾中转站、公共地下停车场等，供排水接市政给排水系统，民用燃气由天然气输配管网供应；S河按景观河道进行环境综合整治。

项目规划用地范围内现有两个村庄，人口约为2 000人；有废弃的化肥和农药仓库、简易的废品堆存场、建筑垃圾堆存以及遗留的生活垃圾等。

项目规划用地西侧隔200 m宽绿化带为规划的电子工业园区；北侧50 m处为规划的城市主干道；东侧紧临城市次干道，该次干道以东为正在建设的另一大型居住区；S河流向为自西向东，现状为城市纳污河道，规划用地范围内的生活污水以及城市北部建成区未纳入城市排水管网的污水均排入S河，河道淤积严重，夏季有明显异味。

【问题】

1．指出该项目二期工程建成后的主要大气污染源。

2．指出该项目二期工程需对哪几类污水配套建设预处理设施？并分别提出应用的处理工艺。

3．需对哪些环境要素进行环境质量现状调查？分别说明理由。

4．该项目二期工程配套幼儿园、小学的选址，应考虑规避哪些噪声影响？

5．指出S河环境综合整治应包括的工程内容。

【参考答案】

1．指出该项目二期工程建成后的主要大气污染源。

答：主要大气污染源包括综合性医院、餐饮等服务设施，燃煤集中供热锅炉房，垃圾中转站，公共地下停车场。

2. 指出该项目二期工程需对哪几类污水配套建设预处理设施？并分别提出应用的处理工艺。

答：（1）餐饮店餐饮废水：隔油。

（2）综合性医院医疗废水：酸化、氧化、消毒处理。

（3）生活污水：采用生化处理。

3. 需对哪些环境要素进行环境质量现状调查？分别说明理由。

答：（1）大气，规划项目建设会对大气产生影响。

（2）水，规划用地范围有两个村庄，排放生活污水。

（3）噪声，规划项目建成后有交通噪声。

（4）土壤及地下水，规划用地范围内有废弃的化肥和农药仓库。

4. 该项目二期工程配套幼儿园、小学的选址，应考虑规避哪些噪声影响？

答：交通噪声，工业噪声，社会噪声。

5. 指出 S 河环境综合整治应包括的工程内容。

答：（1）建城市污水处理厂。

（2）河道进行清淤，河道两岸绿化。

（3）引入地表水对 S 河进行置换（净化）。

【考点分析】

本案例是根据 2014 年环评案例分析考试试题改编而成，需要考生认真体会，综合把握。

1. 指出该项目二期工程建成后的主要大气污染源。

考试大纲中“二、项目分析（1）分析建设项目施工期和运营期环境影响的因素和途径，识别产污环节、污染因子和污染物特性，核算物耗、水耗、能耗和主要污染物源强”。

大气污染源指排放大气污染物的设施或场所。根据题干信息：二期工程含居住楼房，配套幼儿园、小学、综合性医院、超市、餐饮等服务设施，以及燃煤集中供热锅炉房和垃圾中转站、公共地下停车场等。其中，综合性医院产含病菌废气、恶臭等；餐饮等服务设施排放餐饮油烟；燃煤集中供热锅炉房排放燃煤废气；垃圾中转站产恶臭；公共地下停车场排放井排放尾气。

2. 指出该项目二期工程需对哪几类污水配套建设预处理设施？并分别提出应用的处理工艺。

考试大纲中“二、项目分析（1）分析建设项目施工期和运营期环境影响的因素和途径，识别产污环节、污染因子和污染物特性，核算物耗、水耗、能耗和主要污染物源强”和“六、环境保护措施分析（1）分析污染控制措施的技术经济可行性”。

本题关键是找出需预处理的废水：医疗废水、餐饮废水、生活污水。

3. 需对哪些环境要素进行环境质量现状调查？分别说明理由。

考试大纲中“二、项目分析（1）分析建设项目施工期和运营期环境影响的因素和途径，识别产污环节、污染因子和污染物特性，核算物耗、水耗、能耗和主要污染物源强”和“三、环境现状调查与评价（2）制定环境现状调查与监测方案”。

该题实际上是考查对项目的环境影响的分析，无外乎就是从水、气、声、渣、风险、生态、景观、土壤、地质这些方面来考虑。

本题需进行环境质量现状调查的要素有：大气、水、土壤及地下水、声。

4. 该项目二期工程配套幼儿园、小学的选址，应考虑规避哪些噪声影响？

考试大纲中“二、项目分析（1）分析建设项目施工期和运营期环境影响的因素和途径，识别产污环节、污染因子和污染物特性，核算物耗、水耗、能耗和主要污染物源强”。

噪声源的类型：社会服务、交通、工业噪声。

5. 指出S河环境综合整治应包括的工程内容。

考试大纲中“六、环境保护措施分析（1）分析污染控制措施的技术经济可行性；（2）分析生态影响防护、恢复与补偿措施的技术经济可行性”。

河流整治措施为常考题，包括现有废水收集处理、清淤、河岸绿化、引新水稀释等。

案例 8　新建经济适用房项目

【素材】

某市拟结合旧城改造建设占地面积（1 000×300）m^2 的经济适用房住宅小区项目，总建筑面积 63.4 万 m^2（含 50 幢 18 层居民楼）。居民楼按后退用地红线 15 m 布置。西、北面临街。居民楼通过两层裙楼连接，西、北面临街居民楼的一层、二层及裙楼拟做商业用房和物业管理处，部分裙楼出租为小型餐饮店。市政供水、天然气管道接入小区供居民使用，小区生活污水接入市政污水管网，小区设置生活垃圾收集箱和一座垃圾中转站。项目用地范围内现有简易平房、小型机械加工厂和小型印刷厂等。有一纳污河由东北向南流经本地块，接纳生活污水和工业废水。小区地块东边界 60 m、南边界 100 m 外是现有的绕城高速公路，绕城高速公路走向与小区东、南边界基本平行，小区的西边界和北边界外是规划的城市次干道。小区南边界、东边界与绕城高速公路之间为平坦的空旷地带，小区最南侧的居民楼与绕城高速公路之间设置乔灌结合绿化带，对 1～3 层住户降噪 1.0 dB（A）。查阅已批复的《绕城高速公路环境影响报告书》评价结论，2 类区夜间绕城高速公路的噪声超标影响范围为道路红线外 230 m。

【问题】

1．该小区的小型餐饮店应采取哪些环保措施？

2．分析小区最东侧、最南侧居民楼的噪声能否满足 2 类区标准。

3．对该项目最东侧声环境可能超标的居民楼，提出适宜防治措施。

4．拟结合城市景观规划对纳污河进行改造，列出对该河环境整治应采取的措施。

5．对于小区垃圾中转站，应考虑哪些污染防治问题？

【参考答案】

1．该小区的小型餐饮店应采取哪些环保措施？

答：（1）油烟采用油烟净化设备。

（2）厨房含油废水采用隔油设施。

（3）应选用低噪声设备，风机、水泵等设备应采取减振措施。

（4）固体废物应实行分类存放，废弃食用油脂、餐厨垃圾应妥善处置，可进行资源化回收及利用，不能回收的及时送往垃圾转运站。

2．分析小区最东侧、最南侧居民楼的噪声能否满足 2 类区标准。

答：2 类区夜间绕城高速公路的噪声超标影响范围为道路红线外 230 m。

小区最东侧距高速公路 60 m，远小于 230 m，故夜间东侧噪声超标，不能满足 2 类标准。

最南侧居民楼距高速公路 100 m，3 层以上（18 层住户房屋距公路不会超过 230 m）住户夜间噪声会超过 2 类区标准。根据线声源噪声衰减规律，距公路约 115 m（230 m/2）处噪声会超过 2 类区标准 3 dB（A），绿化带对 1～3 层住户降噪 1.0 dB（A），因此，距公路 100 m 南侧的 1～3 层住户夜间噪声仍会超标。

综上，小区最东侧、最南侧居民楼的噪声不能满足 2 类区标准。

3．对该项目最东侧声环境可能超标的居民楼，提出适宜防治措施。

答：因该小区拟建在现有的绕城高速公路附近，首先应在高速公路在小区附近路段设声屏障。其次应采取如下措施：

（1）调整小区功能布局。建议将拟做商业用房和物业管理处的临街居民楼的一层、二层及裙楼由西、北面调整至小区临高速公路的东侧。

（2）优化东侧楼房布局，居民住户布局尽可能为南北朝向，与高速公路垂直，而不是平行布局。

（3）调整后最东侧居民楼安装双层通气隔声窗。

（4）在东边界与绕城高速公路之间平坦的空旷地带设置乔灌结合绿化带。

4．拟结合城市景观规划对纳污河进行改造，列出对该河环境整治应采取的措施。

答：（1）污水截留管道措施：使污水排入城区下游河道，不排入该河段。

（2）河道清淤措施：清除河道内受污染的污泥，改善水体质量。

（3）河岸景观绿化措施。

（4）修建拦河坝，使该河段形成景观水域。

5．对于小区垃圾中转站，应考虑哪些污染防治问题？

（1）渗滤液收集和处理问题。

（2）恶臭及异味污染防治措施。

（3）灭蚊蝇、消毒问题。

（4）垃圾装卸过程中及运送车辆噪声、清洗车辆废水等污染防治问题。

【考点分析】

1．该小区的小型餐饮店应采取哪些环保措施？

考试大纲中“六、环境保护措施分析（1）分析污染控制措施的技术经济可行性”。

举一反三

考试大纲中“六、环境保护措施分析(1)分析污染控制措施的技术经济可行性”。

本案例题第1、第3、第4题均出自此考点。本案例的设计再次印证了案例分析考题的答案来自导则与标准，以及技术方法，请在复习好基础知识的前提下准备案例分析考试。

2. 分析小区最东侧、最南侧居民楼的噪声能否满足2类区标准。

考试大纲中“四、环境影响识别、预测与评价（1）识别环境影响因素与筛选评价因子；（2）选用评价标准；（3）确定评价工作等级和评价范围；（6）预测和评价环境影响（含非正常工况）”。

此题要求考生能灵活运用环境影响预测的模式，不仅可以根据公式进行计算，还可以根据结果进行反推。类似的还可以设计大气预测方面的考题。

3. 对该项目最东侧声环境可能超标的居民楼，提出适宜防治措施。

考试大纲中“六、环境保护措施分析(1)分析污染控制措施的技术经济可行性”。

4. 拟结合城市景观规划对纳污河进行改造，列出对该河环境整治应采取的措施。

考试大纲中“六、环境保护措施分析(1)分析污染控制措施的技术经济可行性”。

5. 对于小区垃圾中转站，应考虑哪些污染防治问题？

考试大纲中“四、环境影响识别、预测与评价（1）识别环境影响因素与筛选评价因子”和“六、环境保护措施分析（1）分析污染控制措施的技术经济可行性”。

本小题的考点主要从环境影响识别角度进行设计，类似的考点还经常出自《生活垃圾填埋场污染控制标准》(GB 16889—2008)、《一般工业固体废弃物贮存、处置场污染控制标准》(GB 18599—2001）等标准。

案例 9　河道综合整治工程项目

【素材】

某县拟实施环境综合整治规划，规划方案由 R 河河道整治工程和污水处理工程 2 个项目组成，拟进行河道清淤、河岸修整合绿化、改善河道景观；对现状沿河排污口进行截流封堵，完善市政污水收集管网，新建污水处理厂，解决地区污水排放问题。

拟建污水治理工程建设内容包括截流封堵沿河 3 处排污口，修建 12 km 污水管道、新建一座二级生化污水处理厂。污水处理厂设计处理能力 5 万 m^3/d，选址于县城东南郊经济开发区的东侧，收水范围为沿河两岸老城区。经济开发区以及规划新城区生活污水和经济开发区生产废水现状排放量共计 2.6 万 m^3/d，经 3 个排污口排入 R 河。

污水处理厂工艺流程为：进水→格栅→沉砂池→A/A/O 生物池→二沉池→反应沉淀池→转盘滤池→消毒池→出水。排水执行《城镇污水处理厂污染物排放标准》（GB 18918—2002）一级 A 标准。设计 TP 总去除率为 92%，其中反应沉淀池和转盘滤池的除磷效率合计为 80%，污泥处理拟采用浓缩脱水+生物干化工艺。其中生物干化采用嗜高温好氧微生物发酵；浓缩脱水后污泥产生量为 60 t/d（含水率 80%）。生物干化处理后污泥产生量为 20 t/d（含水率 40%）。

该县城地势西高东低，R 河由西向东从县城中心穿过，R 河城区段长约 12 km，在县城入口处断面多年平均流量为 17.6 m^3/s，枯水期平均流量为 4.5 m^3/s，水域环境功能为Ⅳ类。R 河南岸老城区下游经济开发区主要行业为食品加工、机械加工等，内有一座人工景观湖。北岸老城区东北约 2 km 处有一座燃煤电厂，从 R 河引水为循环冷却水。污水处理厂外东侧有多处砖厂废弃取土坑和成片林地。污水处理厂尾水拟排水 R 河。

【问题】

1. 给出该项目可能的尾水资源化途径。
2. 计算该项目生物除磷效率。
3. 定性说明该项目的水环境改善作用。
4. 给出该项目污泥资源化利用方式和去向（限答两条），并说明理由。

【参考答案】

1. 给出该项目可能的尾水资源化途径。

答：（1）经济开发区机械加工企业生产用水。

（2）人工景观湖景观用水。

（3）燃煤电厂循环冷却水。

（4）林地绿化用水。

（5）砖厂生产用水。

2. 计算该项目生物除磷效率。

答：设生物除磷效率为 x，即有（1−x）（1−80%）=1−92%，求得 x=60%。

3. 定性说明该项目的水环境改善作用。

答：（1）河道清淤，沿河排污口截流封堵，完善市政污水收集管网，新建污水处理厂，解决区域污水排放，改善河道水体质量。

（2）河岸修整和绿化、改善河道景观，改善水体生态环境，有助于水环境改善。

（3）水环境改善直接有助于水体环境质量改善。

（4）水环境改善有助于改善河道水生生态环境的改善。

（5）水环境改善有助于县城生态环境和人居环境改善。

4. 给出该项目污泥资源化利用方式和去向（限答两条），并说明理由。

答：（1）人工堆肥或机械堆肥，堆肥后用于污水处理厂东侧的砖厂取土废弃坑生态恢复土壤改良剂、林地土壤改良或林地肥料；该项目污水处理厂处理废水主要为河两岸老城区的生活污水，生活污水污泥有机成分较高，污水处理站产生的污泥采用好氧发酵方式处理后，营养成分较高，生物干化处理后含水量适宜，堆肥之后是一种很好的土壤改良剂。

（2）砖厂制砖；该项目污泥经脱水生物干化处理后，满足砖厂要求，在一定程度上能减少砖厂制砖取土量。

【考点分析】

本案例是2017年环评案例分析考试试题。项目本身为环境治理工程，是近年来我国在城市区域河流流域治理和老城区生活污水综合治理方面的典型代表，突出循环经济、废物资源化和综合利用、环境治理工程的这方面积极的生态环境效益和社会效益，同时要特别注意治理过程中产生的二次污染问题。

1. 给出该项目可能的尾水资源化途径。

考试大纲中"六、环境保护措施分析（1）分析污染控制措施的技术经济可行性"。

本题主要考虑废水资源化，问题相对简单，但注意要紧扣题干，从题干中寻找答案，紧扣题干中列出的对水质要求不高用水单元。

2. 计算该项目生物除磷效率。

考试大纲中“六、环境保护措施分析（1）分析污染控制措施的技术经济可行性”。

此题考生可以根据公式进行计算，相对简单。

3. 定性说明该项目的水环境改善作用。

考试大纲中“六、环境保护措施分析（1）分析污染控制措施的技术经济可行性”。

本案例工程自身为环保工程，突出环境质量的改善在生态环境和社会环境的正效益。

4. 给出该项目污泥资源化利用方式和去向（限答 2 条），说明理由。

考试大纲中“六、环境保护措施分析（1）分析污染控制措施的技术经济可行性”。

本案例工程自身为环保工程，但需要注意产生的二次污染和废物综合利用，该项目污水处理厂污水来源为老城区生活污水，生活污水有机质含量相对较高，经脱水生活干化后，可以经过堆肥后作为土壤改良剂，另外要紧扣题目答题。

社会服务类案例小结

社会服务类项目属于污染型案例，一般包括市政污水处理、生活垃圾填埋、危险废物填埋、生活垃圾焚烧、房地产项目等。此类案例考查知识点及考查方式总结如下：

一、污水处理厂项目

（1）恶臭治理措施。

（2）重大危险源辨识。

（3）评价结论合理性分析，以新带老措施合理性。

（4）地表水环境影响评价模式选取及涉及参数。

（5）污泥处置方案。

（6）污染物排放浓度计算。

二、固体废物处置项目

（1）废气特征污染因子。

① 垃圾填埋场废气特征污染因子；② 垃圾焚烧烟气特征污染因子。

（2）固体废物处置合理性分析。

① 垃圾填埋场入场要求；② 危险废物贮存堆放要求。

（3）选址合理性分析。

① 垃圾填埋场选址要求；② 危险废物填埋场选址要求；③ 危险废物焚烧厂选址要求；④ 一般固体废物贮存、处置场选址要求。

（4）主要环境影响：垃圾填埋场的主要环境影响。

（5）地下水跟踪监测系统布置方案。

三、房地产项目

(1) 污染源识别及污染防治措施。

餐馆：油烟（油烟净化）、含油废水（隔油处理）、固体废物、社会噪声；

医院：废水、医疗废物（消毒处理）；

垃圾中转站：渗滤液、恶臭污染。

(2) 外部交通噪声污染。

达标评价及防治措施。

(3) 河道综合整治工程。

六、采掘类

案例 1 新建铁矿项目

【素材】

拟新建 1 座大型铁矿，采选规模 350 万 t/a，服务年限 25 年。主要建设内容为：采矿系统、选矿厂、精矿输送管线、尾矿输送管线等主体工程，配套建设废石场、尾矿库和充填站。采矿系统包括主立井、副立井、风井和采矿工业场地等设施，主立井参数为：井筒直径 5.2 m，井口标高 31 m，井底标高−520 m。

矿山开采范围 5 km^2，开采深度−440～−210 m，采用地下开采方式，立井开拓运输方案。采矿方法为空场嗣后充填。矿石经井下破碎，通过主立井提升至地面矿仓，再由胶带运输机运送至选矿厂；废石经副立井提升至地面，由电机车运输至废石场。

选矿厂位于主立井口西侧 1 km 处，选矿工艺流程为“中碎+细碎+球磨+磁选”；选出的铁精矿浆通过精矿输送管线输送至 15 km 外的钢铁厂；尾矿浆通过尾矿输送管线输送，85%送充填站，15%送尾矿库。精矿输送管线和尾矿输送管线均沿地表敷设，途经农田区，跨越 A 河（水环境功能为Ⅲ类）。跨河管道的两侧各设自动控制阀，当发生管道泄漏时可自动关闭管道输送系统。

经浸出毒性鉴别和放射性检验，废石和尾矿属于Ⅰ类一般工业固体废物，符合《建筑材料用工业废渣放射性物质限制标准》（GB 6763—86）。

废石场位于副立井附近，总库容 200 万 m^3，为简易堆放场，设有拦挡坝。施工期剥离表土单独堆存于废石场。尾矿库位于选矿厂东南方向 5.3 km 处，占地面积 80 hm^2，堆高 10 m，总库容 750 万 m^3，设有拦挡坝、溢流井、回水池。尾矿库溢流水送回选矿厂重复使用。尾矿库周边 200～1 000 m 有 4 个村庄，其中 B 村位于南侧 200 m，C 村位于北侧 300 m，D 村位于北侧 500 m，E 村位于东侧 1 000 m。拟环保搬迁 B 村和 C 村。

矿区位于江淮平原地区，多年平均降雨量 950 mm。矿区地面标高 22～40 m，土地利用类型以农田为主。矿区内分布有 11 个 30～50 户规模的村庄。矿区第四系潜水层埋深 1～10 m；中下更新统深层水含水层顶板埋深 70 m 左右，矿区内各村庄分布有分散式居民饮用水取水井，井深 15 m 左右，无集中式饮用水取水井。

【问题】

1．判断表土、废石处置措施和废石场建设方案的合理性，并说明理由。

2．说明矿井施工影响地下水的主要环节，提出相应的对策措施。

3．拟定的尾矿库周边村庄搬迁方案是否满足环境保护要求？说明理由。

4．提出精矿输送管线泄漏事故的环境风险防范措施。

5．给出该项目地下水环境监测井的设置方案。

【参考答案】

1．判断表土、废石处置措施和废石场建设方案的合理性，并说明理由。

答：（1）表土、废石处置措施不合理，因为表土、废石均可综合利用。

（2）废石场建设方案不合理，因为在副立井附近建设废石场可能会导致副立井坍塌，影响副立井使用。

2．说明矿井施工影响地下水的主要环节，提出相应的对策措施。

答：影响环节：掘进、凿壁。

对策措施：掘进、凿壁过程及时对井壁进行止水防堵处理。

3．拟定的尾矿库周边村庄搬迁方案是否满足环境保护要求？说明理由。

答：不能确定。

理由：应根据环境影响评价结论确定的安全防护距离来确定是否需要搬迁。

解答二：

不满足环保要求。

理由：考虑到尾矿库库容较大，易发生溃坝风险事故，影响半径可能达到 1 500 m 以上，D 村、E 村也要环保搬迁。

4．提出精矿输送管线泄漏事故的环境风险防范措施。

答：（1）优化敷设设计方案。

（2）优化线路设计方案。

（3）选用优质管材，管线敷设地段上方设置警示标志，设专人巡视，防止人为破坏。

（4）制定应急预案。

（5）设置事故收集池和应急储存设施。

5．给出该项目地下水环境监测井的设置方案。

答：根据《环境影响评价技术导则　地下水环境》（HJ 610—2016），该项目选矿厂应进行地下水三级评价，至少布设 3 口水质监测井；废石场应进行二级评价，至少布设 5 口水质监测井；尾矿库应进行一级评价，至少布设 7 口水质监测井。监测井主要监测潜水层水质，具体布设如下：在选矿厂地下水环境上游布设 1 口水质监测井，下游布设 2 口水质监测井；在废石场地下水环境上游布设 1 口水质监测井，废石场两侧各布设 1 口水质监测井，下游布设 2 口水质监测井；由于选矿厂与废石场位置相距较近，可适当共用水质监测井。在尾矿库地下水环境上游布设 1 口水质监测井，尾矿库两侧靠村庄位置各布设 1 口水质监测井，尾矿库下游及下游村庄布共设 4 口水质监测井。

【考点分析】

本案例是根据 2014 年环评案例分析考试试题改编而成，需要考生认真体会，综合把握。

1．判断表土、废石处置措施和废石场建设方案的合理性，并说明理由。

考试大纲中“二、项目分析（4）分析废物处理处置合理性”。

本题铁矿山采用地下开采，产生的表土及废石应尽量考虑回填。废石场选址须符合《一般工业固体废物贮存和填埋污染控制标准》（GB 18599—2020）要求。本题废石场位置应该在圈定的矿石开采移动警戒线之外，远离采矿设施（副立井）等。

举一反三

Ⅰ类场选址要求：① 所选场址应符合当地城乡建设总体规划要求。② 应选在工业区和居民集中区主导风向下风侧，厂界距居民集中区距离由环境影响评价结论确定。③ 应选在满足承载力要求的地基上，以避免地基下沉的影响，特别是不均匀或局部下沉的影响。④ 应避开断层、断层破碎带、溶洞区，以及天然滑坡或泥石流影响区。⑤ 禁止选在江河、湖泊、水库最高水位线以下的滩地和洪泛区。⑥ 禁止选在自然保护区、风景名胜区和其他需要特别保护的区域。

Ⅰ类场选址的其他要求：应优先选用废弃的采矿坑、塌陷区。

2．说明矿井施工影响地下水的主要环节，提出相应的对策措施。

考试大纲中“二、项目分析（1）分析建设项目施工期和运营期环境影响的因素和途径，识别产污环节、污染因子和污染物特性，核算物耗、水耗、能耗和主要污染物源强”和“六、环境保护措施分析（1）分析污染控制措施的技术经济可行性”。

本题考查的是矿井施工期间对地下水影响的主要环节。掘进、凿壁过程中穿越含水层，应及时采取封堵措施。

3．拟定的尾矿库周边村庄搬迁方案是否满足环境保护要求？说明理由。

考试大纲中“二、项目分析（4）分析废物处理处置合理性”。

依据 GB 18599—2020，一般工业固体废物贮存场所的位置及与周围人群的距离，应依据环境影响评价文件及审批意见确定。

因此，不能确定搬迁村庄的距离是否满足环境保护要求。

4．提出精矿输送管线泄漏事故的环境风险防范措施。

考试大纲中“五、环境风险评价（2）提出减缓和消除事故环境影响的措施”。

主要从路线布置、管线选材、风险管理、应急预案的角度考虑。本题与“二、化工石化及医药类 案例3 化学原料药改扩建项目”中的第5题类似。

举一反三

根据《建设项目环境风险评价技术导则》（HJ 169—2018），环境风险防范措施相关内容如下：

“10.2 环境风险防范措施

10.2.1 大气环境风险防范应结合风险源状况明确环境风险的防范、减缓措施，提出环境风险监控要求，并结合环境风险预测分析结果、区域交通道路和安置场所位置等，提出事故状态下人员的疏散通道及安置等应急建议。

10.2.2 事故废水环境风险防范应明确‘单元—厂区—园区/区域’的环境风险防控体系要求，设置事故废水收集（尽可能以非动力自流方式）和应急储存设施，以满足事故状态下收集泄漏物料、污染消防水和污染雨水的需要，明确并图示防止事故废水进入外环境的控制、封堵系统。应急储存设施应根据发生事故的设备容量、事故时消防用水量及可能进入应急储存设施的雨水量等因素综合确定。应急储存设施内的事故废水，应及时进行有效处置，做到回用或达标排放。结合环境风险预测分析结果，提出实施监控和启动相应的园区/区域突发环境事件应急预案的建议要求。

10.2.3 地下水环境风险防范应重点采取源头控制和分区防渗措施，加强地下水环境的监控、预警，提出事故应急减缓措施。

10.2.4 针对主要风险源，提出设立风险监控及应急监测系统，实现事故预警和快速应急监测、跟踪，提出应急物资、人员等的管理要求。

10.2.5 对于改建、扩建和技术改造项目，应分析依托企业现有环境风险防范措施的有效性，提出完善意见和建议。

10.2.6 环境风险防范措施应纳入环保投资和建设项目竣工环境保护验收内容。

10.2.7 考虑事故触发具有不确定性，厂内环境风险防控系统应纳入园区/区域环境风险防控体系，明确风险防控设施、管理的衔接要求。极端事故风险防控及应急处置应结合所在园区/区域环境风险防控体系统筹考虑，按分级响应要求及时启动园区/区域环境风险防范措施，实现厂内与园区/区域环境风险防控设施及管理有效联动，有效防控环境风险。”

5．给出该项目地下水环境监测井的设置方案。

考试大纲中“三、环境现状调查与评价（2）制定环境现状调查与监测方案”。

本题与“五、社会服务类 案例5 危险废物处置中心项目”中的第7题类似。

案例 2 改扩铜采选矿项目

【素材】

A 公司某铜矿位于低山丘陵地区，矿石类型主要为黄铜矿（$CuFeS_2$），含少量硫砷铜矿（Cu_3AsS_4），脉石主要为石英、钾长石，矿区面积 0.386 hm^2。矿山现有 300 t/d 采选工程，包括地下巷道、主井副井各 1 口、临时废石场 1 座）、回风井 1 口、选矿厂（位于采矿工业场地西北侧的矿区边界）、尾矿库（位于选矿厂南侧 1.1 km 的山谷内）和办公生活区，地面设施占地 28.25 hm^2。矿山地下采出的铜矿石由主井提升至地面筒仓后转入选矿厂，经碎磨后加入丁黄药等药剂浮选产出铜精矿产品。现有工程井下涌水量 656 m^3/d，经中和沉淀处理后优先回用于生产，剩余 278 m^3/d 外排 B 河（表 1）。选矿产生的尾矿浆由长压力管道送往尾矿库，尾矿浆在库内沉淀后，澄清水通过溢流井排出尾矿库并全部回用于选矿生产。办公生活污水生化处理并消毒后用于矿区绿化不外排。现有工程采矿废石露天堆存于临时废石场，定期送建材厂综合利用，废石场仅设有拦挡坝。现有尾矿库总库容 156 万 m^3，剩余库容 123 万 m^3，尾矿浆于主坝前均匀排入尾矿库，在库内自然沉积形成堆体和干滩面。为落实省“水十条”规定，2019 年起该区域的矿产资源开发项目执行水污染特别排放限值。

表 1 现有工程井下涌水外排水质 单位：mg/L，pH 量纲一

污染物项目		pH	COD	SS	石油类	砷	铜
排放浓度		7.9	19.8	23	0.1	0.008	0.35
铜镍钴工业污染物排放标准	排放限值	6～9	60	80	3.0	0.5	0.5
	特别排放限值	6～9	50	30	1.0	0.1	0.2

矿山计划依托现有工程，通过新建深部主井和风井，改造提升设备，扩建选矿设施。新建尾矿充填站实现部分尾矿充填井下采空区；为缓解废石外运不畅压力，扩能工程拟在采矿工业场地以北的山坳处新建 1 座废石场，需新征占地 39 hm^2。矿山扩能后矿区范围不变，总采选规模 600 t/d。扩能工程实施后，矿山井下涌水正常产生量 2 645 m^3/d，采用三级接力排到地面中和沉淀处理后，1 105 m^3/d 回用于采选生产，剩余 1 540 m^3/d 依托现有排放口外排 B 河。扩能工程选矿尾矿浆先送尾矿充

填站分级，其中粗粒尾矿与水泥混合后胶结充填井下采空区，剩余尾矿浆送现有尾矿库。扩能工程建成后，尾矿浆澄清水、生活污水仍然回用，不外排。矿山周边河段不涉及饮用水水源保护区等，地表水评价范围内有一处民采铜矿废水排放口，为保障区域水环境质量，政府已将该铜矿列入关停计划。矿区土壤类型包括红壤、紫色土，主要植被为次生马尾松林和人工杉木林；评价技术单位判定扩能工程涉及土壤环境生态影响与污染影响，其中污染影响型评价工作等级为一级，在矿区下游河道宽缓带两侧有少量水稻田位于土壤评价范围内。为掌握经尾矿充填站分级后排入尾矿库的细粒尾矿浆固废属性，评价技术单位提出在扩能工程投产后取样进行浸出毒性试验的要求。

【问题】

1. 指出现有工程存在的环境问题，并提出“以新带老”措施。

2. 判定该扩建工程地表水环境影响评价工作等级，并说明理由。

3. 指出开展正常工况下的地表水环境影响预测需调查的水污染源。

4. 按污染影响型，给出该扩能工程土壤环境现状监测布点位置和布点类型。

5. 给出扩能工程投产后尾矿进行浸出毒性试验的取样位置，以及推荐采用的浸提剂。

【参考答案】

1. 指出现有工程存在的环境问题，并提出“以新带老”措施。

答：（1）存在的环境问题：① 井下涌水中铜超过特别排放限值；② 废石场仅设有拦挡坝。

（2）“以新带老”措施：① 提高井下涌水处理效率或进一步处理，确保铜等污染物不超过特别排放限值。② 按照《一般工业固体废物贮存和填埋污染控制标准》（GB 18599—2020）要求完善废石场环保措施：如防尘降尘措施、废石场周边设置导排水设施、渗滤液集排水设施、设置环保标志防渗措施、地下水监控设施等。

2. 判定该扩建工程地表水环境影响评价工作等级，并说明理由。

答：地表水评价等级为一级。

理由：废水经处理后直接排放，排放废水中含有第一类污染物砷。

3. 指出开展正常工况下的地表水环境影响预测需调查的水污染源。

答：（1）现有工程及扩能工程矿山井下涌水。

（2）民采铜矿废水排放口。

（3）现有临时废石场及新建废石场渗滤液。

（4）各工业场地及选矿场地面初期雨水。

4．按污染影响型，给出该扩能工程土壤环境现状监测布点位置和布点类型。

答：（1）矿区内设5个柱状样和2个表层样：柱状样分别在废石场、尾矿库、选矿厂、矿井涌水处理站、尾矿充填站各设1个监测点；表层样分别在红壤土、紫色土壤处各设1个监测点。

（2）矿区外设4个表层样；表层样在矿区外上游或上风向布设1个点，下游河道宽缓处水稻田布设1个点，矿区外下游布设1个点，矿区外下风向布设1个点。

5. 给出扩能工程投产后尾矿进行浸出毒性试验的取样位置，以及推荐采用的浸提剂。

答：取样位置为尾矿充填站分级后排出细粒尾矿浆处，浸提剂为硝酸和硫酸的混合溶液。

【考点分析】

本案例是根据2019年环评案例分析试题改编而成。采掘类案例是近几年全国环境影响评价工程师职业资格考试的重点内容之一。矿产资源开发利用项目按产品性质分类，有石油天然气、金属矿（黑色金属、有色金属）和非金属矿（煤矿、磷矿、石料、陶土等）；按其开采方式，有露天开采和地下开采两类，其涉及的知识考点范围广泛。

1．指出现有工程存在的生态环境问题，并提出“以新带老”措施。

考试大纲中“四、环境影响识别、预测与评价（1）识别环境影响因素与筛选评价因子”；“六、环境保护措施分析（2）分析生态影响防护、恢复与补偿措施的技术经济可行性”。

随着“水十条”“气十条”的实施，很多省份或区域都实行了特别排放限值管控规定，这对废水和废气污染物的治理措施及达标排放提出更高的要求，“特排”已成为企业和督查部门的环保关注点，在今后的案例复习时要予以重视。

针对现有工程存在的环境问题，一般从废水、废气、噪声、固废、土壤、生态环境等的处理措施合理性、达标情况、标准和规范符合性等方面入手，本题重点考察了废石场应设置的环保措施，主要结合处置场控制标准中的环保要求进行分析。

根据GB 18599—2020中规定（节选）：

“5.1.3 贮存场和填埋场一般应包括以下单元：

a）防渗系统、渗滤液收集和导排系统；

b）雨污分流系统；

c）分析化验与环境监测系统；

d）公用工程和配套设施；

e）地下水导排系统和废水处理系统（根据具体情况选择设置）。

5.2 Ⅰ类场技术要求

5.2.1 当天然基础层饱和渗透系数不大于 1.0×10^{-5} cm/s，且厚度不小于 0.75 m 时，可以采用天然基础层作为防渗衬层。

5.2.2 当天然基础层不能满足 5.2.1 条防渗要求时，可采用改性压实黏土类衬层或具有同等以上隔水效力的其他材料防渗衬层，其防渗性能应至少相当于渗透系数为 1.0×10^{-5} c m/s 且厚度为 0.75 m 的天然基础层。

5.3 Ⅱ类场技术要求

5.3.1 Ⅱ类场应采用单人工复合衬层作为防渗衬层，并符合以下技术要求：

a）人工合成材料应采用高密度聚乙烯膜，厚度不小于 1.5 mm，并满足 GB/T 17643 规定的技术指标要求。采用其他人工合成材料的，其防渗性能至少相当于 1.5 mm 高密度聚乙烯膜的防渗性能。

b）黏土衬层厚度应不小于 0.75 m，且经压实、人工改性等措施处理后的饱和渗透系数不应大于 1.0×10^{-7} cm/s。使用其他黏土类防渗衬层材料时，应具有同等以上隔水效力。

5.3.2 Ⅱ类场基础层表面应与地下水年最高水位保持 1.5 m 以上的距离。当场区基础层表面与地下水年最高水位距离不足 1.5 m 时，应建设地下水导排系统。地下水导排系统应确保Ⅱ类场运行期地下水水位维持在基础层表面 1.5 m 以下。

5.3.3 Ⅱ类场应设置渗漏监控系统，监控防渗衬层的完整性。渗漏监控系统的构成包括但不限于防渗衬层渗漏监测设备、地下水监测井。

5.3.4 人工合成材料衬层、渗滤液收集和导排系统的施工不应对黏土衬层造成破坏。”

2．判定该扩能工程地表水环境影响评价工作等级，并说明理由。

考试大纲中“四、环境影响识别、预测与评价（5）选择、运用预测模式与评价方法”。

评价等级是案例考试中经常出现的考点，主要考察对导则的掌握情况和实际工作结合的情况。本题主要考查环评人员对 2018 年发布的《环境影响评价技术导则 地表水环境》（HJ 2.3—2018）的掌握和应用情况。

举一反三

根据 HJ 2.3—2018，水污染影响型项目的评价工作等级划分相关内容节选如下：

“5.2.1 建设项目地表水环境影响评价等级按照影响类型、排放方式、排放量或影响情况、受纳水体环境质量现状、水环境保护目标等综合确定。

5.2.2 水污染影响型建设项目主要根据废水排放方式和排放量划分评价等级，见表 1。

5.2.2.1 直接排放建设项目评价等级分为一级、二级和三级 A，根据废水排放量、水污染物污染当量数确定。

5.2.2.2　间接排放建设项目评价等级为三级 B。"

表 1　水污染影响型建设项目评价等级判定表

评价等级	判定依据	
	排放方式	废水排放量 Q/（m^3/d）；水污染物当量数 W（量纲一）
一级	直接排放	Q≥20 000 或 W≥600 000
二级	直接排放	其他
三级 A	直接排放	Q<200 且 W<6 000
三级 B	间接排放	—

注：水污染物当量数等于该污染物的年排放量除以该污染物的污染当量值（见导则中的附录A），计算排放污染物的污染物当量数，应区分第一类水污染物和其他类水污染物，统计第一类污染物当量数总和，然后与其他类污染物按照污染物当量数从大到小排序，取最大当量数作为建设项目评价等级确定的依据。

3．指出开展正常工况下的地表水环境影响预测需调查的水污染源。

考试大纲中"四、环境影响识别、预测与评价（5）选择、运用预测模式与评价方法"。

水污染源调查是环境现状调查的重要工作之一，也是水环境影响预测分析的基础，素材中的民采铜矿废水排放口处于地表水评价范围内，政府已将该铜矿列入关停计划，要列入污染源调查对象。该项目矿石含有铜、砷等重金属成分，所以各工业场地及选矿场地面可能存在含有铜、砷等重金属成分的粉尘，所以各工业场地及选矿场地面初期雨水也应为水污染源调查对象。

根据 HJ 2.3—2018，区域水污染源调查相关内容见"五、社会服务类　案例 4 污水处理厂改扩建项目"中第 3 题的举一反三。

4．按污染影响型，给出该扩能工程土壤环境现状监测布点位置和布点类型。

考试大纲中"三、环境现状调查与评价（2）制定环境现状调查与监测方案"。

环境现状监测方案是案例分析中经常出现的考点，主要考查环评人员在实际工作中对相关导则的应用情况。根据 2018 年发布的《环境影响评价技术导则　土壤环境（试行）》（HJ 964—2018），关于现状监测布点的相关内容节选如下：

"7.4.1 基本要求

建设项目土壤环境现状监测应根据建设项目的影响类型、影响途径，有针对性地开展监测工作，了解或掌握调查评价范围内土壤环境现状。

7.4.2 布点原则

7.4.2.1 土壤环境现状监测点布设应根据建设项目土壤环境影响类型、评价工作等级、土地利用类型确定，采用均布性与代表性相结合的原则，充分反映建设项目调查评价范围内的土壤环境现状，可根据实际情况优化调整。

7.4.2.2 调查评价范围内的每种土壤类型应至少设置 1 个表层样监测点，应尽量设置在未受人为污染或相对未受污染的区域。

7.4.2.3 生态影响型建设项目应根据建设项目所在地的地形特征、地面径流方向设置表层样监测点。

7.4.2.4 涉及入渗途径影响的，主要产污装置区应设置柱状样监测点，采样深度需至装置底部与土壤接触面以下，根据可能影响的深度适当调整。

7.4.2.5 涉及大气沉降影响的，应在占地范围外主导风向的上、下风向各设置 1 个表层样监测点，可在最大落地浓度点增设表层样监测点。

7.4.2.6 涉及地面漫流途径影响的，应结合地形地貌，在占地范围外的上、下游各设置 1 个表层样监测点。

7.4.2.7 线性工程应重点在站场位置（如输油站、泵站、阀室、加油站及维修场所等）设置监测点，涉及危险品、化学品或石油等输送管线的应根据评价范围内土壤环境敏感目标或厂区内的平面布局情况确定监测点布设位置。

7.4.2.8 评价工作等级为一级、二级的改、扩建项目，应在现有工程厂界外可能产生影响的土壤环境敏感目标处设置监测点。

7.4.2.9 涉及大气沉降影响的改、扩建项目，可在主导风向下风向适当增加监测点位，以反映降尘对土壤环境的影响。

7.4.2.10 建设项目占地范围及其可能影响区域的土壤环境已存在污染风险的，应结合用地历史资料和现状调查情况，在可能受影响最重的区域布设监测点；取样深度根据其可能影响的情况确定。

7.4.2.11 建设项目现状监测点设置应兼顾土壤环境影响跟踪监测计划。

7.4.3 现状监测点数量要求

7.4.3.1 建设项目各评价工作等级的监测点数不少于表 6 要求。

表 6　现状监测布点类型与数量

评价工作等级		占地范围内	占地范围外
一级	生态影响型	5 个表层样点[a]	6 个表层样点
	污染影响型	5 个柱状样点[b]，2 个表层样点	4 个表层样点
二级	生态影响型	3 个表层样点	4 个表层样点
	污染影响型	3 个柱状样点，1 个表层样点	2 个表层样点
三级	生态影响型	1 个表层样点	2 个表层样点
	污染影响型	3 个表层样点	—

注：“—”表示无现状监测布点类型与数量的要求。

a 表层样应在 0～0.2 m 取样。

b 柱状样通常在 0～0.5 m、0.5～1.5 m、1.5～3 m 分别取样，3 m 以下每 3 m 取 1 个样，可根据基础埋深、土体构型适当调整。

7.4.3.2 生态影响型建设项目可优化调整占地范围内、外监测点数量，保持总数不变；占地范围超过 5 000 hm^2 的，每增加 1 000 hm^2 增加 1 个监测点。

7.4.3.3 污染影响型建设项目占地范围超过 100 hm^2 的，每增加 20 hm^2 增加 1 个监测点。”

5. 给出扩能工程投产后尾矿进行浸出毒性试验的取样位置，以及推荐采用的浸提剂。

考试大纲中“四、环境影响识别、预测与评价（1）识别环境影响因素与筛选评价因子”；“六、环境保护措施分析（2）分析生态影响防护、恢复与补偿措施的技术经济可行性”。

本题主要考查对《危险废物鉴别技术规范》（HJ 298—2019）和《危险废物鉴别标准 通则》（GB 5085.7—2019）的掌握情况，《危险废物鉴别技术规范》（HJ 298—2019）中的相关要求节选如下：

“4.1.4 固体废物为《固体废物鉴别标准 通则》（GB 34330）所规定的生产过程（含固体废物利用、处置过程）中产生的副产物，应根据产生工艺节点确定固体废物类别，每类固体废物分别采样鉴别。采样应满足以下要求：

（1）应在该固体废物从正常生产工艺或利用工艺中分离出来的工艺环节采样。

（2）应在生产设施、设备、原辅材料和生产负荷稳定的生产期采样。

4.5.3 生产工艺过程产生的固体废物应在固体废物排（卸）料口按照下列方法采集：

（1）由卸料口排出的固体废物：采样过程应预先清洁卸料口，并适当排出固体废物后再采集样品。采样时，采用合适的容器接住卸料口，根据需要采集的总份样数或该次需要采集的份样数，等时间间隔接取所需份样量的固体废物。每接取一次固体废物，作为 1 个份样。

（2）板框压滤机：将压滤机各板框顺序编号，用《工业固体废物采样制样技术规范》（HJ/T 20）中的随机数表法抽取与该次需要采集的份样数相同数目的板框作为采样单元采取样品。采样时，在压滤脱水后取下板框，刮下固体废物。每个板框内采取的固体废物，作为 1 个份样。”

举一反三

几种固体废物浸出毒性浸出方法列举如下：

（1）《固体废物 浸出毒性浸出方法 硫酸硝酸法》（HJ/T 299—2007）。

适用范围：适用于固体废物及其再利用产物，以及土壤样品中有机物和无机物的浸出毒性鉴别。含有非水溶性液体的样品，不适用于本标准。

原理：本方法以硝酸/硫酸混合溶液为浸提剂，模拟废物在不规范填埋处置、堆存或经无害化处理后废物的土地利用时，其中的有害组分在酸性降水的影响下，从废物中浸出而进入环境的过程。浸提剂：浸提剂 $1^{\#}$：将质量比为 2∶1 的浓硫酸和浓硝酸混合液加入试剂水（1 L 水约 2 滴混合液）中，使 pH 为 3.20±0.05。该浸提剂用于测定样品中重金属和半挥发性有机物的浸出毒性。浸提剂 2#：试剂水，用于测定氰化物和挥发性有机物的浸出毒性。

（2）《固体废物 浸出毒性浸出方法 醋酸缓冲溶液法》（HJ/T 300—2007）。

适用范围：适用于固体废物及其再利用产物中有机物和无机物的浸出毒性鉴别，但不适用于氰化物的浸出毒性鉴别。含有非水溶性液体的样品不适用于本标准。

原理：本方法以醋酸缓冲溶液为浸提剂，模拟工业废物在进入卫生填埋场后，其中的有害组分在填埋场渗滤液的影响下，从废物中浸出的过程。

（3）《固体废物 浸出毒性浸出方法 水平振荡法》（HJ 557—2010）。

适用范围：适用于评估在受到地表水或地下水浸沥时，固体废物及其他固态物质中无机污染物（氰化物、硫化物等不稳定污染物除外）的浸出风险。本标准不适用于含有非水溶性液体的样品。

原理：以纯水为浸提剂，模拟固体废物在特定场合中受到地表水或地下水的浸沥，其中的有害组分浸出而进入环境的过程。

（4）《固体废物 浸出毒性浸出方法 翻转法》（GB 5086.1—1997）。

适用范围：适用于固体废物中无机污染物（氰化物、硫化物等不稳定污染物除外）的浸出毒性鉴别，亦适用于危险废物贮存、处置设施的环境影响评价。

方法原理：以去离子水和同等纯度的蒸馏水为浸取剂。

案例 3 露天金属矿改扩建项目

【素材】

某大型金属矿所在区域为南方丘陵区，多年平均降水量 1 670 mm，属泥石流多发区，矿山上部为褐铁矿床，下部为铜、铅、锌、镉、硫铁矿床。矿床上部露天铁矿采选规模为 150 万 t/a，现已接近闭矿。现状排土场位于采矿西侧一盲沟内，接纳剥离表土、采场剥离物和选矿废石，尚有约 8.0 万 m^3 可利用库容。排土场未建截排水设施，排土场下游设拦泥坝，拦泥坝出水进入 A 河，露天铁矿采场涌水直接排放 A 河，选矿废水处理后回用。

现在拟在露天铁矿开采基础上续建铜硫矿采选工程，设计采选规模为 300 万 t/a，采矿生产工艺流程为剥离、凿岩、爆破、铲装、运输，矿山采剥总量为 2 600 万 t/a，采矿排土依托现有排土场。新建废水处理站处理采场涌水，选矿生产工艺流程为破碎、磨矿、筛分、浮选、精矿脱水，选矿厂建设尾矿库并配套回用水、排水处理设施，其他公辅设施依托现有工程。尾矿库位于选矿厂东侧一盲沟内，设计使用年限 30 年，工程地质条件符合环境保护要求。

续建工程采、选矿排水均进入 A 河。采矿排水进入 A 河位置不变，选矿排水口位于现有排放口下游 3 500 m 处。

在 A 河设有三个水质监测断面，1#断面位于现有工程排水口上游 1 000 m，2#断面位于现有工程排水口下游 1 000 m，3#断面位于现有工程排水口下游 5 000 m，1#、3#断面水质监测因子全部达标。2#断面铅、铜、锌、镉均超标。土壤现状监测结果表明，铁矿采区周边表层土壤中铜、铅、镉超标。采场剥离物、铁矿选矿废石的浸出试验结果表明：浸出液中危险物质浓度低于危险废物鉴别标准。

矿区周边有 2 个自然村庄，甲村位于 A 河 1#断面上游，乙村位于 A 河 3#断面下游附近。

【问题】

1. 列出该工程还需配套建设的工程和环保措施。
2. 指出生产工艺过程中涉及的含重金属的污染源。
3. 指出该工程对甲、乙村庄居民饮水是否会产生影响？并说明理由。
4. 说明该工程对农业生态影响的主要污染源和污染因子。

【参考答案】

1. 列出该工程还需配套建设的工程和环保措施。

答：(1) 续建工程拟利用的原铁矿排土场，需建设截排水设施及拦泥坝出水回用设施。

(2) 续建工程的尾矿库需建设截排水设施及坝后渗水池（或消力池），且尾矿库及渗水池需采取防渗措施。

(3) 需配套建设续建工程选矿厂至尾矿库的输送设施。

(4) 露天铁矿闭矿后，需对原铁矿选矿厂采取改造利用或进行处理。

(5) 破碎、磨矿、筛分车间的粉尘治理设施。

(6) 泥石流防护工程。

(7) 尾矿库与选矿厂废水排放的监测设施。

2. 指出生产工艺过程中涉及的含重金属的污染源。

答：(1) 含重金属的扬尘或粉尘污染源：采矿中的凿岩、爆破、铲装、运输，选矿中的破碎、磨矿、筛分。

(2) 排放（特别是非正常排放）的水体中含有重金属的污染源：选厂排水设施；尾矿及排水设施；采场涌水及处理站。

3. 指出该工程对甲、乙村庄居民饮水是否会产生影响？并说明理由。

答：(1) 对甲村饮水不会产生影响。因甲村位于现有工程排水口上游 1 000 m、1#监测断面的上游，且所处满足要求段的水质不超标，其距离拟建工程选厂排水口也较远（4 500 m 以外）。因此，拟建工程选矿排水不会影响到甲村。

(2) 对乙村饮水将产生影响。因为乙村位于本工程新建排水口下游 1 500 m 附近，虽然现状水质不超标，但根据现有采选规模较小的铁矿排水口下游 1 000 m 的 2#断面重金属超标的情况来看，续建规模较大的本工程营运后排水可能会导致乙村所处满足要求段出现重金属超标。

4. 说明该工程对农业生态影响的主要污染源和污染因子。

答：该工程对农业生态影响的主要污染源为：

① 采场及采矿中的凿岩、爆矿、铲装、运输；

② 选矿厂的破碎车间、磨矿车间和筛分车间；

③ 采场涌水处理站及选矿厂排水设施；

④ 尾矿库及其渗水池。

主要污染因子：粉尘、铜、铅、锌、镉。

【考点分析】

1. 列出该工程还需配套建设的工程和环保措施。

考试大纲中“六、环境保护措施分析（1）分析污染控制措施的技术经济可行性”。

举一反三

尽管本题是单纯的提环保措施的题，但需要考生在环境影响识别的基础上才能正确作答，因此只有在正确、完整进行影响识别和判断后才能提出环保措施。

2. 指出生产工艺过程中涉及的含重金属的污染源。

考试大纲中“四、环境影响识别、预测与评价（1）识别环境影响因素与筛选评价因子”。

3. 指出该工程对甲、乙村庄居民饮水是否会产生影响？并说明理由。

考试大纲中“四、环境影响识别、预测与评价（1）识别环境影响因素与筛选评价因子”。

举一反三

本题虽然表面上看属于判断题，但需要采取环保的观点在进行分析、类比、定性预测后才能得出结论，这也可以看出案例分析考试的特点在逐步注重实践，注重细节。

4. 说明该工程对农业生态影响的主要污染源和污染因子。

考试大纲中“四、环境影响识别、预测与评价（1）识别环境影响因素与筛选评价因子”。

举一反三

对农业生态的影响大体可从以下几方面入手分析：① 废气扬尘影响农田土壤环境质量；② 废水排放进入农田影响农田灌溉水质；③ 渗滤液泄漏污染地下水间接影响农田水质和农田土壤环境质量等方面。

案例4　油田开发项目

【素材】

某油田开发工程位于东北平原地区，当地多年平均降水量 780 mm，第四系由砂岩、泥岩、粉砂岩及砂砾岩构成；地下水含水层自上而下为第四系潜水层（埋深3～7 m）、第四系承压含水层（埋深 6.8～14.8 m）、第三系中统大安组含水层（埋深80～130 m）、白垩系上统明水组含水层（埋深 150～2 000 m）；第四系潜水层与承压含水层间有弱隔水层；第四系潜水层局部地下水已经受到了污染。油田区块面积为60 km^2，区块内地势较平坦，南部、西部为草地，无珍稀野生动植物；北部、东部为耕地，分布有村庄。

本工程建设内容包括：生产井 552 口（含油井 411 口、注水井 141 口），联合站 1 座，输油管线 210 km，注水管线 180 km，伴行道路 23 km。工程永久占地 56 hm^2，临时占地 540 hm^2。油田开发井深 1 343～1 420 m（垂深）。本工程开发活动包括钻井、完井、采油、集输、联合站处理、井下作业等过程，钻井过程使用的钻井泥浆主要成分是水和膨润土。工程设计采用注水、机械采油方式，采出液经集输管线输送至联合站进行油、气、水三相分离，分离出的低含水原油在储油罐暂存，经站内外输泵加压、加热炉加热外输；分离出的加热伴生天然气进入储气罐，供加热炉作燃料，伴生天然气不含硫，分离出的含油污水经处理满足回注水标准后全部输至注水井回注采油井。

【问题】

1．指出联合站排放的两种主要大气污染物。

2．给出该工程环评农业生态系统现状调查内容。

3．分别说明钻井、采油过程中产生的一般工业固体废物和危险废物。

4．分析采油、集输过程可能对第四系承压水产生污染的途径。

【参考答案】

1．指出联合站排放的两种主要大气污染物。

答：非甲烷总烃、NO_2（或 NO_x）。

2．给出该工程环评农业生态系统现状调查内容。

答：①农田土壤的调查，包括土壤类型、肥力、有机质、土壤理化特性（土体构型、土壤结构、土壤质地、阳离子交换量、氧化还原电位、饱和导水率、土壤容重、孔隙度）、pH、金属离子、六六六、滴滴涕、苯并[a]芘等的调查与监测。②耕地与基本农田的面积及分布。③主要农作物及其产量。④主要的农业生态问题，包括自然灾害。⑤水土流失现状。⑥现有的农灌设施和水土保持措施。

3．分别说明钻井、采油过程中产生的一般工业固体废物和危险废物。

答：①一般工业固体废物：钻井岩屑，钻井废弃泥浆。②危险废物：油泥、落地油。

4．分析采油、集输过程可能对第四系承压水产生污染的途径。

答：①钻井密封不严，导致已污染的局部第四系潜水层和承压水层的串层。②集输管线破裂，石油泄漏污染第四系承压水。③注水井管套破裂，井壁出现裂缝，回注水外返污染第四系承压水。④落地油下渗，污染潜水层，再通过弱隔水层污染第四系承压水。⑤集输过程中的跑冒滴漏污染第四系承压水的补给区，进而污染第四系承压水。

【考点分析】

本案例是根据2013年案例分析考试试题改编而成，考生认真体会，综合把握。

1．指出联合站排放的两种主要大气污染物。

考试大纲中“二、项目分析（1）分析建设项目施工期和运营期环境影响的因素和途径，识别产污环节、污染因子和污染物特性，核算物耗、水耗、能耗和主要污染物源强”。

本题只需列出两种主要的即可。

2．给出该工程环评农业生态系统现状调查内容。

考试大纲中“三、环境现状调查与评价（2）制定环境现状调查与监测方案”。

该题是农业生态系统现状调查的基本内容。

3．分别说明钻井、采油过程中产生的一般工业固体废物和危险废物。

考试大纲中“二、项目分析（1）分析建设项目施工期和运营期环境影响的因素和途径，识别产污环节、污染因子和污染物特性，核算物耗、水耗、能耗和主要污染物源强”。

注意：本题钻井泥浆主要成分是水和膨润土，一般被认为是一般工业固体废物。

4．分析采油、集输过程可能对第四系承压水产生污染的途径。

考试大纲中“二、项目分析（1）分析建设项目施工期和运营期环境影响的因素和途径，识别产污环节、污染因子和污染物特性，核算物耗、水耗、能耗和主要污染物源强”。

案例 5 洋丰油田开发项目

【素材】

洋丰油田拟在 A 省 B 县开发建设 40 km^2 油田开发区块，计划年产原油 80 万 t。工程拟采用注水开采的方式，管道输送原油。该区块拟建油井 870 口，采用丛式井。钻井废弃泥浆、钻井岩屑、钻井废水全部进入井场泥浆池自然干化，就地处理。输油管线长 120 km，埋地敷设方式。油田开发区块土地类型主要为林地、草地和耕地。开发区永久占地 21 hm^2（表 1），开发区内分布有若干小水塘。有条小河——白河（属地表水III类水体，且无国家及地方保护的水生生物）流经区块内，输油管线将穿越白河，并在区块外 9 km 处汇入中型河——荆河（属地表水III类水体，且无国家及地方保护的水生生物），在交汇口处下游 6 km 处进入 B 县集中式饮用水水源地二级保护区，区块内有一处省级天然林自然保护区，面积约为 600 hm^2。工程施工不在保护区范围内，井场和管线与自然保护区边缘的最近距离为 500 m。

表 1 主要土地类型和工程永久占地面积 单位：hm^2

类型	基本农田	草地	林地	河流水塘	合计
区块现状	1 210	900	1 300	90	3 500
工程占地	7.9	11.9	0.8	0.4	21.0

【问题】

1. 试确定该项目的生态评价范围。
2. 该项目的生态环境保护目标有哪些？
3. 请识别该项目环境风险事故情形，并判断事故的主要环境影响。
4. 从环境保护角度判断完井后固体废物处理方式存在的问题，并简述理由。
5. 简述输油管道施工对生态的影响。

【参考答案】

1. 试确定该项目的生态评价范围。

答：由于该项目 500 m 外涉及敏感保护目标，即省级天然林自然保护区，故生态环境评价等级确定为一级。

根据该类项目特点，从开采境界这一区域来评价，生态评价范围是以油田开发区域 35 km^2 为基础向周边扩展 3 km 范围。

输油管线评价范围是工程占地区外围 500 m，虽然在 500 m 外的省级天然林自然保护区内没有任何生产及施工行为，但生态影响评价范围应将该省级天然林自然保护区包括在内。

2．该项目的生态环境保护目标有哪些？

答：该项目的生态环境保护目标主要有：省级天然林保护区、B 县集中式饮用水水源地二级保护区、基本农田、草地、林地、水塘和地表水（白河、荆河）。

3．请识别该项目环境风险事故情形，判断事故的主要环境影响。

答：该项目环境风险事故情形主要是：钻井作业发生井喷事故、集输管线破裂及站场等储油设施破损导致原油泄漏或遇火引发的环境风险事故、井壁坍塌导致地下水污染事故。

环境风险事故的主要环境影响表现在：

（1）在事故条件下，原油中烃类组分挥发进入大气造成大气环境污染，将危及人群健康和生命。如果由此引发火灾事故，会对大气环境、周边人群及生态环境造成危害。

（2）事故时，泄漏的原油会造成土壤的污染，使土壤透气性下降，影响植物生长，严重时可导致植物死亡。

（3）泄漏的原油会随地表径流进入地表水，造成水体污染，不仅影响水生生物正常生长与繁殖，还会影响地表水功能。

（4）石油烃类着火发生爆炸易酿成安全事故，在灭火过程中不仅大量的人员、机械活动会对生态造成破坏，还存在灭火剂对环境的污染。

（5）井壁坍塌有可能导致原油和回注水（往往含盐量较高）串流至饮用水开采层，导致地下水污染。

4．从环境保护角度判断完井后固体废物处置方式存在的问题，并简述理由。

答：钻井废弃泥浆、钻井岩屑、钻井废水采取在井场泥浆池中自然干化，就地处理，这种方式存在环境污染问题，不符合固体废物处置规范。

理由：钻井废弃泥浆、钻井岩屑、钻井废水虽然均产生于井场钻井过程，但分别属于不同的污染物类型，其具体来源、成分均不同，不应混合在一起处理，且现状处理方式不符合固废处理的“减量化、资源化、无害化”原则，而应分别进行处理。正确做法是：将井场泥浆池进行防渗处理，并设置围堰（防止钻井泥浆及废水渗漏外溢）及渗滤液导排装置，渗滤液收集后集中处理。废弃泥浆加固化剂固化后就地填埋，表面覆土并种植植被恢复生态环境。

5．简述输油管道施工对生态的影响。

答：输油管道施工对生态将会产生下列影响：

（1）本输油管道施工主要会对油田开发区内地表植被、土壤、河流（白河）等沿线区域造成明显的破坏或不利的影响。主要表现在：① 施工将改变原来的土地利用类型；② 输油管道施工将破坏地表保护层，加快土壤侵蚀过程，使沿线区域失去其原有的生态功能；③ 输油管道施工将对区域内自然植被产生一定程度的破坏，因管道中心线两侧不能种植根深植物；④ 由于施工期内输油管线将穿越白河，因此白河的水质及水生生物会受到短期影响。

（2）由于其距离省级天然林自然保护区较近，虽然不占用保护区土地，但施工时对自然保护区将产生间接的不利影响，主要表现在：① 临时用地可能选择在距离保护区更近的区域；② 施工活动对林地内野生动物的干扰；③ 保护区外围地带的生态环境变差。

【考点分析】

2006 年、2008 年及 2009 年全国环境影响评价工程师职业资格考试中都有油田开发项目，其属于采掘类行业案例。本题与 2008 年试题类似。

1．试确定该项目的生态评价范围。

考试大纲中“四、环境影响识别、预测与评价（3）确定评价工作等级和评价范围”。

举一反三

根据《环境影响评价技术导则　陆地石油天然气开发建设项目》（HJ/T 349—2007）生态环境影响评价范围的确定原则如下：

“4.6.3.1　确定原则

生态因子之间互相影响和相互依存的关系是划定评价范围的原则和依据。因此确定的生态影响评价的范围应保证评价区域与周边环境的生态完整性。

4.6.3.2　区域性建设项目以影响区范围向四周外扩原则确定评价范围：

a）一级评价范围为建设项目影响范围并外扩 2～3 km（影响区边界涉及敏感区部分外扩 3 km）；

b）二级评价范围为建设项目影响范围并外扩 2 km；

c）三级评价范围为建设项目影响范围并外扩 1 km。

4.6.3.3　线状建设项目以向线状两侧外扩原则确定评价范围：

a）一级评价范围为油气集输管线（油区道路）两侧各 0.5 km 带状区域；

b）二、三级评价范围为油气集输管线（油区道路）两侧各 0.2 km 带状区域。”

该项目属于油田开采项目，必须按照《环境影响评价技术导则　陆地石油天然气开发建设项目》进行答题。

2．该项目的生态环境保护目标有哪些？

考试大纲中“三、现状调查与评价（1）判定评价范围内环境敏感区”。

3．请识别该项目环境风险事故情形，判断事故的主要环境影响。

考试大纲中“五、环境风险评价（1）识别重点危险源并描述可能发生的环境风险事故”。

举一反三

环境风险评价是环境影响评价的重要内容。在做任何一个案例题目时，均应考虑其是否有环境风险因素。如果有，就需要深入地进行分析评价。不仅只有污染型项目需进行环境风险评价，交通运输项目也涉及环境风险评价，如公路、铁路、石油天然气输送管道等；此外，采掘类项目也涉及环境风险评价，如石油开采、天然气开采、煤层气开采、煤矿开采等。

对于油田开发项目而言，环境事故主要发生于钻井（井下作业）、原油集输管线以及站场等工艺环节，潜在危险因素主要有腐蚀、误操作、设备缺陷、设计问题，涉及的主要事故类型为井喷事故和管线破裂导致的泄漏。

4．从环境保护角度判断完井后固体废物处置方式存在的问题，并简述理由。

考试大纲中“六、环境保护措施分析（1）分析污染控制措施的技术经济可行性”。

举一反三

当考生遇到涉及固体废物处置的问题时，首先应当辨别固体废物是一般固体废物还是危险固体废物。危险废物的分类通常有两种：一是按危险废物有害特性分类。按危险废物有害特性分类，可分6种：易燃性、反应性、腐蚀性、爆炸性、浸出毒性及急性素性。二是按废物有害成分的分子内部结构分类。通常危险废物可分为有机废物和无机废物。有机废物中同系物或衍生物，可分成一类，原因是它们的处置方法可能相似。无机废物可以分为单质（废物主体为单质）和化合物（废物主体为化合物）两类。

对于属于不同类型的污染物，由于其具体来源、成分均不同，不应混合在一起处理，应当分类处置。

5．简述输油管道施工对生态的影响。

考试大纲中“四、环境影响识别、预测与评价（1）识别环境影响因素与筛选评价因子”。

输油管线相关题材的知识点可参考本书“七、交通运输类　案例5　新建成品油管道工程”。

采掘类案例小结

采掘类项目既属于污染型项目，同时又具有显著的生态影响。按开发对象一般可分为石油天然气、金属矿（黑色金属、有色金属）和非金属矿（煤矿、磷矿、石料、陶土等）。按开采方式，有露天开采和地下开采两种。

采掘类项目案例往往需要考生对项目工程有较好的理解，考题综合性较强，有一定难度。

一、金属矿采掘项目环评概况及考点总结

1．工程分析

(1) 露天开采项目：露天采矿、废石场、采矿工业场地、选矿厂、尾矿库、炸药库、废水处理设施、运输管道、矿山道路、生活区等。

（2）地下开采项目：主井、副井、风井、废石场、采矿工业场地、选矿厂、充填搅拌站、尾矿库、炸药库、废水处理设施、运输管道、矿山道路、生活区等。

2．现状调查

（1）生态调查应突出的调查重点：评价范围内土地利用现状、植被类型分布现状、植被覆盖度、植被生物量、水土流失现状、土壤类型等；明确评价范围内有无国家级和地方重点保护野生动植物集中分布区或栖息地、国家级和地方级自然保护区、生态功能保护区以及其他类型的保护区域。

（2）地表水、地下水环境质量调查。

（3）土壤环境质量调查。

（4）技改及改扩建项目移民安置情况调查：移民安置情况调查内容应以涉及环境的相关内容为主，包括污水和垃圾处置情况、水土保持情况、移民搬迁前后环境变化情况等。

（5）其他。

3．主要污染

（1）废水：露天（地下）矿坑涌水、废石场淋滤废水、尾矿库渗滤水及排洪水。

（2）废气：采矿、运输扬尘、选矿废气、尾矿库干滩扬尘。

（3）噪声：采矿场爆破、钻孔、铲运等作业；选矿、碎矿、磨矿；各类泵站。

（4）固体废物：采矿废石、尾矿。

4．主要环境影响

（1）露天（地下）采矿对地下含水层的破坏，对地下水水质、水量的影响。

（2）废石场淋滤废水排放、尾矿库排洪水对下游地表水环境的影响。

（3）露天采矿、废石堆存、尾矿堆存占地对生态环境的影响。

（4）地下采矿地表沉降影响。

（5）工程设施对景观环境的影响。

5．近几年考点总结

（1）废石处置措施合理性分析。

（2）废水源及防治措施。

（3）地下水环境影响环节及处理措施；地下水环境监测井布设。

（4）精矿、尾矿运输管线风险防范措施。

（5）农业生态影响源及污染因子。

（6）含重金属污染源辨识。

二、石油天然气采掘项目考点总结

（1）特征污染因子。

（2）固体废物性质鉴别及处置措施。

（3）输油管道风险防范措施。

（4）生态环境评价范围、生态环境保护目标、农业生态系统现状调查、生态环境影响分析。

（5）地下水污染途径分析。

七、交通运输类

案例1　道路改扩建项目

【素材】

拟对某一现有省道进行改扩建，其中拓宽路段长 16 km，新建路段长 8 km，新建、改建中型桥梁各 1 座，改造段全线为二级干线公路，设计车速 80 km/h，路基宽 24 m，采用沥青路面，改扩建工程需拆迁建筑物 6 200 m^2。

该项目沿线两侧分布有大量农田，还有一定数量的果树和路旁绿化带，改建中型桥梁桥址，位于 X 河集中式饮用水水源二级保护区外边缘，其下游 4 km 处为该集中式饮用水源保护区取水口。新建桥梁跨越的 Y 河为宽浅型河流，水环境功能类别为Ⅱ类，桥梁设计中有 3 个桥墩位于河床，桥址下游 0.5 km 处为某些鱼类自然保护区的边界。公路沿线分布有村庄、学校等，其中 A 村庄、B 小学和某城镇规划住宅区的概况及公路营运中期的噪声预测结果见表 1。

表 1　噪声预测结果

敏感点	距红线距离	敏感点概况	营运中期的噪声预测结果	路段
A 村庄	4 m	8 户	超标 8 dB（A）	拓宽
城镇规划住宅区	12 m	约 200 户	超标 5 dB（A）	新建
B 小学	围城高 30 m 教学楼高 120 m	学生 100 人、教师 100 人，夜间无人住宿	教学楼昼间达标，夜间超标 2 dB（A）	拓宽

【问题】

1．给出 A 村庄的声环境现状监测时段和评价量。

2．针对表中所列敏感点，提出噪声防治措施并说明理由。

3．为保护饮用水水源地水质，应对跨 X 河桥梁采取哪些配套环保措施？

4．列出 Y 河环境现状调查应关注的重点。

5．可否通过优化桥墩设置和施工工期安排减缓新建桥梁施工对鱼类自然保护区的影响？并说明理由。

【参考答案】

1．给出 A 村庄的声环境现状监测时段和评价量。

答：（1）声环境现状监测时段为昼间和夜间。

（2）评价量分别为昼间和夜间的等效声级[L_{eq}，dB（A）]L_d和L_n。

2．针对表中所列敏感点，提出噪声防治措施并说明理由。

答：（1）A 村应搬迁。因为该村超标较高，且处于 4a 类区，采取声屏障降噪也不一定能取得很好效果，宜搬迁。

（2）城镇规划的住宅区，可采取以下措施：

a．调整线路方案；

b．设置声屏障、安装隔声窗以及绿化；

c．优化规划的建筑物布局或改变前排建筑的功能。

因为该段为新建路段，可以通过优化线路方案，使线路远离规划的住宅区；也可以采取设置声屏障并安装隔声窗、建设绿化带的措施达到有效的降噪效果；当然作为规划住宅区，也可以调整或优化规划建筑布局或改变建筑功能。

（3）B 小学。不必采取噪声防治措施。因为营运中期昼间达标，夜间虽然超标，但超标量较小，且夜间学校无人住宿。

3．为保护饮用水水源地水质，应对跨 X 河桥梁采取哪些配套环保措施？

答：为保护饮用水水源地水质，针对跨 X 河桥梁可采取如下环保措施：

（1）提高桥梁建设的安全等级。

（2）限制通过桥梁的车速，并设警示标志和监控设施。

（3）设置桥面径流引导设施，防止污水排入水中，并在安全地带设事故池，将泄漏的危化品引排至事故池处置，防止其排入水中。

（4）桥面设置防撞装置。

4．列出 Y 河环境现状调查应关注的重点。

答：（1）关注拟建桥位下游是否有饮用水水源地及取水口。

（2）关注桥位下游鱼类保护区的级别、功能区划，主要保护鱼类及其保护级别、生态特性、产卵场分布，自然保护区的规划及保护要求等。

（3）调查尖嘴流的水文情势，包括不同水期的流量、流速、水位、水温、泥沙含量的变化情况。

（4）调查水环境质量是否满足Ⅱ类水体水质。

（5）沿河是否存在工业污染源，是否有排污口入河。

5. 可否通过优化桥墩设置和施工工期安排减缓新建桥梁施工对鱼类自然保护区的影响？并说明理由。

答：可以。

理由：减少桥墩数量（甚至可以考虑不设水中墩），这样就减少了对河道的扰动，降低对水质的污染，由此可以减缓新建桥梁施工对保护区的影响；施工工期安排时，避开鱼类繁殖或洄游季节施工，既可避免对水文情势的改变，也可以减缓对保护区鱼类的影响。

【考点分析】

本案例是根据 2011 年环评案例分析考试试题改编而成，需要考生认真体会，综合把握。

1．给出 A 村庄的声环境现状监测时段和评价量。

考试大纲中“三、环境现状调查与评价（1）判定评价范围内环境敏感区；（2）制定环境现状调查与监测方案”。

举一反三

对于水、气、声、土壤、生态的现状监测与调查方案的制定应该十分熟练，尤其 2018 年颁布的《环境影响评价技术导则　地表水环境》（HJ 2.3—2018），《环境影响评价技术导则　大气环境》（HJ 2.2—2018），《环境影响评价技术导则　土壤环境（试行）》（HJ 964—2018）对现状监测布点、采样频次等均有详细要求，请考生注意。

2．针对表中所列敏感点，提出噪声防治措施并说明理由。

考试大纲中“六、环境保护措施分析（1）分析污染控制措施的技术经济可行性”。

此题的考点简单，而且在历年案例分析考试中反复考到，请考生注意。

3．为保护饮用水水源地水质，应对跨 X 河桥梁采取哪些配套环保措施？

考试大纲中“六、环境保护措施分析（1）分析污染控制措施的技术经济可行性”。

此题在近几年的案例分析考试中重复出现多次，请考生注意。

4．列出 Y 河环境现状调查应关注的重点。

考试大纲中“三、环境现状调查与评价（1）判定评价范围内环境敏感区；（2）制定环境现状调查与监测方案”。

此题的考点与 2013 年环评案例分析考试第 8 题城市污水处理厂改扩建中“3. 为分析工程对 A 河的环境影响，需调查哪些方面的相关资料”基本一致。但是 2013 年的试题考点不仅包括河流涉及的现状调查资料，还包括进行水环境影响预测与分析时需要的相关内容和参数，考点扩大了，但出题角度大同小异，复习时注意总结。

举一反三

参照 HJ 2.3—2018，地表水环境现状调查内容包括：建设项目及区域水污染源调查、受纳或受影响水体水环境质量现状调查、区域水资源与开发利用状况、水文情势与相关水文特征值调查，以及水环境保护目标、水环境功能区或水功能区、近岸海域环境功能区及其相关的水环境质量管理要求等调查。涉及涉水工程的，还应调查涉水工程运行规则和调度情况。

5. 是否可通过优化桥墩设置和施工工期安排减缓新建桥梁施工对鱼类自然保护区的影响？并说明理由。

考试大纲中“六、环境保护措施分析（2）分析生态影响防护、恢复与补偿措施的技术经济可行性”。

举一反三

环保措施不仅包括常说的废水治理措施、废气治理措施、隔声减震措施、固废填埋措施等常规措施，还包括施工期避开敏感时段、施工布置优化以避开敏感地区和施工方法采用先进工艺等方面。

案例 2　新建高速公路项目

【素材】

某省拟建设一条从 A 市到 B 市、双向 8 车道的江济高速公路，项目共投资 70 亿元，公路全长 230 km，设计行车速度 120 km/h，路基宽 28 m，工程新建特大桥梁 2 座（其中 1 座跨 C 河大桥）和大桥 1 座，设置 3 个收费站和 5 个服务区。属大型建设项目，预计建设前后区域声级变化 5～11 dB（A）。

经环评人员现场踏勘，江济高速公路途经 65 个村庄，并将穿过国家重点保护野生动物活动带。C 河段大桥下游 7 km 处有 D 县生活饮用水水源保护区。A 市和 B 市都有火电厂，粉煤灰运回自己的贮存场堆放。该工程所在区域降水量充沛，夏季多暴雨。森林覆盖率约为 40%，均为人工森林和天然林。

【问题】

1．有关生态影响的工程分析内容主要有哪些？

2．请说明该项目生态环境现状调查的重点内容有哪些。

3．请确定该项目噪声评价等级，并简述理由。

4．评价运营期噪声影响，需要的主要技术资料有哪些？

5．请阐述 6 项保护耕地的措施。

6．桥梁运营期环境风险防范的具体措施及建议。

【参考答案】

1．有关生态影响的工程分析内容主要有哪些？

答：（1）工程涉及的 2 座特大桥梁和 1 座大桥的名称、规模、点位；跨河大桥水中墩的数量、规模及其施工方式。

（2）高填方路段的占地类型和数量，特别是占用基本农田情况。

（3）边坡防护：主要为深挖路段，弃渣场设置及其占地类型、数量。

（4）主要取土场设置和其恢复设计，公路采石场及沙石料场情况。

（5）营运期永久占地及施工期临时征用土地的数量及其他基本情况等。

2．请说明该项目生态环境现状调查的重点内容有哪些。

答：（1）陆生生态现状调查内容主要包括：评价范围内的植物区系、植被类型，植物群落结构及演替规律，群落中的关键种、建群种、优势种；动物区系、物种组成及分布特征；生态系统的类型、面积及空间分布；重要物种的分布、生态学特征、种群现状，迁徙物种的主要迁徙路线、迁徙时间，重要生境的分布及现状。

（2）水生生态现状调查内容主要包括：评价范围内的水生生物、水生生境和渔业现状；重要物种的分布、生态学特征、种群现状以及生境状况；鱼类等重要水生动物调查包括种类组成、种群结构、资源时空分布，产卵场、索饵场、越冬场等重要生境的分布、环境条件以及洄游路线、洄游时间等行为习性。

（3）收集生态敏感区的相关规划资料、图件、数据，调查评价范围内生态敏感区主要保护对象、功能区划、保护要求等。

4）调查区域存在的主要生态问题：森林功能退化、天然林向人工林转变，如水土流失、沙漠化、石漠化、盐渍化、生物入侵和污染危害等。调查已经存在的对生态保护目标产生不利影响的干扰因素。

3．请确定该项目噪声评价等级，并简述理由。

答：该项目噪声评价等级确定为一级。

理由：江济高速公路建设前后区域声级变化为 5～11 dB（A），江济高速公路途经 65 余个村庄，涉及人口众多；声环境功能区为居民集中区，噪声影响声级变化幅度较大，且有国家重点保护野生动物。根据《环境影响评价技术导则　声环境》（HJ 2.4—2021）的规定，确定该项目噪声评价等级为一级。

4．评价运营期噪声影响，需要的主要技术资料有哪些？

答：（1）工程技术资料：公路路段、道路结构、坡度、路面材料、标高、交叉口、道桥数量。

（2）车流情况：分段给出公路、道路昼间和夜间各类型车辆的平均车流量、车速、车型；确定沿线村庄与公路的相对位置、地形及高度差。

（3）环境状况：

a）项目所处区域的年平均风速和主导风向、年平均气温、年平均相对湿度、大气压强；

b）声源和预测点间的地形、高差；

c）声源和预测点间障碍物（如建筑物、围墙等）的几何参数；

d）声源和预测点间树林、灌木等的分布情况以及地面覆盖情况（如草地、水面、水泥地面、土质地面等）。

（4）敏感点参数：敏感点名称、类型、所在路段、桩号（里程）和路基的相对高差、人口数量、沿线分布情况、建筑物的朝向、楼房层数、现状背景噪声和拟采用的评价标准等。

5．请阐述 6 项保护耕地的措施。

答：保护耕地的主要措施有：

（1）合理选线，尽可能少占耕地；临时占地选址也应尽可能避开耕地。

（2）以桥代路，采用低路基或以桥隧代路基，少占用耕地。

（3）保留表层土壤，对于临时占用耕地，建设完工后及时回填表土，复垦为耕地。

（4）合理设置取、弃土场位置。

（5）充分利用 A 市及 B 市电厂粉煤灰作为路基填料，减少从耕地内取土。

（6）划定施工范围，尽可能缩小施工作业宽度和少占用耕地。

6. 桥梁运营期环境风险防范的具体措施及建议。

答：桥梁营运期的风险主要是运输危险品车辆发生交通事故时危险品泄漏对下游饮用水水源地的污染。环境风险防范的具体措施及建议如下：

（1）设置桥面径流收集系统，并设置事故应急水池。当发生事故后及时切断桥面径流与河流的导排关系，将事故废水全部收集到应急水池集中处理，避免直接排入河流。

（2）设置防撞护栏。

（3）提高桥梁建设安全等级。

（4）在桥入口处设置警示标志和监控设施，运输危险品的机动车辆车身侧面需印有统一的标志。

（5）限制运输危险化学品车辆的速度。

（6）加强危险化学品车辆的运输管理，颁发“三证”（驾驶证、押运证、准运证）方可运输危险品，并实施运输危险品车辆的登记和全程监控制度。

（7）制定完善的环境风险应急预案。

（8）有货物滴漏遗撒或危险化学品的超载车辆禁止上桥，防止滴漏遗撒货物因雨水冲刷造成 C 河污染。

（9）公安部门、运输管理部门以及消防部门可以为危险化学品车辆指定特殊的行驶路线，使其停在指定的停车区域。

【考点分析】

公路项目为历年案例分析考试必考的行业案例，属于高频考点，考生应当对公路项目有足够的重视。公路项目一般的主要考点为生态影响、声环境影响和环境风险。本题是根据 2008 年环评案例分析试题改编而成的。2012 年又考过一次类似的考题，考点亦有雷同。

1. 有关生态影响的工程分析内容主要有哪些？

考试大纲中“二、项目分析（1）分析建设项目施工期和运营期环境影响的因素和途径，识别产污环节、污染因子和污染物特性，核算物耗、水耗、能耗和主要污染物源强”。

举一反三

生态环境影响评价的工程分析一般应当把握如下要点：

（1）工程组成完全：即把所有工程活动都纳入分析中，一般建设项目工程组成有主体工程、辅助工程、配套工程、公用工程和环保工程。工程分析中必须将所有的工程建设活动，无论是临时的还是永久的，施工期还是运营期的，直接或相关的都考虑在内。

（2）重点工程明确：造成环境影响的工程，应作为重点的工程分析对象，明确其名称、位置、规模、建设方案、施工方案和运营方式等。一般还应将其涉及的环境作为分析对象，因为同样的工程发生在不同的环境中，其影响作用是不一样的。

（3）全过程分析：生态环境影响是一个过程，不同时期有不同的问题需要解决，因此必须做全过程分析。一般可将全过程分为选址选线期（工程预可研期）、设计方案期（初步设计与工程设计）、建设期（施工期）、运营期和运营后期（结束期、闭矿期、设备退役期和渣场封闭期）。

2．请说明该项目生态环境现状调查的重点内容有哪些？

考试大纲中“三、环境现状调查与评价（1）判定评价范围内环境敏感区；（2）制定环境现状调查与监测方案”。

举一反三

生态环境现状调查至少要进行两个阶段：影响识别和评价因子筛选前要进行初次调查与现场踏勘；环境影响评价中要进行详细勘测与调查。考生在回答生态环境现状调查类问题时，要按照《环境影响评价技术导则　生态影响》（HJ 19—2011）中的内容并结合考题背景来回答。

3．请确定该项目噪声评价等级，并简述理由。

考试大纲中“四、环境影响识别、预测与评价（3）确定评价工作等级和评价范围”。

举一反三

《环境影响评价技术导则　声环境》（HJ 2.4—2021）中“5.1 评价等级”和“5.2 评价范围”规定：

“5.1.1　声环境影响评价工作等级一般分为三级，一级为详细评价，二级为一般性评价，三级为简要评价。

5.1.2　评价范围内有适用于 GB 3096 规定的 0 类声环境功能区域，或建设项目建设前后评价范围内声环境保护目标噪声级增量达 5 dB（A）以上［不含 5 dB（A）］，或受影响人口数量显著增加时，按一级评价。

5.2.2　对于以移动声源为主的建设项目（如公路、城市道路、铁路、城市轨道交通等地面交通）：

满足一级评价的要求，一般以线路中心线外两侧 200 m 以内为评价范围；”

4. 评价运营期噪声影响，需要的主要技术资料有哪些？

考试大纲中“三、环境现状调查与评价（2）制定环境现状调查与监测方案”。

举一反三

HJ 2.4—2021 中“8.3 预测基础数据规范与要求”规定：

“8.3.1 声源数据

建设项目的声源资料主要包括：声源种类、数量、空间位置、声级、发声持续时间和对声环境保护目标的作用时间等，环境影响评价文件中应标明噪声源数据的来源。工业企业等建设项目声源置于室内时，应给出建筑物门、窗、墙等围护结构的隔声量和室内平均吸声系数等参数。

8.3.2 环境数据

影响声波传播的各类参数应通过资料收集和现场调查取得，各类数据如下：

a）建设项目所处区域的年平均风速和主导风向、年平均气温、年平均相对湿度、大气压强；

b）声源和预测点间的地形、高差；

c）声源和预测点间障碍物（如建筑物、围墙等）的几何参数；

d）声源和预测点间树林、灌木等的分布情况以及地面覆盖情况（如草地、水面、水泥地面、土质地面等）。”

5. 请阐述6项保护耕地的措施。

考试大纲中“六、环境保护措施分析（2）分析生态影响防护、恢复与补偿措施的技术经济可行性”。

6. 桥梁运营期的环境风险防范的具体措施及建议。

考试大纲中“五、环境风险评价（2）提出减缓和消除事故环境影响的措施”。

举一反三

环境风险评价是当前环境影响评价的重要内容。公路风险考题首次出现是在2006年的公路案例考题中，其涉及公路经过跨河桥梁时应关注的问题，实际上考的就是运输危险品的车辆经过桥梁段时发生事故的环境风险的问题。而2007年公路案例考题，其中一问要求指出公路运营期的水环境风险。2008年又考了相似的内容，可见对水环境风险的关注。2017年考试要求更高更具体，要求给出影响桥梁事故池大小的影响因素。

案例 3　新建铁路建设项目

【素材】

某地拟新建总长 142 km 的铁路干线。全程有特大桥 6 座，总长 6 891 m；大中桥 66 座，总长 16 468 m；三线大桥 7 座，总长 2 614 m；涵洞 302 座，总长 8 274 m；隧道 45 座，总长 18 450 m，其中长度大于 1 000 m 的隧道 6 座，长度小于 1 000 m 的隧道 37 座，三线隧道 1 座；近期车站 11 座。

该工程起源于某铁路 M 站，征用土地 890 亩（1 亩≈667 m^2），其中耕地 300 亩、林地 400 亩、荒草地 100 亩，其他 90 亩。铁路经过地区水系发达，曾连续两次穿越某大江。地貌类型为低山丘陵，相对高差 20～300 m。主要植被类型为森林（包括自然林和人工林）、灌木林、荒草地和农田。降水丰沛，且多暴雨；植被覆盖率为 5%～25%，水土流失严重，属水土流失重点防治区。项目穿越 1 处国家级自然保护区和 1 处风景名胜区。沿线区域人口密度大，农业生产发达，经过村庄 8 个。初步预测表明，沿线居民住宅噪声声级增加量为 5～10 dB（A）。

【问题】

1．该工程建设的环境可行性应从哪几个方面分析？

2．简述该项目生态环境影响工程分析的重点内容。

3．简述该项目生态现状调查与评价的主要内容，并说明沿线区域环境的主要生态限制因子。

4．简述该工程可采用的水土保持措施。

【参考答案】

1．该工程建设的环境可行性应从哪几个方面分析？

答：（1）法规符合性：符合国家的法律法规、总体规划、环境保护规划、功能区划等。

（2）方案比选：选择对生态环境、水环境、水土保持等影响最小的方案。

（3）工程占地：工程占地的类型、数量，最好不占用基本农田。

（4）对沿线的国家级自然保护区、风景名胜区和村庄等环境敏感点的环境影响情况，选择对敏感点影响最小的方案。

（5）环保措施：包括防止重要生境、敏感点破坏的措施，大临工程生态恢复的措施，防止国家级自然保护区、风景名胜区生态系统完整性破坏的措施，生态破坏小、污染物均能达标排放的措施及水保措施。

（6）环境风险：铁路运输危险品对沿线国家级自然保护区、风景名胜区和村庄的大气环境、水环境可能产生的环境风险；选择环境风险小的方案。

（7）公众参与：铁路穿越的 8 个村庄居民对该项目的支持比例；选择公众支持比例高的。

2．简述该项目生态环境影响工程分析的重点内容。

答：（1）隧道名称、规模、建设点位、施工方式；弃渣场设置点位及其环境类型，占地特点；隧道上方及其周边环境；隧道地质岩性及地下水疏水状态；景观影响。

（2）大桥和特大桥的名称、规模、点位；跨河大桥的施工方式，河流水体功能，可能的影响。

（3）高填方段占地合理性分析，占地类型，占用的基本农田情况。

（4）边坡防护；主要深挖路段，弃渣场设置及其占地类型、数量、环境影响。

（5）主要取土场设置及其恢复设计；采石场及沙石料场情况。

（6）施工便道布置、规模、占地类型，施工规划等。

3．简述该项目生态现状调查与评价的主要内容，并说明沿线区域环境的主要生态限制因子。

答：（1）调查与评价的主要内容略。（参考答案见“七、交通运输类　案例 2　新建高速公路项目”中的第 2 题。）

（2）限制因子：水土流失重点防治区、国家级自然保护区、风景名胜区、沿线村庄等。

4．简述该工程可采用的水土保持措施。

答：工程措施包括拦渣工程、护坡工程、土地整治工程、路基排水工程、防风固沙工程、防泥石流工程等。

生物措施包括绿化、恢复植被等。

【考点分析】

1．该工程建设的环境可行性应从哪几个方面分析？

考试大纲中“七、环境可行性分析（2）论证建设项目环境可行性分析的完整性”。

项目的环境可行性主要从国家相关法律法规、主要生态敏感点、主要环境影响因子、公众支持与否等方面进行分析。

举一反三

铁路（公路）工程环评应注意的问题：① 铁路（公路）工程如遇沙化土地封禁

保护区时，须经国务院或其指定部门的批准。② 铁路（公路）等交通运输类工程如遇有自然保护区、饮用水水源保护区、风景名胜区、地质公园时，路线布设时应采取避绕措施。③ 铁路（公路）工程经过山区、丘陵区、风沙区时，环评报告中必须要有水土保持方案。

2. 简述该项目生态环境影响工程分析的重点内容。

考试大纲中“二、项目分析（1）分析建设项目施工期和运营期环境影响的因素和途径，识别产污环节、污染因子和污染物特性，核算物耗、水耗、能耗和主要污染物源强；（2）分析计算改扩建及异地搬迁工程污染物排放量变化”和“七、环境可行性分析（1）分析不同工程方案（选址、规模、工艺等）环境比选的合理性”。

3. 简述该项目生态现状调查与评价的主要内容，并说明沿线区域环境的主要生态限制因子。

考试大纲中“三、环境现状调查与评价（1）判定评价范围内环境敏感区”。

生态影响评价的主要内容可参考《环境影响评价技术导则　生态影响》（HJ 19—2022），生态影响评价应该包括对区域自然生态完整性的评价以及对敏感生态区域和敏感生态问题的评价两大部分。该案例项目重点包括铁路建设和运营对沿线的国家级自然保护区、风景名胜区和村庄等环境敏感点的环境影响情况。项目采用的环保措施与达标排放情况：环保措施包括工程采取的防止水土流失的措施，防止重要生境破坏的措施，大临工程（指大型临时设施工程）生态恢复的措施，防止敏感点生境破坏的措施，防止国家级自然保护区、风景名胜区生态系统完整性破坏的措施；达标排放情况包括水污染物达标排放情况、噪声达标排放情况等。同时，还包括铁路危险品运输导致沿线国家级自然保护区、风景名胜区和村庄的大气环境、水环境可能产生的环境风险。

4. 简述该工程可采用的水土保持措施。

考试大纲中“六、环境保护措施分析（2）分析生态影响防护、恢复与补偿措施的技术经济可行性”。

参考HJ 19—2022，略。

案例 4 原油管道项目

【素材】

某原油管道工程设计输送量为 8.0×10^6 t/a，管径 720 mm，壁厚 12 mm，全线采用三层 PE 防腐和阴极保护措施。经路由优化后，其中一段长 52 km 的管线走向为：西起 A 输油站，向东沿平原区布线，于 20 km 处穿越 B 河，穿越 B 河后设 C 截断阀室，管线再经平原区 8 km、丘陵区 14 km、平原区 10 km 布线后向东到达 D 截断阀室。各站场总占地面积为 4.5 hm^2。

A 输油站内有输油泵、管廊、燃油加热炉、1 个 2 000 m^3 的拱顶式泄放罐、紧急切断阀、污油池和生活污水处理设施等。

沿线环境现状：平原区主要为旱地，多种植玉米、小麦和棉花；丘陵山区主要为次生性针阔混交林和灌木林，主要物种为黑松、刺槐、沙兰杨、枸杞、沙棘、荆条等，林下草本植物多为狗尾草、狗牙根和蒲公英等；穿越的 B 河为Ⅲ类水体，河槽宽 100 m，两堤间宽 200 m，自北向南流向，丰水期平均流速为 0.5 m/s，枯水期平均流速为 0.2 m/s，管道穿越河流处下游 15 km 为一县级饮用水水源保护区上边界。A 输油站、C 截断阀室周边均为旱地，D 截断阀室位于工业园区。

陆地管道段施工采用大开挖方式，管沟深度为 2～3 m，回填土距管顶约为 1.2 m，施工带宽度均按 18 m 控制，占地为临时占地。管道施工过程包括清理施工带地表、开挖管沟、组焊、下管、清管试压和管沟回填等。

B 河穿越段施工采用定向钻穿越方式，深度为 3～15 m，在河床底部最深处可达 15 m，穿越长度为 480 m，在西河堤的西侧和东河堤的东侧分别设入、出土点施工场地，临时占地约 0.8 hm^2 耕地，场地内布置钻机、泥浆池和泥浆收集池、料场等。泥浆池规格为 20 m×20 m×1.5 m，泥浆主要成分为膨润土，添加少量纯碱和羧甲基纤维素钠。定向钻施工过程产生钻屑、泥浆循环利用。施工结束后，泥浆池中的废弃泥浆含水率为 90%。废弃泥浆及钻屑均属于一般工业固体废物。

为保证 B 河穿越段管道的安全，增加了穿越段管道的壁厚，同时配备了数量充足的布栏艇、围油栏及收油机等应急设施。

工程采取的生态保护措施：挖出土分层堆放、回填时反序分层回填，回填后采用当地植物恢复植被。

【问题】

1．识别 A 输油站运营期废气源及其污染因子。

2．给出大开挖段施工带植被恢复的基本要求。

3．分别给出废弃泥浆和钻屑处理处置的建议。

4．为减轻管道泄漏对 B 河的影响，提出需考虑的风险防范措施和应急措施。

5．识别该工程土壤环境影响评价工作等级，并说明 A 输油站土壤现状监测布点情况和土壤现状评价所采用的标准。

【参考答案】

1．识别 A 输油站运营期废气源及其污染因子。

答：（1）输油泵、管廊、拱顶式泄放罐、紧急切断阀：非甲烷总烃。

（2）燃油加热炉：SO_2、NO_2、PM_{10}、$PM_{2.5}$。

（3）污油池：非甲烷总烃。

（4）生活污水处理设施：硫化氢、氨气、臭气浓度。

2．给出大开挖段施工带植被恢复的基本要求。

答：（1）保存施工表土，并在将来用于植被恢复。

（2）选用当地植物物种。

（3）选用浅根系植物种。

（4）占补平衡。

3．分别给出废弃泥浆和钻屑处理处置的建议。

答：根据题干信息，废弃泥浆和钻屑均属于一般工业固体废物，处理处置时建议：

（1）废弃泥浆澄清，上清液回用，底部泥浆自然蒸发干化后可就地覆土填埋、绿化。

（2）钻屑可用于现场充填，也可以并入废弃泥浆池一起干化、覆土填埋、绿化。

4．为减轻管道泄漏对 B 河的影响，提出需考虑的风险防范措施和应急措施。

答：（1）增大穿越段管道的壁厚。

（2）可在 B 河两侧适当位置分别设紧急切断阀。

（3）加强日常巡查，对输油管线进行定期维护维修。

（4）同时配备数量充足的布栏艇、围油栏及收油机等应急设施。

（5）设置应急预案并加强事故应急演练。

5．识别该工程土壤环境影响评价工作等级，并说明 A 输油站土壤现状监测布点情况和土壤现状评价所采用的标准。

答：（1）A 输油站、C 截断阀室为污染影响型二级评价，D 截断阀室为污染影响型三级评价。

① 该工程为原油输送管线，为污染影响型，属于Ⅱ类项目。② 各站场总占地面积 4.5 hm^2，为小型项目。③ A 输油站、C 截断阀室周边为旱地，为敏感区；D 截断阀室位于工业园区，属于不敏感区。

因此，A 输油站、C 截断阀室为二级评价，D 截断阀室为三级评价。

（2）A 输油站为污染影响型二级评价。

因此，A 输油站内需布置 3 个柱状样点，1 个表层样点；A 输油站为建设用地，现状评价采用《土壤环境质量　建设用地土壤污染风险管控标准（试行）》（GB 36600—2018）筛选值。

A 输油站 200 m 范围内的耕地布置 2 个表层样点；A 输油站周边为耕地，现状评价采用《土壤环境质量 农用地土壤污染风险管控标准（试行）》（GB 15618—2018）筛选值。

【考点分析】

1．识别 A 输油站运营期废气源及其污染因子。

考试大纲中“二、项目分析（1）分析建设项目施工期和运营期环境影响的因素和途径，识别产污环节、污染因子和污染物特性，核算物耗、水耗、能耗和主要污染物源强”。

本题考点：① 输油设施废气污染物：非甲烷总烃。② 燃油加热炉废气污染物：SO_2、NO_2（或 NO_x）、PM_{10}、$PM_{2.5}$ 等。③ 生活污水处理设施废气污染因子主要为恶臭污染物：硫化物、氨气、臭气浓度。

2．给出大开挖段施工带植被恢复的基本要求。

考试大纲中“六、环境保护措施分析（2）分析生态影响防护、恢复与补偿措施的技术经济可行性”。

本题涉及的考点：植被恢复的基本要求，同样适用于水利水电工程、交通运输工程，主要包括：① 保存施工表土，并在将来用于植被恢复；② 选用当地植物物种；③ 占补平衡；④ 选用浅根系植物种（适用于埋藏管道上层植被的恢复）。

3．分别给出废弃泥浆和钻屑处理处置建议。

考试大纲中“六、环境保护措施分析（1）分析污染控制措施的技术经济可行性”。

涉及考点：一般固体废物处置要求。石油采掘产生的废弃泥浆和钻屑有可能会是危险废物，一般需要先进行废物性质鉴定。但本案例已明确产生的废弃泥浆和钻屑属于一般工业固体废物，因此问题相对简单一些。不过仍需注意：一般工业固体废物贮存、处置场所禁止选在江河、湖泊、水库最高水位线以下的滩地和洪泛区。

该项目泥浆池位于 B 河两侧河堤外侧，基本可判断位于最高水位线以上。因此，可就地填埋、绿化处理。

4．为减轻管道泄漏对 B 河的影响，提出需考虑的风险防范措施和应急措施。

考试大纲中“五、环境风险评价（2）提出减缓和消除事故环境影响的措施”。

举一反三

环境影响评价中，一般有管线的地方都存在泄漏风险问题，如石油天然气管道泄漏问题、采掘行业矿浆管线泄漏问题、污水处理站污水管线泄漏问题、化工厂有害气体泄漏问题等，而且管线类风险防范措施都具有一定的相似性，所以考生把握好这一点，答题就不容易漏项，遇到相同的题目就可以举一反三。

5．识别该工程土壤环境影响评价工作等级，并说明 A 输油站土壤现状监测布点情况和土壤现状评价所采用的标准。

考试大纲中“四、环境影响识别、预测与评价（3）确定评价工作等级和评价范围；三、环境现状调查与评价（2）制定环境现状调查与监测方案；（4）评价环境质量现状”。

本题考点：①线性工程土壤影响工作等级判定：线性工程重点针对主要站场位置参照《环境影响评价技术导则　土壤环境（试行）》（HJ 964—2018）分段判定评价等级。②土壤现状监测布点；占地范围外的监测布点应选在评价范围内；本题隐藏考查为 A 输油站的土壤环境影响评价范围。③土壤现状评价标准：根据调查评价范围内的土地利用类型，分别选取 GB 15618—2018、GB 36600—2018 等标准中的筛选值进行评价。

案例 5 新建成品油管道工程

【素材】

某公司拟投资 14 亿元，计划花 2 年时间铺设从河南省到湖南省的成品油管道工程，可研设计管道干线长 800 km，设计压力 8 MPa，管径采用Φ 508 mm。设计最大输量为 700 万 t/a。项目共有支线 6 条，总长 35 km。沿线设分输站、泵站共 8 座（包括 1 座分输阀室）。项目主要工程量见表 1。

表 1 成品油管道主要工程量

序号	工程项目	单位	数量	备注
一	线路总长	km	800	
二	管道组焊	km	800	
三	管道防腐	km	800	三层 PE 防腐
四	穿越工程			
1	顶管穿越公路	m/次	6 220/147	混凝土套管
2	穿越铁路	m/次	1 000/20	顶管
3	某大江穿越	m/次	2 100/1	盾构隧道
4	其他大中型河流穿越	m/次	12 900/26	隧道、定向钻或大开挖
5	湖泊 B 穿越	m/次	900/1	定向钻
五	线路附属工程			
1	线路截断阀室	座	28	
2	标志桩	个	4 500	
六	道路工程			
1	修施工便道	km	120	
2	改扩建道路	km	50	
七	站场	座	8	
八	土石方			
1	挖土方	万 m^3	318.67	
2	挖石方	万 m^3	155.33	
3	回填细土	万 m^3	44.85	
九	支线工程	km/条	35/6	
十	占地			
1	永久占地（站场）	hm^2	40	
2	临时占地（施工便道等）	hm^2	1 800	其中基本农田 30 hm^2，林地 500 hm^2

初步现场踏勘表明，本工程沿线地形地貌复杂多样，大的地形地貌单元主要有豫西黄土丘陵、黄淮平原、桐柏山—大别山山地、江汉平原。本工程沿线经过湿地自然保护区A（部分穿越）、饮用水水源二级保护区湖泊B、国家级自然保护区C（附近经过）和地下水饮用水水源准保护区D。距站场距离100～300 m附近有村庄8个。

【问题】

1．简述该项目环境影响评价的重点。

2．列出该项目的环境保护目标。

3．管道施工期的生态环境影响有哪些？

4．如何采取措施减缓工程临时占用基本农田造成的不利影响？

5．给出该项目地下水环境影响评价的调查评价范围确定方法。

【参考答案】

1．简述该项目环境影响评价的重点。

答：针对该工程特点和所经过地区的环境特征及沿线的敏感保护目标，确定本项工程的环评重点为：

（1）施工期的生态环境影响评价。重点为该工程对植被、动植物资源、土壤侵蚀、土壤环境、土地利用的影响以及保护对策与措施。

（2）沿线河流湖泊等敏感目标的影响分析。对于管道沿线涉及的敏感区域——湿地自然保护区和国家级自然保护区等，在做好该生态敏感区域的现状调查工作的同时，重点评价管道穿越该区域的影响程度，在可接受的范围内，提出减缓和预防措施，使其影响为最小。

（3）运行期的环境风险评价。对拟采用的环保措施进行论证，提出改进措施及制订环境管理计划。环境风险评价重点为管道破裂、油品泄漏对周围环境（土壤、植被、水体等）的影响、事故预防措施及事故应急预案。评价重点区段为管线穿越的饮用水水源。

2．列出该项目的环境保护目标。

答：（1）工程正常施工和运营环境下环境保护目标为工程沿线区域地表水环境质量、空气环境质量、地下水环境质量、声环境质量、生态系统结构和功能不因该项目而恶化，均满足相应的环境功能区划要求。

（2）环境敏感保护目标包括：穿越的大江、大中型河流、湿地自然保护区A、饮用水水源二级保护区湖泊B、国家级自然保护区C、基本农田、林地和8个村庄。

3．管道施工期的生态环境影响有哪些？

答：（1）清理施工带、开挖管沟、建设临时施工便道。

① 临时占地改变土地使用功能。② 扰动土壤将使土壤的结构、组成及理化特性等发生变化。③ 植被遭到破坏，农业遭受损失、林木被砍伐等。④ 弃土处置不当会产生水土流失。

（2）河流穿越。

① 采取大开挖方式穿越中型河流时，可能会污染水体或因弃土不当而堵塞河道。② 采取定向钻方式穿越大型河流时，将临时占用土地，并将产生弃土和废弃泥浆。③ 盾构形式穿越大江时将产生弃土和碎石。

（3）站场建设等永久占地改变土地使用功能，使耕地面积减少或影响其他功能。

（4）管道试压、施工机械冲洗产生的废水可能污染地表水体。

（5）施工机械、车辆使用将产生噪声、扬尘、汽车尾气、施工机械废气。

（6）施工人员产生生活污水、生活垃圾，污染环境。

4．如何采取措施减缓工程临时占用基本农田造成的不利影响？

答：（1）划定施工范围，尽可能缩小施工作业带宽度，尽可能少地占用耕地。

（2）管沟开挖采取分层开挖、分层堆放、分层回填的作业方式。挖掘管沟时，应执行分层开挖的操作制度，即表层耕作土与底层耕作土分开堆放；管沟填埋时，也应分层回填，即底土回填在下，表土回填在上。

（3）清理施工作业区域内产生的废弃物。

（4）施工应尽量避开作物生长季节，减少农业生产的损失。要保护农田林网，使农田生态系统的功能相对稳定。

（5）施工结束后做好农田的恢复工作，应按国务院发布的《土地复垦规定》复垦。凡受到施工车辆、机械破坏的地方，都要及时修整，恢复原貌，植被（自然的、人工的）破坏应在施工结束后的当年或来年予以恢复。

5．给出该项目地下水环境影响评价的调查评价范围确定方法。

答：（1）输油管线：工程边界两侧分别向外延伸 200 m。

（2）A 输油站：公式计算法、查表法、自定义法。

（3）调查评价范围还应包括地下水饮用水水源保护区 D。

【考点分析】

1．简述该项目环境影响评价的重点。

考试大纲中“四、环境影响识别、预测与评价（1）识别环境影响因素与筛选评价因子；（4）确定环境要素评价专题的主要内容”。

环境影响评价重点的选取，应根据项目的排污情况、对生态的影响大小、对环境的影响程度和环境敏感程度来选定。一般情况下，管道输送项目的评价重点包括施工期的生态环境影响评价和运营期的风险评价。

2．列出该项目的环境保护目标。

考试大纲中“三、环境现状调查与评价（1）判定评价范围内环境敏感区”。

要注意的是环境保护目标一般包括“环境敏感目标和环境要素不因为项目的建设和运营而恶化”的环境功能区划保护要求。

3．应从哪几个方面分析管道施工引起的生态环境问题？

考试大纲中“四、环境影响识别、预测与评价（1）识别环境影响因素与筛选评价因子；（4）确定环境要素评价专题的主要内容”。

举一反三

一般情况下，管道施工（输油管线与输气管线类似）一般可分为线路施工和站场施工，整个施工由具有相应施工机械设备的专业化队伍完成。其过程概述如下：

（1）在线路施工时，首先要清理施工现场，并修建必要的施工道路（以便施工人员、施工车辆、管材等进入施工场地）。在完成管沟开挖、铁路、公路穿越、河流穿越等基础工作以后，按照施工规范，将运到现场的管道进行焊接、补口、补伤、防腐，然后下到管沟内。

（2）建设工艺站场时，首先要清理场地，然后安装工艺装置，并建设相应的辅助设施。

（3）以上建设完成以后，对管道进行试压，然后覆土回填，清理作业现场，恢复地貌、恢复地表植被；对站场进行绿化。

4．如何采取措施减缓工程临时占用基本农田造成的不利影响？

考试大纲中“六、环境保护措施分析（1）分析污染控制措施的技术经济可行性”。

生态类项目在施工过程中经常涉及临时占用和永久占用大量土地。对此应该区别对待，如果永久占用基本农田，必须遵守“占一补一”“总量平衡”的原则。如果临时占用基本农田，则需要遵守国务院发布的《土地复垦规定》。而对于表层土的处理必须采取分层开挖、分层堆放、分层回填的作业方式。

举一反三

临时占用耕地要求对表层土先行保存，很多时候都要求等恢复时再利用，例如高速公路建设方面可以出问题：取土场、弃土场一般应如何恢复？

答：取土场：在取土时应该分层进行，开挖前先将表土剥离，集中堆放，并保存好（遮挡，草帘、聚乙烯布覆盖），用于覆土复耕或植被恢复。在取土完成后，进行边坡整修（一般应修成缓坡，以利于雨水汇入），最后将原来的表土填回摊平，这样取土坑内就有了土壤层，加上从边坡汇来的雨水，就产生了洼地效应。当然取土场也可恢复为农田、鱼塘或者植树种草，但应结合当地的自然环境条件，特别是降水等气象情况考虑。干旱区与湿润区有所不同。

弃土场：弃土场一般选择在地势较低处，在弃土前也应挖出表层土壤层，并保存好；“先挡后弃”（对弃土堆容易发生坍塌的一侧设置拦挡设施）。在弃土作业结束后，将原表层土覆盖在弃土堆上，进行人工绿化（植树、种草）；在弃土堆外围设置排水沟，以防洪水冲蚀。

5．给出该项目地下水环境影响评价的调查评价范围确定方法。

考试大纲中“四、环境影响识别、预测与评价（3）确定评价工作等级和评价范围”。

地下水环境影响评价调查及评价范围应重点包括与建设项目相关的地下水环境保护目标，以能说明地下水环境的现状、反映调查评价区地下水的基本流场特征、满足地下水环境影响预测和评价为基础。对于建设项目（除线性工程以外）一般有公式计算法、查表法和自定义法三种确定方法。线性工程由于其特殊性，地下水调查评价范围难以确定，如果调查评价范围过大，会大大增加评价工作负担和造成资源浪费，还可能引起评价重点不明确。《环境影响评价技术导则　地下水环境》（HJ 610—2016）单独给出了确定方法，即：“8.2.2.2　线性工程应以工程边界两侧分别向外延伸 200 m 作为调查评价范围；穿越饮用水水源准保护区时，调查评价范围应至少包含水源保护区；线性工程站场的调查评价范围确定参照 8.2.2.1。”

案例 6 新建输油管道项目

【素材】

某新建的输油管道工程位于 Q 市，设计输油规模为 1 000 万 t/a。输油管全长为 55.1 km，管道材质为 L415MPSL2 直缝埋弧焊钢管，管道 DN711 mm，设计压力 6.3 MPa。全线设首站、分输清管站和末站 3 座站场和 1 个截断钢室，管道路由为：东起设在 D 港区原油油库内的首站，向西敷设 5 km 后折向南，再敷设 20.1 km 到达分输清管站；从分输清管站继续向南敷设 15.3 km 至截断阀室；从截断阀室向南再敷设 14.7 km 至 H 炼化厂内的末站。

管道工程永久占地面积为 8 132 m^2，用于布置站场和“三桩”（里程桩、转角桩、标志桩）；临时占地面积为 1.45×10^6 m^2，用于布置施工带（宽度为 18 m）和施工便道（总长为 14 km），管材防腐采用双层 PE，管道壁厚 8.8 mm，穿越河流等特殊敷设段采用三层 PE，并将壁厚增至 11.9 mm。全线设阴极保护。根据地貌地质特征及地面既有设施情况，管道敷设施工方法有挖沟法、顶管法和定向钻法。其中，挖沟法应用于管道经过的平原区和丘陵区，包括 1 段 3.8 km 的一般林地段和 1 段 0.7 km 的公益林区段；顶管法应用于管道穿越等级公路和铁路，包括 1 条等级公路和 1 条铁路：定向钻法应用于管道穿越河流和引水干渠，包括 1 条中型河流和 1 条引水干渠。挖沟法施工的管道埋深为管道的管顶距地面 1.2 m。顶管法施工的最大穿越深度为 5 m，最大穿越长度为 100 m。定向钻法施工的最大穿越深度为 15 m，最大穿越长度为 1 200 m，施工场地设在河流或干渠两岸的出、入土点附近，布置有泥浆配置间、泥浆池、材料和管材堆放场及定向钻机等。

站场工艺包括输油和清管两个流程。输油流程：来自油库的原油通过首站输油泵输送至分输清管站，再通过分输清管站内的分输阀组和输油泵，输送至末站；末站接收的原油，经过滤、计量后，通过输油泵输送至 H 炼化厂储罐。清管流程：采用清管球去除黏附在管道内壁上含有岩屑的蜡质油泥等附着物，清管球由设置在分输清管站内的发送设施发出，由设置在末站的接受设施接收。管道全线设智能检测监控系统（SCADA），在截断阀室设有阀组间，配 1 个远控切断阀，在首站、分输清管站和末站均设有进、出站紧急切断阀（ESD）。

拟采取的生态保护措施：挖沟法施工采用分层开挖、分层堆放、分层回填和施工带临时占地植被恢复等措施。顶管施工采用弃渣土处置措施。定向钻施工采用及时清理机械设备漏油、异地处置废弃泥浆等措施。管道试压废水经沉淀处理后排入附近河沟。

拟采取的污染防治措施：3 座站场均设 1 台 10 m^3 的卧式污油罐和 1 台污油泵，收集泄压或检修产生的污油。各站场输油泵均采用减振基础，分输清管站和末站各设置 1 处 10 m^2 的危险废物暂存间，暂存检修产生的含油抹布、污油及清管废物（末站）。首末站均设 1 座 50 m^3 的含油污水池和 1 座 10 m^3 的生活污水暂存池，污水处理分别依托油库和 H 炼化厂的污水处理设施。在分输清管站和截断阀室配备干粉灭火器等消防设施，全线抢、维修和溢油应急均依托油库和 H 炼化厂的应急物资库配备的溢油围拦堵排设施和物资。

管道工程沿线主要经过平原区，土地现状多为农田，主要种植高粱、玉米和小麦等农作物；有 7 km 管线经过丘陵区，土地现状为林地和农田，林地主要分布有杨树、槐树、松树等乔木。全线评价范围无珍稀濒危野生动植物分布，河道两侧及田间多分布灌丛和草本植物。引水干渠为自西向东流向，在当地生态保护红线区块登记表上被列为饮用水水源保护红线区，保护范围为输水渠道的水域和两岸堤坝背水面坡角外延 30 m 范围内的陆域。干渠在管道穿越处下游 55 km 汇入 M 水库。每年 5—7 月、12 月至次年 2 月干渠输水量较少。

根据土地类型、占地面积、项目类别等，环评文件编制单位初步判定分输清管站土壤环境影响评价工作等级为二级。可研文件载明该站占地内工艺设施、输油管道及仪表控制室等均在地面布置，站界处的进、出站管道埋地敷设。

【问题】

1．列出末站工艺废气排放源，并提出控制措施。

2．给出分输清管站场内土壤调查 3 个柱状样点和 1 个表层样点的布设方案和特征监测因子。

3．针对引水干渠穿越段还应补充哪些施工期水环境保护措施？

4．给出公益林区段生态环境影响最小的管道敷设替代方案，并说明理由。

5．说明管道经过的一般林地段生态恢复内容。

【参考答案】

1．列出末站工艺废气排放源，并提出控制措施。

答：卧式污油罐大小呼吸产生非甲烷总烃，可采取内浮顶罐降低大小呼吸挥发，呼吸阀定压合理。

2．给出分输清管站场内土壤调查 3 个柱状样点和 1 个表层样点的布设方案和特征监测因子。

答：3 个柱状样点布置在卧式污油罐、分输阀组和输油泵，分别为 0～0.5 m、

0.5～1.5 m、1.5～3 m（需在装置底部与土壤接触面一下）；

1 个表层样点布设在危险废物暂存间，在 0～0.2 m 取样；

特征监测因子的石油烃。

3．针对引水干渠穿越段还应补充哪些施工期水环境保护措施？

答：（1）加强引水干渠穿越段施工期环境监理、环保宣传和管理工作。

（2）施工场地及料场选址避开引水干渠，并设置一定的缓冲距离（大于 30 m），防止对水体的污染。

（3）避开雨季施工，临河侧设置拦挡或截水沟。

（4）施工生活污水、生产废水严格控制其流向，防止进入引水干渠。

（5）施工过程生活垃圾和施工固体废物定期清运，严禁倒入引水干渠及其两岸。

4．给出公益林区段生态环境影响最小的管道敷设替代方案，并说明理由。

答：采用定向钻法替代挖沟法。

理由：公益林区段长 700 m；挖沟法对植被破坏大，不适合。顶管法施工的最大穿越深度为 5 m，最大穿越长度为 100 m，而公益林区段长 700 m，不适合。定向钻法施工的最大穿越深度为 15 m，最大穿越长度为 1 200 m，不会破坏林区根系和植被，穿越长度也符合。

5．说明管道经过的一般林地段生态恢复内容。

答：一般林地段为挖沟法施工。① 采用分层开挖、分层堆放、分层回填，用于植被恢复；② 选用当地植物物种；③ 管道 5 m 范围内选用浅根系植物种。

【考点分析】

本题为 2021 年案例分析考试试题。

1．列出末站工艺废气排放源，并提出控制措施。

本题需要注意“工艺废气”是指再生产工艺过程中产生并排入大气的废气。

2．给出分输清管站场内土壤调查 3 个柱状样点和 1 个表层样点的布设方案和特征监测因子。

本题主要考查《环境影响评价技术导则 土壤环境（试行）》（HJ 964—2018）中关于监测方案的要求。

举一反三

参照 HJ 964—2018，监测相关内容如下：

“7.4.2 布点原则

7.4.2.1 土壤环境现状监测点布设应根据建设项目土壤环境影响类型、评价工作等级、土地利用类型确定，采用均布性与代表性相结合的原则，充分反映建设项目调查评价范围内的土壤环境现状，可根据实际情况优化调整。

7.4.2.2 调查评价范围内的每种土壤类型应至少设置 1 个表层样监测点，应尽量设置在未受人为污染或相对未受污染的区域。

7.4.2.3 生态影响型建设项目应根据建设项目所在地的地形特征、地面径流方向设置表层样监测点。

7.4.2.4 涉及入渗途径影响的，主要产污装置区应设置柱状样监测点，采样深度需至装置底部与土壤接触面以下，根据可能影响的深度适当调整。

7.4.2.5 涉及大气沉降影响的，应在占地范围外主导风向的上、下风向各设置1个表层样监测点，可在最大落地浓度点增设表层样监测点。

7.4.2.6 涉及地面漫流途径影响的，应结合地形地貌，在占地范围外的上、下游各设置1个表层样监测点。

7.4.2.7 线性工程应重点在站场位置（如输油站、泵站、阀室、加油站及维修场所等）设置监测点，涉及危险品、化学品或石油等输送管线的应根据评价范围内土壤环境敏感目标或厂区内的平面布局情况确定监测点布设位置。

7.4.2.8 评价工作等级为一级、二级的改、扩建项目，应在现有工程厂界外可能产生影响的土壤环境敏感目标处设置监测点。

7.4.2.9 涉及大气沉降影响的改、扩建项目，可在主导风向下风向适当增加监测点位，以反映降尘对土壤环境的影响。

7.4.2.10 建设项目占地范围及其可能影响区域的土壤环境已存在污染风险的，应结合用地历史资料和现状调查情况，在可能受影响最重的区域布设监测点；取样深度根据其可能影响的情况确定。

7.4.2.11 建设项目现状监测点设置应兼顾土壤环境影响跟踪监测计划。”

3. 针对引水干渠穿越段还应补充哪些施工期水环境保护措施？

施工期水环境保护措施主要从环境监理、施工场地等选址、施工工艺、废水流向、固废去处等方面进行回答。

4. 给出公益林区段生态环境影响最小的管道敷设替代方案，并说明理由。

该题注意公益林区段长度，很容易解答；给出理由时要考虑植被根系深度。

5. 说明管道经过的一般林地段生态恢复内容。

该题与本书“七、交通运输类 案例4 原油管道项目”第2问“给出大开挖段施工带植被恢复的基本要求”类似。

生态恢复内容主要包括：① 保存施工表土，并在将来用于植被恢复；② 选用当地植物物种；③ 占补平衡；④ 选用浅根系植物种（适用于埋藏管道上层植被的恢复）。

案例 7 天然气管道工程

【素材】

某新建天然气管道干线工程起自 H 站，止于 M 站，全长 130 km。管径为 1 219 mm，压力为 10.0 MPa，设计年输送能力为 4.0×10^9 m^3，工程全线包括首、末站共 6 座场站和 8 座监控阀室。全线管道外防腐采用普通级三层 PE 防腐层。设置阴极保护站对管道进行保护，对全线采用监控与数据采集系统，监控阀室设置远程终端装置，场站设置站控系统和安全仪表系统等措施，提高系统的安全性。

其中 K 分输站场的主要功能为过滤分离、调压和计量。主要建设内容包括新建过滤分离系统（3 座旋风分离器和 3 座过滤分离器）、放空系统（1 具放空立管）、计量调压系统（4 套计量撬和 4 套调压撬）和环保工程（1 座污水暂存池和 1 座化粪池）等。过滤分离系统是对输送介质中含有的沙粒和其他固体杂物进行过滤分离，过滤分离器每年定期进行一次监测，泄漏的少量天然气和系统超压天然气泄放均通过放空系统的放空立管进行放空，超压放空频率为每年 1～2 次。运营期 K 分输站产生的生活污水经化粪池处理后暂存，定期由罐车清运至城镇污水处理厂处理。

管道干线工程沿线经过平原区和丘陵区，用地类型有农田、荒地、一般林地和公益林区。其中穿越高速公路和等级公路等交通设施 12 处、小型河流 4 处。在第三、第四监控阀室之间沿大岗省级自然保护区（以下简称大岗保护区）外围经过，该段管道长度为 1 000 m，横跨了湿地汇流区，距实验区最近距离 100 m，距核心区最近距离 2 000 m。

大岗保护区主要保护对象为湿地生态系统及其珍稀濒危鸟类等，涉及鸟类达 140 多种，其中有国家保护野生动物一级鸟类 6 种，二级鸟类 17 种。大岗保护区也是东亚鸟类迁徙中的驿站，候鸟迁徙期为 4—5 月和 9—11 月。工程穿越段的区域生境与保护区生境相似，管道沿线现状主要为农田和虾池，涉及部分鸟类的栖息与觅食地。

管道建设施工方法有挖沟法、定向钻法和顶管法。挖沟法用于管线穿越平原区和丘陵区的农田、荒地、一般林地和公益林地处的施工，作业带宽度为 24～26 m，管顶埋深不小于 1.2 m，土方全部用于管沟回填或场地平整。顶管法用于管线穿越交通设施处的施工，管顶最大埋深为 5 m，最大穿越长度为 100 m。定向钻法适用于管线穿越环境敏感区或河流处的施工，最大穿越深度为 15 m，最大穿越长度为 1 200 m。定向钻法施工所用泥浆的主要成分是膨润土和少量（一般为 5%左右）的添加剂（羧甲基纤维素钠 CMC）。

大岗保护区附近的管段采用定向钻法施工，在施工场地定向钻的出、入土点，布置泥浆配置间、泥浆池，材料和管材堆放场及定向钻机等。泥浆池底采用可降解防渗透膜进行防渗处理。泥浆池的大小按 30%的余量设计以防止雨水冲刷外溢。施工结束后泥浆经固化后覆土复垦。

管道工程安装完成后，分段试压以监测管道的强度和严密性，管道试压采用清洁水，试压排水含少量悬浮物（SS），经沉淀处理后用于沿线农田和林地灌溉。

对大岗保护区附近的管段，工程设计单位提出进一步提高系统安全性的措施有：提高监控与数据采集系统（SCADA）监控报警的设定精度、降低紧急截断系统（ESD）控制关断阀值、减少自动控制响应时间，同时强化人员值守和巡线。

根据《环境影响评价技术导则　生态影响》（HJ 19—2022），开展生态影响评价工作，大岗保护区段涉及自然保护区，因采用定向钻施工，且未在自然保护区设置永久工程和临时工程，确定生态影响评价工作等级由一级降为二级。

【问题】

1．分析临近大岗保护区段管道采用定向钻敷设方式的合理性。

2．提出临近大岗保护区段敷管施工过程中的主要生态保护措施。

3．识别 K 分输站场运行期废水的主要污染因子，给出应执行的排放标准。

4．管道工程设计中，为防范环境风险，临近大岗保护区的管段还应在哪些方面加强管道本质安全措施？

5．给出生态现状评价中关于大岗自然保护区的工作内容。

【参考答案】

1．分析临近大岗保护区段管道采用定向钻敷设方式的合理性。

答：该段管道沿大岗保护区外围经过，该段管道长度为 1 000 m，横跨了湿地汇流区，距实验区最近距离为 100 m，距核心区最近距离为 2 000 m。

定向钻法最大穿越深度为 15 m，最大穿越长度为 1 200 m，深度和长度可保障不破坏大岗保护区内湿地系统。

施工场地定向钻的出、入土点，布置泥浆配置间、泥浆池，材料和管材堆放场及定向钻机；不占用大岗保护区。

2．提出临近大岗保护区段敷管施工过程中的主要生态保护措施。

答：（1）加强施工培训，减小噪声，禁止破坏大岗保护区湿地生态系统，保护野生动植物（尤其是珍稀濒危鸟类）。

（2）尽可能减小作业带范围，场地清理严格限制在作业带范围内。

（3）采用洒水降尘等措施减少施工扬尘。

（4）生活污水、水压试验的试压水禁止排放到大岗保护区；禁止在河流中冲洗设备。

（5）生活垃圾、施工废弃物及时清理，严禁固体废物进入大岗保护区。

（6）施工所用泥浆等材料不得随意堆放，设篷盖和围栏，防止随雨水冲刷进入大岗保护区。

（7）施工场地等设施尽量远离大岗保护区。

（8）泥浆池进行防渗处理，利用泥浆回收装置对泥浆进行循环利用，减少泥浆产生量。

（9）施工完毕后恢复地貌。

3. 识别K分输站场运行期废水的主要污染因子，给出应执行的排放标准。

答：（1）废水的主要污染因子：COD、石油类、氨氮、pH、BOD

K 分输站产生的生活污水经化粪池处理后，定期由罐车清运至城镇污水处理厂处理，因此执行《污水综合排放标准》（GB 8978—1996）三级标准。

过滤分离废液为危险废物，应执行《危险废物贮存污染控制标准》（GB 18597—2001）。

4. 管道工程设计中，为防范环境风险，临近大岗保护区的管段还应在哪些方面加强管道本质安全措施？

答：（1）优化敷设设计方案。

（2）优化线路设计方案。

（3）选用优质管材，增大管道的壁厚。

（4）在临近大岗保护区的管段两侧适当位置分别设紧急切断阀和事故应急池。

5. 给出生态现状评价中关于大岗自然保护区的工作内容。

答：（1）大岗自然保护区主要保护对象（湿地生态系统及其珍稀濒危鸟类）、功能区划、保护要求。

（2）分析大岗自然保护区生态现状、保护现状和存在的问题。

（3）明确并图示大岗自然保护区及其主要保护对象（湿地生态系统及其珍稀濒危鸟类）、功能分区与工程的位置关系。

（4）大岗自然保护区珍稀濒危鸟类的种群现状以及生境的质量、连通性、破碎化程度等；编制珍稀濒危鸟类、主要生境分布图，迁徙路线图；通过模型模拟珍稀濒危鸟类适宜生境分布，图示工程与珍稀濒危鸟类生境分布的空间关系。

（5）分析大岗自然保护区湿地生态系统结构与功能状况，以及总体变化趋势。

【考点分析】

1. 分析临近大岗保护区段管道采用定向钻敷设方式的合理性。

此题应主要分析定向钻法最大穿越深度是否影响湿地生态系统，最大穿越长度是否可跨越湿地汇流区。

2. 提出临近大岗保护区段敷管施工过程中的主要生态保护措施。

本题主要考察《环境影响评价技术导则　生态影响》（HJ 19—2022）生态保护措施。

举一反三

参照《环境影响评价技术导则　生态影响》（HJ 19—2022），生态保护措施相关内容如下：

“9.2　生态保护措施

9.2.1 项目施工前应对工程占用区域可利用的表土进行剥离，单独堆存，加强表土堆存防护及管理，确保有效回用。施工过程中，采取绿色施工工艺，减少地表开挖，合理设计高陡边坡支挡、加固措施，减少对脆弱生态的扰动。

9.2.2 项目建设造成地表植被破坏的，应提出生态修复措施，充分考虑自然生态条件，因地制宜，制定生态修复方案，优先使用原生表土和选用乡土物种，防止外来生物入侵，构建与周边生态环境相协调的植物群落，最终形成可自我维持的生态系统。生态修复的目标主要包括：恢复植被和土壤，保证一定的植被覆盖度和土壤肥力；维持物种种类和组成，保护生物多样性；实现生物群落的恢复，提高生态系统的生产力和自我维持力；维持生境的连通性等。生态修复应综合考虑物理（非生物）方法、生物方法和管理措施，结合项目施工工期、扰动范围，有条件的可提出‘边施工、边修复’的措施要求。

9.2.3 尽量减少对动植物的伤害和生境占用。项目建设对重点保护野生植物、特有植物、古树名木等造成不利影响的，应提出优化工程布置或设计、就地或迁地保护、加强观测等措施，具备移栽条件、长势较好的尽量全部移栽。项目建设对重点保护野生动物、特有动物及其生境造成不利影响的，应提出优化工程施工方案、运行方式，实施物种救护，划定生境保护区域，开展生境保护和修复，构建活动廊道或建设食源地等措施。采取增殖放流、人工繁育等措施恢复受损的重要生物资源。项目建设产生阻隔影响的，应提出减缓阻隔、恢复生境连通的措施，如野生动物通道、过鱼设施等。项目建设和运行噪声、灯光等对动物造成不利影响的，应提出优化工程施工方案、设计方案或降噪遮光等防护措施。

9.2.4 矿山开采项目还应采取保护性开采技术或其他措施控制沉陷深度和保护地下水的生态功能。水利水电项目还应结合工程实施前后的水文情势变化情况、已批复的所在河流生态流量（水量）管理与调度方案等相关要求，确定合适的生态流量，具备调蓄能力且有生态需求的，应提出生态调度方案。涉及河流、湖泊或海域治理的，应尽量塑造近自然水域形态、底质、亲水岸线，尽量避免采取完全硬化措施。”

3. 识别 K 分输站场运行期废水的主要污染因子，给出应执行的排放标准。

考生需要注意 K 分输站场运行期废水为生活污水，过滤分离废液为危险废物。

4. 管道工程设计中，为防范环境风险，临近大岗保护区的管段还应在哪些方面加强管道本质安全措施？

本题与“七、交通运输类　案例4　原油管道项目”中的第4题和“六、采掘类　案例1　新建铁矿项目”中的第4题相似。

5. 给出生态现状评价中关于大岗自然保护区的工作内容。

本题主要考察《环境影响评价技术导则 生态影响》（HJ 19—2022）敏感区生态现状评价。

举一反三

参照《环境影响评价技术导则　生态影响》（HJ 19—2022），生态现状评价相关内容如下：

“7.4.1 一级、二级评价应根据现状调查结果选择以下全部或部分内容开展评价：

a）根据植被和植物群落调查结果，编制植被类型图，统计评价范围内的植被类型及面积，可采用植被覆盖度等指标分析植被现状，图示植被覆盖度空间分布特点；

b）根据土地利用调查结果，编制土地利用现状图，统计评价范围内的土地利用类型及面积；

c）根据物种及生境调查结果，分析评价范围内的物种分布特点、重要物种的种群现状以及生境的质量、连通性、破碎化程度等，编制重要物种、重要生境分布图，迁徙、洄游物种的迁徙、洄游路线图；涉及国家重点保护野生动植物、极危、濒危物种的，可通过模型模拟物种适宜生境分布，图示工程与物种生境分布的空间关系；

d）根据生态系统调查结果，编制生态系统类型分布图，统计评价范围内的生态系统类型及面积；结合区域生态问题调查结果，分析评价范围内的生态系统结构与功能状况以及总体变化趋势；涉及陆地生态系统的，可采用生物量、生产力、生态系统服务功能等指标开展评价；涉及河流、湖泊、湿地生态系统的，可采用生物完整性指数等指标开展评价；

e）涉及生态敏感区的，分析其生态现状、保护现状和存在的问题；明确并图示生态敏感区及其主要保护对象、功能分区与工程的位置关系；

f）可采用物种丰富度、香农-威纳多样性指数、Pielou均匀度指数、Simpson优势度指数等对评价范围内的物种多样性进行评价。

7.4.2 三级评价可采用定性描述或面积、比例等定量指标，重点对评价范围内的土地利用现状、植被现状、野生动植物现状等进行分析，编制土地利用现状图、植被类型图、生态保护目标分布图等图件。

7.4.3 对于改扩建、分期实施的建设项目，应对既有工程、前期已实施工程的实际生态影响、已采取的生态保护措施的有效性和存在问题进行评价。

7.4.4 海洋生态现状评价还应符合GB/T 19485的要求。”

交通运输类案例小结

交通运输类案例是历年环评案例分析的常考类型，现结合历年案例分析考试出题形式及考查知识点，对该类型项目环评的重要知识点总结如下。

一、工程分析

（1）与相关规划的协调性分析：公路网规划及规划环评调查，公路项目与公路网规划、沿线城镇规划的协调性。

（2）工程基本情况：地理位置、性质、线路走向及主要控制点、建设规模、项目组成及重点工程（2 表 1 图：工程特性表、项目组成表、施工布置图）。

（3）施工方式及施工时序。

（4）生态影响分析。

① 占地。主要体现在占用土地类型、面积，特别是占用环境敏感区的面积。关注取弃土场、施工场地、施工便道、物料场、拌合场等临时占地。② 项目施工方式及运营方案：明确生态影响的类型、方式、性质及程度。③ 影响时期：主要为施工阶段。

（5）污染源强分析。

① 时段：重点考查施工期、运营期对环境因素影响的性质、方式和程度。② 影响因素：施工废水、生活污水、废气、噪声、固体废物、环境风险等。③ 环境因素：水、气、声、生态、景观等，特别是环境敏感目标。

（6）改扩建项目。

需阐明原有工程的环境影响、存在问题，明确“以新带老”措施。

（7）重点工程。

① 隧道；② 大桥、特大桥；③ 高填方路段；④ 深挖方路段；⑤ 互通式立交；⑥ 服务区；⑦ 取土场；⑧ 弃渣场；⑨ 施工作业场（施工营地、物料场、拌合场、施工便道等）。

（8）公路红线：公路用地范围，即路堤两侧排水沟外边缘以外小于 1 m 的范围。高速路、一级路不小于 3 m，二级路不小于 2 m。

二、现状调查与评价

（1）主要内容。

① 自然条件：地理、地质、水文、气象、生物等；② 土壤、水土流失与水土保持；③ 生态：植被区系、类型、分布；动物区系、分布、生境；生物量、生物多样性；保护野生动植物；生态系统、景观；④ 敏感区（基本情况及与线位关系）、饮用水水源（保护级别、范围、取水口位置、工程与水源保护区的关系）；⑤ 噪声敏感点：距离、高差、影响户数、建筑高度、房屋结构、人口等。

三、生态环境影响及保护措施

（一）生态影响因素与途径

1．勘察设计期

重点是选址选线和移民安置。应详细说明工程与各类保护区和区域的相关规划、各类建设规划和环境敏感区的相对位置关系及可能存在的影响。

2．施工期

(1) 占地（永久占地与临时占地：施工营地、取弃土场、物料场、拌合场、施工便道），施工作业方式及场地平整与清理。

(2) 路基施工。

(3) 桥涵施工（桥基作业、围堰施工、桥墩浇注、桥面铺设）。

(4) 隧道施工。

(5) 物料运输。

(6) 路面铺设（混凝土、沥青路面，铁路）。

3．运营期

车辆运输，特别是危险品运输。

（二）评价重点

(1) 要素分类：生态影响，噪声影响。

(2) 工程阶段：施工期（生态、水、气、声），运营期（交通噪声、危险品运输、桥面径流、阻隔与社会影响）。

（三）生态环境影响评价及保护措施

1．生态影响

生态影响评价应明确敏感目标类型、功能和保护要求，影响程度和保护措施。兼顾陆生生态和水生生态影响。

(1) 评价范围：线性工程生态影响评价范围一般为中心线两侧300～500 m。

(2) 施工期影响：主体工程、临时工程占地破坏植被；施工噪声、废水、废渣影响；水土流失。

(3) 线性工程的阻隔、分割影响：对生态形态完整性的分割，对农田、灌区、水系、植被的分割，对动物迁徙的阻隔影响。

(4) 对土地利用格局的影响。

(5) 占地造成的植被破坏、生态损失。

2．保护措施

(1) 按照工程不同阶段（设计期、施工期、运营期）提出相应的措施。

(2) 若项目位于“三区（山区、丘陵区、风沙区）”，还需提出水土流失减缓措施。

① 工程措施：拦挡措施（拦土坝、拦渣坝）、截排措施（截水沟、排水渠）、防护措施（边坡防护、浆砌）；② 生物措施：保护植被、边坡绿化；③ 管理措施：水保措施的维护。

(3) 优化临时占地，尽可能选择在无植被或植被稀少的地区，远离敏感生态保护目标。

(4) 施工期环保措施：严格控制车辆、施工活动范围，尽可能缩小施工作业带宽度，尽量少占用耕地。料场、拌和场等尽量设在征地范围内，并在居民下风向200 m以外。施工营地租用民房或设在征地范围内。

(5) 农田土壤利用与保护。

(6) 基本农田补偿方案。

(7) 生态敏感目标严格有效保护。

(8) 设置生物通道保护珍稀野生动物。

1) 生物通道设置的一般要求：① 充分利用公路的桥梁、涵洞；② 远离人为活动频繁区 (3～5 km)；③ 充分利用地势、地貌等因素，保持通道周边的自然性；④ 考虑不同种类动物的适应能力与可塑性，尽可能设置在饮水、采食的路径上；⑤ 选择植区良好、动物出现概率高的区域；⑥ 高度及宽度合理，满足大型动物通过。

2) 动物通道的形式：涵洞、桥梁下方通道、隧道上方通道、路基平交缓坡道、复合通道。

四、水环境影响及保护措施

关注施工期和运营期废水对敏感水体的影响。

(1) 明确跨越水体主要功能（工业、农业用水），是否为饮用水；注意针对饮用水水源地现状调查内容（功能区划，取水口位置，一、二级保护区边界，周边环境，供水区域，人口，水质情况）；环境风险影响及保护措施。

(2) 施工废水及施工营地生活污水。

节水、减排或全部利用不外排，生活污水设置临时性污水处理设施。

(3) 桥梁施工对水体的影响：钻渣。

措施：枯水期施工，围堰施工，钻渣、泥屑运出河区存放，污水处理达标后外排。

(4) 桥面径流和沿线交通工程设施污水。

地埋式处理达标后排放，避免直接排入河流。

五、噪声影响、保护措施及相关政策

(1) 施工期。

给出昼间和夜间噪声影响的范围和人数。

措施：合理安排施工机械操作时间，文明施工，与当地政府、居民沟通。

(2) 运营期。

分别给出运营初期、中期、远期昼夜超标的敏感点数及超标倍数。

措施：从声源和传播途径上考虑降低噪声。优先考虑在工程技术上降低噪声源（线位调整），其次设置声屏障措施。具体可以是采用低噪声路面，设置声屏障、隔声窗、隔声林带，搬迁，交通管制。

(3) 地面交通噪声污染防治技术政策（环发〔2010〕7 号）要求。

交通噪声污染防治的 5 个方面包括：① 综合规划布局；② 噪声源控制；③ 传播途径噪声消减；④ 敏感建筑物噪声防护；⑤ 交通管制。

在主动控制噪声方面，主要从噪声源控制、传播途径噪声消减两方面考虑，包括：① 线路避让；② 间隔必要的距离；③ 设置声屏障；④ 采用高架桥、高路堤、低路堑等道路形式，采用能降低噪声污染的桥涵构造和形式，采取低噪声路面技术；⑤ 绿化。

六、公路环境风险及措施

风险：运输危险化学品车辆出现交通事故，危险品流入敏感水体造成污染事故。

措施：必须采取有效的预防和应急措施（防撞护栏、桥面径流导排收集系统、事故池、应急预案）。

八、水利水电类

案例1　新建防洪、供水水库项目

【素材】

拟在桂江流域上游一级支流桂溪江建设桂溪口水库。工程任务为防洪、供水。水库坝址以上集雨面积为 300 km^2。水库校核洪水位 180.2 m，总库容 3.6×10^8 m^3，正常蓄水位 170.0 m，正常蓄水位相应库容 2.9×10^8 m^3。主要建筑包括挡水建筑物（最大坝高 130 m）、泄水建筑物、取水建筑物、导流建筑等，拟建水库为水温分层型水库，配套建设分层取水装置。

拟选的 3 个砂砾场分布在坝址下游河漫滩，2 个石料场分布在坝址上游，其中 1#石料场距大坝 1.5 km，石料开采高程控制在 170.0 m；2#石料场距大坝 5 km，石料开采高程控制在 150.0 m。

流域多年平均气温为 18.5℃，年平均最高气温为 23.0℃，年平均最低气温为 14.0℃，多年平均降水量为 1 855 mm。

流域内植被覆盖良好，山林茂盛，多松、栎和竹；上游河谷山高谷深，河道蜿蜒，河岸陡峭，河漫滩及阶地不发育；中下游河谷地势稍缓，河道曲折；两岸有零星地和滩地，河床大部分为砂砾覆盖。河流中分布有多种鱼类。

项目可研报告中给出了坝址及下游河道典型断面流量水位关系曲线，建库前后典型断面典型年、月、日径流量和水位过程线，建库前后枯水年年径流量和最枯月流量。

拟建坝址处多年平均径流量为 11.2 m^3/s，工程拟按坝址多年平均径流量的 10% 泄放河道最小生态基流。坝址下游河道生态需水分析结果见表 1。

表 1　桂溪口水库下游河道生态需水量　　单位：m^3/s

月份	1	2	3	4	5	6	7	8	9	10	11	12
良好状态生态流量	3.0	3.0	3.5	5.5	5.5	6.5	5.5	5.5	5.5	3.5	3.0	3.0
一般状态生态流量	1.2	1.2	2.5	3.8	3.8	3.8	3.8	3.8	3.8	2.5	1.2	1.2

水库蓄水后河流沿岸有 2 个自然村落被淹没。库区无文物古迹和具开采价值的

矿产。库区下游 8 km 处河道现有 1 座鱼类增殖放流站。

经分析，4—10 月，上层取水的低温水影响范围为 2～10 km，底层取水的低温水影响范围达 20 km。

【问题】

1．指出该案例中可以表明坝址下游水文情势变化特征的信息。

2．指出该项目可能影响下游鱼类生境的主要因素，并说明理由。

3．简要说明砂砾场、石料场生态环境影响评价应关注的重点。

4．指出该项目陆地生态调查应包括的主要内容。

【参考答案】

1．指出该案例中可以表明坝址下游水文情势变化特征的信息。

答：（1）水温变化：拟建水库为水温分层型水库，配套建设分层取水装置；4—10 月，上层取水的低温水影响范围为 2～10 km，低层取水的低温水影响范围达 20 km。

（2）水位、水量变化：项目可研报告中给出了坝址及下游河道典型断面流量水位关系曲线，建库前后典型断面典型年、月、日径流量和水位过程线，建库前后枯水年年径流量和最枯月流量。

2．指出该项目可能影响下游鱼类生境的主要因素，并说明理由。

答：① 大坝阻隔。河流中有多种鱼类，大坝将隔断上、下游鱼类的营养繁殖交流。② 低温水影响。拟建水库为水温分层型水库，低温水排放将影响下游鱼类生境。③ 水质含沙量变化。下游河漫滩有 3 个砂砾场，带来水质污染、水土流失等将影响鱼类生境。

3．简要说明砂砾场、石料场生态环境影响评价应关注的重点。

答：（1）石料场、砂砾场占地范围内植被的破坏。

（2）砂砾场位于坝址下游河漫滩，应考虑水土流失、废水排放对下游河道水生生态、鱼类的影响和景观影响。

（3）石料场位于坝址上游，由于 2 个石料场最低开采高程（150 m、170 m）均位于水库校核洪水位以下，石料开采可能会影响到水库水质，进而影响水库水生生态环境并造成景观影响。

4．指出该项目陆地生态调查应包括的主要内容。

答：（1）生态系统类型、结构、功能和过程。

（2）气候、土壤、地形地貌、水文及水文地质等非生物因子特征。

（3）重点调查影响范围内是否有受保护的珍稀濒危物种、关键种、土著种、特有种和重要的经济物种；涉及国家和省保护物种、珍稀动植物、特有种的，调查其种类、生态习性、种群结构、种群规模、生境及分布、保护级别与保护状况；如涉及特殊生态敏感区和重要生态敏感区的，说明其类型、等级、分布、功能区划、保护对象和保护要求。

（4）生态问题调查：水土流失、生物入侵等。

【考点分析】

本题为2015年环评案例分析考试试题。

1．指出该案例中可以表明坝址下游水文情势变化特征的信息。

考试大纲中“二、项目分析（1）分析建设项目施工期和运营期环境影响的因素和途径，识别产污环节、污染因子和污染物特性，核算物耗、水耗、能耗和主要污染物源强”。

本题考查的是水库建设对下游河流水文情势的影响，为水利水电类案例考查的一项基本内容，只是需结合题干信息作答。

涉及考点：水库建设对下游河流水文情势的影响。主要包括：① 下游河流水量、水位的变化；② 涉及低温水排放的，下游河流存在水温变化；③ 水流流速变化。

举一反三

参照《环境影响评价技术导则　地表水环境》（HJ 2.3—2018），水文情势调查相关内容如下：

（1）应尽量收集临近水文站既有水文年鉴资料和其他相关的有效水文观测资料。当上述资料不足时，应进行现场水文调查与水文测量，水文调查与水文测量宜与水质调查同步。

（2）水文调查与水文测量宜在枯水期进行。必要时，可根据水环境影响预测需要、生态环境保护要求，在其他时期（丰水期、平水期、冰封期等）进行。

（3）水文测量的内容应满足拟采用的水环境影响预测模型对水文参数的要求。在采用水环境数学模型时，应根据所选用的预测模型需输入的水文特征值及环境水力学参数决定水文测量内容；在采用物理模型法模拟水环境影响时，水文测量应提供模型制作及模型试验所需的水文特征值及环境水力学参数。

（4）水污染影响型建设项目开展与水质调查同步进行的水文测量，原则上可只在一个时期（水期）内进行。在水文测量的时间、频次和断面与水质调查不完全相同时，应保证满足水环境影响预测所需的水文特征值及环境水力学参数的要求。

2．指出该项目可能影响下游鱼类生境的主要因素，并说明理由。

考试大纲中“二、项目分析（1）分析建设项目施工期和运营期环境影响的因素和途径，识别产污环节、污染因子和污染物特性，核算物耗、水耗、能耗和主要污染物源强”。

影响下游鱼类生境的因素，即“哪些工程或者行为会对鱼类产生影响”，2008

年案例分析考试第5题和2009年第3题均考过水利水电项目对鱼类的影响，但是大家要注意提问的侧重点略有不同。

举一反三

（1）水库运营期间对鱼类的影响。

① 大坝阻隔：阻隔鱼类洄游通道，阻碍上下游鱼类种质交流；② 鱼类区系组成变化：库区水深、流速等水文情势的变化会造成原有水生生境的改变甚至消失，致使鱼类区系组成发生变化，特别是珍稀保护、特有物种的消失；③ 对鱼类产卵场、索饵场、越冬场（“三场”）的破坏：坝上、下游河段若有鱼的“三场”，由于水文情势的变化，会受到一定的破坏；④ 下泄低温水对下游鱼类的不利影响；⑤ 下泄气体过饱和水对鱼类的影响，特别是对幼鱼造成的严重影响。

（2）大坝建设对下游区域的影响。

① 减水带来下游河道的生态影响；② 对工、农业取水的影响；③ 对农业灌溉的影响；④ 对下游连接湿地的影响；⑤ 对洄游鱼类的影响；⑥ 清水下泄对下游河岸的冲蚀影响。

3. 简要说明砂砾场、石料场生态环境影响评价应关注的重点。

考试大纲中“四、环境影响识别、预测与评价（4）确定环境要素评价专题的主要内容”。

本题为生态环境影响分析题，生态影响主要包括：占地造成的生物量损失、对动植物的影响、景观影响、水土流失等。本题需结合案例素材突出关注的重点。

4. 指出该项目陆地生态调查应包括的主要内容。

考试大纲中“三、环境现状调查与评价（2）制定环境现状调查与监测方案”。

生态影响型项目陆地生态调查的主要内容包括：

（1）生态系统类型、结构、功能和过程。

（2）气候、土壤、地形地貌、水文及水文地质等非生物因子特征。

（3）重点调查影响范围内是否有受保护的珍稀濒危物种、关键种、土著种、特有种和重要的经济物种；涉及国家省保护物种、珍稀动植物、特有种的，调查其种类、生态习性、种群结构、种群规模、生境及分布、保护级别与保护状况；如涉及特殊生态敏感区和重要生态敏感区的，说明其类型、等级、分布、功能区划、保护对象和保护要求。

（4）生态问题调查：水土流失、生物入侵等。

案例2 新建水利枢纽工程

【素材】

拟在永乐河新建永乐水利枢纽，其主要功能为防洪、灌溉兼顾发电，并向邻近清源河流域的清源水库调水。主要建筑物由挡水坝、溢流坝及发电厂房等组成，最大坝高97 m。永乐水利枢纽向清源水库输水水量为3亿 m^3/a，输水线路包括60 km隧洞和70 km渠道。

永乐河流域上游为山区，中下游为丘陵平原。拟建坝址位于永乐河中游、永乐市上游35 km处，坝址多年平均径流量15.8亿 m^3。永乐水库为稳定分层型水库，具有年调节性能，其调度原则为：在优先保障永乐水利枢纽库区及坝下用水的前提下，根据水库来水情况向清源水库调水，其中汛期满足防洪要求，枯水期库区或坝下不能保障用水需求时停止调水。

永乐水利枢纽坝址以下河段用水主要有城市取水和现有灌区取水，坝下22～30 km河段为永乐市饮用水水源保护区。

永乐水利枢纽回水区有2条较大支流汇入，坝址下有3条较大支流汇入。永乐河在坝址下280 km处汇入永安河。

经调查，永乐河现有鱼类87种，其中地方特有鱼类2种，无国家保护鱼类和洄游性鱼类，支流鱼类种类少于干流。永乐水利枢纽库区有2处较大的鱼类产卵场，坝下游有3处鱼类产卵场。

永乐河中上游水质总体良好，永乐市饮用水水源保护区水质达标，永乐河市区段枯水期水质超标。

【问题】

1．指出永乐水利枢纽运行期地表水环境影响评价范围。

2．指出永乐水利枢纽运行对永乐河水环境的主要影响。

3．指出永乐水利枢纽运行对永乐河水生生态的主要不利影响，并提出相应的对策措施。

4．说明确定永乐水利枢纽生态流量应考虑的主要因素。

【参考答案】

1. 指出永乐水利枢纽运行期地表水环境影响评价范围。

答：（1）永乐河库区及上游回水段。

（2）2 条较大支流的回水段。

（3）引起水文情势变化的区域。

（4）清源水库。

（5）坝下减水段。

2. 指出永乐水利枢纽运行对永乐河水环境的主要影响。

答：水文情势变化，水体自净能力降低，下游出现减水段。

3. 指出永乐水利枢纽运行对永乐河水生生态的主要不利影响，并提出相应的对策措施。

答：（1）对库区 2 处较大鱼类产卵场的影响。措施：在鱼类产卵期降低库区水位运行。

（2）坝下减水对坝下 3 处鱼类产卵场的影响。措施：保障下泄流量。

（3）对 2 种地方特有鱼类的影响。措施：对特有鱼类进行增殖放流。

（4）下泄低温水的影响。措施：采取分层取水。

4. 说明确定永乐水利枢纽生态流量应考虑的主要因素。

答：（1）灌区取水的水量要求。

（2）维持河道水质的最小稀释净化水量。

（3）河道外生态需水量。

【考点分析】

水利水电类型考题几乎每年都会考，该案例是根据 2014 年环评案例分析考试试题改编而成，该类型项目的工程分析、环境影响及可能的出题方式，均可通过总结掌握。

1. 指出永乐水利枢纽运行期地表水环境影响评价范围。

考试大纲中“四、环境影响识别、预测与评价（3）确定评价工作等级和评价范围”。

水利项目地表水评价范围：库区及坝上游回水段、坝下减水河段、调水区、输水线路。2011 年、2012 年考过类似问题。

举一反三

参照《环境影响评价技术导则　地表水环境》（HJ 2.3—2018），评价范围相关内容如下。

（1）水污染影响型建设项目评价范围，根据评价等级、工程特点、影响方式及程度、地表水环境质量管理要求等确定。

一级、二级及三级A，其评价范围应符合以下要求：

① 应根据主要污染物迁移转化状况，至少需覆盖建设项目污染影响所及水域。

② 受纳水体为河流时，应满足覆盖对照断面、控制断面与消减断面等关心断面的要求。

③ 受纳水体为湖泊、水库时，一级评价，评价范围宜不小于以入湖（库）排放口为中心、半径为5 km的扇形区域；二级评价，评价范围宜不小于以入湖（库）排放口为中心、半径为3 km的扇形区域；三级A评价，评价范围宜不小于以入湖（库）排放口为中心、半径为1 km的扇形区域。

④ 受纳水体为入海河口和近岸海域时，评价范围按照GB/T 19485执行。

⑤ 影响范围涉及水环境保护目标的，评价范围至少应扩大到水环境保护目标内受到影响的水域。

⑥ 同一建设项目有两个及两个以上废水排放口，或排入不同地表水体时，按各排放口及所排入地表水体分别确定评价范围；有叠加影响的，叠加影响水域应作为重点评价范围。

三级B，其评价范围应符合以下要求：

① 应满足其依托污水处理设施环境可行性分析的要求。

② 涉及地表水环境风险的，应覆盖环境风险影响范围所及的水环境保护目标水域。

（2）水文要素影响型建设项目评价范围，根据评价等级、水文要素影响类别、影响及恢复程度确定，评价范围应符合以下要求：

① 水温要素影响评价范围为建设项目形成水温分层水域，以及下游未恢复到天然（或建设项目建设前）水温的水域。

② 径流要素影响评价范围为水体天然性状发生变化的水域，以及下游增减水影响水域。

③ 地表水域影响评价范围为相对建设项目建设前日均或潮均流速及水深，或高（累积频率5%）低（累积频率90%）水位（潮位）变化幅度超过5%的水域。

④ 建设项目影响范围涉及水环境保护目标的，评价范围至少应扩大到水环境保护目标内受影响的水域。

⑤ 存在多类水文要素影响的建设项目，应分别确定各水文要素影响评价范围，取各水文要素评价范围的外包线作为水文要素的评价范围。

2．指出永乐水利枢纽运行对永乐河水环境的主要影响。

考试大纲中“四、环境影响识别、预测与评价（1）识别环境影响因素与筛选评价因子；（4）确定环境要素评价专题的主要内容”。

此考题与“八、水利水电类 案例4 新建水库工程”中的第2题和“八、水利

水电类 案例5 跨流域调水工程”中的第3题的考点基本一致。

注意本题问的是对“水环境”的影响，有水文情势变化、水体自净能力下降导致水质变差、下游出现减水河段。若答了对鱼类及其产卵场的影响，本题不得分。

3. 指出永乐水利枢纽运行对永乐河水生生态的主要不利影响，并提出相应的对策措施。

考试大纲中“四、环境影响识别、预测与评价（4）确定环境要素评价专题的主要内容”和“六、环境保护措施分析（2）分析生态影响防护、恢复与补偿措施的技术经济可行性”。

首先确定对水生生态的不利影响：大坝阻隔了鱼类洄游和种群交流；上游回水、下游减水破坏了鱼类的产卵场；下泄低温水的影响。然后针对不同的不利影响，采取相应的措施。

4. 说明确定永乐水利枢纽生态流量应考虑的主要因素。

考试大纲中“四、环境影响识别、预测与评价（1）识别环境影响因素与筛选评价因子；（4）确定环境要素评价专题的主要内容”。

本题与“八、水利水电类 案例3 新建堤坝式水电工程”第3题，“八、水利水电类 案例4 新建水库工程”第3题，“八、水利水电类 案例6 坝后式水利枢纽工程”第1题性质类似，均为水坝下游需水量的分析问题。

举一反三

根据《水电水利建设项目水环境与水生生态保护技术政策研讨会会议纪要》，河道生态用水需要考虑的因素有：

① 工农业生产及生活需水量。

② 维持水生生态系统稳定所需水量。

③ 维持河道水质的最小稀释净化水量。

④ 维持河口泥沙冲淤平衡和防止咸潮上溯所需水量。

⑤ 水面蒸散量。

⑥ 维持地下水位动态平衡所需要的补给水量。

⑦ 航运、景观和水上娱乐的环境需水量。

⑧ 河道外生态需水量，包括河岸植被需水量、相连湿地的补给水量等。

案例 3　新建堤坝式水电工程

【素材】

某拟建水电站是 A 江水电规划梯级开发方案中的第三级电站（堤坝式），以发电为主，兼顾城市供水和防洪，总装机容量 3 000 MW。堤坝多年平均流量 1 850 m^3/s，水库设计坝高 159 m，设计正常蓄水位 1 134 m，调节库容 5.55 亿 m^3，具有周调节能力，在电力系统需要时可承担日调峰任务，泄洪水消能方式为挑流消能。

项目施工区设有砂石加工系统、混凝土拌和及制冷系统、机械修配、汽车修理及保养厂，以及业主营地和承包商营地。施工高峰期人数 9 000 人，施工总工期 92 个月，项目建设征地总面积 59 km^2，搬迁安置人口 3 000 人，设 3 个移民集中安置点。

大坝上游属高中山峡谷地貌，库区河段水环境功能为Ⅲ类，现状水质达标。水库在正常蓄水位时，回水长度 9 km，水库淹没区分布有 A 江特有鱼类的产卵场，其产卵期为 3—4 月。经预测，水库蓄水后水温呈季节性弱分层，3 月和 4 月出库水温较坝址天然水温分别低 1.8℃和 0.4℃。

B 市位于电站下游约 27 km 处，依江而建。现有 2 个自来水厂的取水口和 7 个工业企业的取水口均位于 A 江，城市生活污水和工业废水经处理后排入 A 江。电站建成后，B 市现有的 2 个自来水厂取水口上移至库区。

【问题】

1. 指出该项目主要的环境保护目标。
2. 给出该项目运行期对水生生物产生影响的主要因素。
3. 该项目是否需要配套工程措施以保障水库下游最小生态需水量？说明理由。
4. 指出施工期应采取的水质保护措施。

【参考答案】

1. 指出该项目主要的环境保护目标。

答：（1）A 江特有的鱼类及其产卵场。

（2）水环境功能为Ⅲ类的 A 江库区河段。

（3）B 市现有的 2 个自来水厂取水口和 7 个工业企业取水口。

（4）需搬迁的移民区及3个集中安置点。

2．给出该项目运行期对水生生物产生影响的主要因素。

答：（1）大坝阻隔。大坝建成后，将阻隔坝址上下水生生物的种群交流，特别是对A江特有鱼类及其他洄游鱼类的阻隔影响。

（2）水文情势的变化。库区流速变缓，水位抬升，可能导致鱼类群落结构发生改变，原有的流水型鱼类逐渐减少或消失，被静水型鱼类取代。坝址下游减水段环境的变化，会对水生生物产生不利影响，减水段的鱼类“三场”将受到破坏。

（3）库区淹没。破坏了A江特有鱼类的产卵场。

（4）低温水。对库区及坝下游水生生物生活有不利影响。

（5）下泄水的气体过饱和。如果不采取有效措施，高坝大库下泄水可能产生气体过饱和，对下游鱼类产生不利影响。

3．该项目是否需要配套工程措施以保障水库下游最小生态需水量？说明理由。

答：不需要。

理由：由于该工程为堤坝式水电站，具有周调节能力，在电力系统需要时可承担日调峰任务，正常发电时下泄的水量可以满足下游生态用水需求。即使不发电，也可通过溢流坝或泄洪闸放水保障下游生态用水。

4．指出施工期应采取的水质保护措施。

答：（1）对砂石加工系统废水设沉砂池，沉淀后回用。

（2）对混凝土拌和站废水采用中和、沉淀处理后回用。

（3）对机械修配、汽车修理及保养厂的废水采取隔油、沉淀和生化处理后回用。

（4）对施工生活污水进行生化处理后回用。

（5）施工场地尽可能远离河道。

（6）施工固体废物及时清理，禁止向河道内倾倒弃土、弃渣和生活垃圾。

（7）开展环境监理，加强施工期间的水土保持。

【考点分析】

该案例是根据2013年环评案例分析考试试题改编而成，需要考生认真体会，综合把握。

1．指出该项目主要的环境保护目标。

本题所指的保护“目标”，为具体的“对象”，也为敏感目标，如特种鱼、居民点、取水口、III类地表水体等。

2．给出该项目运行期对水生生物产生影响的主要因素。

考试大纲中“二、项目分析（1）分析建设项目施工期和运营期环境影响的因素和途径，识别产污环节、污染因子和污染物特性，核算物耗、水耗、能耗和主要污染物源强”。

影响因素是指产生影响的原因，本题可简单答为：“大坝阻隔、水文情势的变化、库区淹没、低温水和下泄水的气体过饱和。”

3. 该项目是否需要配套工程措施以保障水库下游最小生态需水量？说明理由。

考试大纲中“四、环境影响识别、预测与评价（1）识别环境影响因素与筛选评价因子；（4）确定环境要素评价专题的主要内容”。

本题与“八、水利水电类 案例2 新建水利枢纽工程”第4题，“八、水利水电类 案例4 新建水库工程”第3题，“八、水利水电类 案例6 坝后式水利枢纽工程”第1题性质类似，均为水坝下游需水量的分析问题。

堤坝式水电站一般为大坝与发电厂一体式，均设泄洪闸或溢流坝，尽管堤坝式水电站在调峰运行时会使坝下出现减水，但通过溢流坝或泄洪闸开闸放水即可保证下游最小生态需水量，不必再单独设置下泄生态需水的工程设施。

4. 指出施工期应采取的水质保护措施。

考试大纲中“六、环境保护措施分析（1）分析污染控制措施的技术经济可行性”。

本题既可从施工废水处理措施的角度考虑，也可从水环境要素的角度考虑。在采取工程措施的基础上适当考虑施工布局、水土保持及环境管理的要求。

案例4 新建水库工程

【素材】

某市拟在清水河一级支流A河新建水库工程，水库主要功能为城市供水、农业灌溉，主要建设内容包括大坝、城市供水取水工程、灌溉引水渠首工程，配套建设灌溉引水主干渠等。

A河拟建水库坝址处多年平均径流量为0.6亿m^3，设计水库兴利库容为0.9亿m^3，坝高40 m，回水长度12 km，为年调节水库；水库淹没耕地面积为12 hm^2，需移民170人，库周及上游地区土地利用类型主要为天然次生林、耕地，分布有自然村落，无城镇和工矿企业。

A河在拟建坝址下游12 km处汇入清水河干流，清水河A河汇入口下游断面多年平均径流量为1.8亿m^3。

拟建灌溉引水主干渠长约8 km，向B灌区供水，B灌区灌溉面积为0.7万hm^2，灌溉回归水经排水渠于坝下6 km处汇入A河。

拟建水库的城市供水范围为城市新区生活和工业用水，该新区位于A河拟建坝址下游10 km处，现有居民2万人，远期规划人口规模10万人，工业以制糖、造纸为主。该新区生活污水和工业废水处理达标后排入清水河干流，清水河干流A河汇入口以上河段水质现状为Ⅴ类，A河汇入口以下河段水质为Ⅳ类。

灌溉用水按500 m^3/（亩·a）、城市供水按300 L/（人·d）测算。

注：该地区土壤含盐量为3～4 gNaCl/kg土壤，pH为6～8。

【问题】

1．给出该工程现状调查应包括的区域范围。

2．指出该工程对下游河流的主要环境影响，并说明理由。

3．为确定该工程大坝下游河流的最小需水量，需要分析哪些环境用水需求？

4．该工程实施后能否满足各方面用水需求？并说明理由。

5．请判定该工程土壤环境影响评价工作等级，并说明该工程实施后可能对周边土壤产生哪些不利影响。

【参考答案】

1. 给出该工程现状调查应包括的区域范围。

答：（1）A河：库区及上游集水区，下游水文变化区直至A河入清水河河口的河段。

（2）B灌区。

（3）清水河：A河汇入的清水河上下游由于工程建设引起水文变化的河段。

（4）灌溉引水主干区沿线区域。

（5）供水城市新区。

2. 指出该工程对下游河流的主要环境影响，并说明理由。

答：（1）对下游洄游鱼类的阻隔影响。由于在A河上建设大坝，造成河道生境切割，阻止下游鱼类通过大坝完成洄游。

（2）由于坝下形成减水段，河流水文情势及水生生态将发生变化。由于库区蓄水及引水灌溉，A河坝下至清水河汇入口12 km的河段将形成一个减水段。

（3）由于汇入清水河的水量减少，对清水河水文情势及水生生态也将产生不利影响。

（4）水生生物生境及鱼类“三场”的改变。坝下河段水文情势的改变，造成水生生物生境的改变，特别是鱼类“三场”将受到不利影响或破坏。

（5）低温水及气体过饱和问题。由于该工程为年调节的高坝水库，如果农灌季节下泄库底低温水，会导致下游出现低温水灌溉，导致农作物减产；如果下放上层水或下泄方式不当，则容易产生气体过饱和；另外，下放上层泥沙含量少的清水，则容易导致下游河道的冲刷、河岸的塌方。

（6）灌溉回归水（农田退水）的污染影响。灌溉回归水含有较多的污染物，对下游河流水质和干流清水河水质将造成不利的影响。

3. 为确定该工程大坝下游河流的最小需水量，需要分析哪些环境用水需求？

答：（1）维持A河河道及清水河水质的最小稀释净化水量。

（2）维持A河河道及清水河水生生态系统稳定所需的水量。

（3）A河河道外生态需水量，包括河岸植被需水量、相连湿地补给水量等。

（4）维持A河及清水河流域地下水位动态平衡所需要的补给水量。

（5）景观用水。

4. 该工程实施后能否满足各方面用水需求？说明理由。

答：（1）能满足B灌区的农灌用水和城市新区近、远期的供水。因为该水库的功能为城市供水和农业灌溉，而B灌区农灌用水为：0.7×10^4 $hm^2\times15$ 亩/$hm^2\times500$ m^3/（亩·a）= 5.25×10^7 m^3/a，城市新区远期用水为：100 000 人×300 L/（人·a）×365 d/a ÷1 000 L/m^3=1.095×10^7 m^3，两者合计小于水库的兴利库容（0.9亿 m^3），仅占水库

兴利库容的 70.5% [（$5.25\times10^7+1.095\times10^7$）$/9\times10^7$=70.5%]。

（2）不能确定是否满足城市工业用水的需求，因为制糖、造纸均为高耗水行业，其规划建设的规模、用水量预测等均未知。

（3）不能确定是否满足大坝下游河道及清水河的环境用水需求。因为确定环境用水的各类指标未确定，A 河坝下接纳的灌溉回归水，水质较差，而且汇入清水河后，会使汇水口下游的Ⅳ类水体进一步恶化，而 A 河水库的下泄水量与水质也有不确定性。

5. 请判定该工程土壤环境影响评价工作等级，并说明该工程实施后可能对周边土壤产生哪些不利影响。

（1）评价工作等级为生态影响型二级。① 该项目为水库工程，属于生态影响型；② 该地区土壤含盐量为 3～4 g/kg，pH 为 6～8；因此敏感程度为较敏感；③ 水库兴利库容为 0.9 亿 m^3，灌溉引水主干渠长约为 8 km；因此项目类别为Ⅱ类。因此，可判定该工程土壤影响评价工作等级为生态影响型二级。

（2）不利影响：① 该工程实施后，如长期使周边土壤处于饱和或地下水位过高，将引起地区土壤沼泽化或潜育化；② 该工程实施后，使地下水位升高，使土壤含盐地区表层聚盐和返盐，产生次生盐渍化。

【考点分析】

该案例试题是根据 2012 年环评案例分析考试试题修改而成，其中不少考点与本书“八、水利水电类　案例 5　跨流域调水工程”类似，请各位考生认真分析，寻找高频考点，做到事半功倍。

1. 给出该工程现状调查应包括的区域范围。

考试大纲中“三、环境现状调查与评价（1）判定评价范围内环境敏感区”。

此考题与本书“八、水利水电类　案例 5　跨流域调水工程”中的第 1 题考点完全一致，类似考点重复出现的现象很多，请考生注意。

举一反三

参照《环境影响评价技术导则　地表水环境》（HJ 2.3—2018），调查范围相关内容如下。

（1）对于水污染影响型建设项目，除覆盖评价范围外，受纳水体为河流时，在不受回水影响的河流段，排放口上游调查范围宜不小于 500 m，受回水影响河段的上游调查范围原则上与下游调查的河段长度相等；受纳水体为湖库时，以排放口为圆心，调查半径在评价范围基础上外延 20%～50%。

（2）对于水文要素影响型建设项目，受影响水体为河流、湖库时，除覆盖评价范围外，一级、二级评价时，还应包括库区及支流回水影响区、坝下至下一个梯级或河口、受水区、退水影响区。

（3）对于水污染影响型建设项目，建设项目排放污染物中包括氮、磷或有毒污染物且受纳水体为湖泊、水库时，一级评价的调查范围应包括整个湖泊、水库，二级、三级A评价时，调查范围应包括排放口所在水环境功能区、水功能区或湖（库）湾区。

2. 指出该工程对下游河流的主要环境影响，并说明理由。

考试大纲中“四、环境影响识别、预测与评价（1）识别环境影响因素与筛选评价因子；（4）确定环境要素评价专题的主要内容”。

此考题与本书“八、水利水电类　案例5　跨流域调水工程”中的第3题考点一致。

3. 为确定该工程大坝下游河流的最小需水量，需要分析哪些环境用水需求？

考试大纲中“四、环境影响识别、预测与评价（1）识别环境影响因素与筛选评价因子；（4）确定环境要素评价专题的主要内容”。

此考题与本书“八、水利水电类　案例6　坝后式水利枢纽工程”中的第1题考点一致。

举一反三

参照HJ 2.3—2018，生态流量的相关内容如下。

（1）河流生态环境需水包括水生生态需水、水环境需水、湿地需水、景观需水、河口压咸需水等。应根据河流生态环境保护目标要求，选择合适方法计算河流生态环境需水及其过程，符合以下要求：

① 水生生态需水计算中，应采用水力学法、生态水力学法、水文学法等方法计算水生生态流量。水生生态流量最少采用两种方法计算，基于不同计算方法成果对比分析，合理选择水生生态流量成果；鱼类繁殖期的水生生态需水宜采用生境分析法计算，确定繁殖期所需的水文过程，并取外包线作为计算成果，鱼类繁殖期所需水文过程应与天然水文过程相似。水生生态需水应为水生生态流量与鱼类繁殖期所需水文过程的外包线。② 水环境需水应根据水环境功能区或水功能区确定控制断面水质目标，结合计算范围内的河段特征和控制断面与概化后污染源的位置关系，采用HJ 2.3—2018中7.6的数学模型方法计算水环境需水。③ 湿地需水应综合考虑湿地水文特征和生态保护目标需水特征，综合不同方法合理确定湿地需水。河岸植被需水量采用单位面积用水量法、潜水蒸发法、间接计算法、彭曼公式法等方法计算；河道内湿地补给水量采用水量平衡法计算。保护目标在繁育生长关键期对水文过程有特殊需求时，应计算湿地关键期需水量及过程。④ 景观需水应综合考虑水文特征和景观保护目标要求，确定景观需水。⑤ 河口压咸需水应根据调查成果，确定河口类型，可采用HJ 2.3—2018附录E中的相关数学模型计算河口压咸需水。⑥ 其他需水应根据评价区域实际情况进行计算，主要包括冲沙需水、河道蒸发和渗漏需水等。对于多泥沙河流，需考虑河流冲沙需水计算。

（2）湖库生态环境需水计算要求：

① 湖库生态环境需水包括维持湖库生态水位的生态环境需水及入（出）湖河流生态环境需水。湖库生态环境需水可采用最小值、年内不同时段值和全年值表示。② 湖库生态环境需水计算中，可采用不同频率最枯月平均值法或近 10 年最枯月平均水位法确定湖库生态环境需水最小值。年内不同时段值应根据湖库生态环境保护目标所对应的生态环境功能，分别计算各项生态环境功能敏感水期要求的需水量。维持湖库形态功能的水量，可采用湖库形态分析法计算。维持生物栖息地功能的需水量，可采用生物空间法计算。③ 入（出）湖库河流的生态环境需水应根据 HJ 2.3—2018 中 8.4.2.1 计算确定，计算成果应与湖库生态水位计算成果相协调。

4. 该工程实施后能否满足各方面用水需求？并说明理由。

考试大纲中“四、环境影响识别、预测与评价（1）识别环境影响因素与筛选评价因子；（4）确定环境要素评价专题的主要内容”。

5. 请判定该工程土壤环境影响评价工作等级，并说明该工程实施后可能对周边土壤产生哪些不利影响。

考试大纲中“四、环境影响识别、预测与评价（3）确定评价工作等级和评价范围；（6）预测和评价环境影响（含非正常工况）”。

对于《环境影响评价技术导则　土壤环境（试行）》（HJ 964—2018），考生应熟练掌握其污染型、生态型影响工作等级判定的方法，以及污染型和生态型建设项目将对土壤环境产生哪些影响。

案例5 跨流域调水工程

【素材】

青城市为缓解市供水水源问题，拟建设调水工程，由市域内大清河跨流域调水到碧河水库，年均调水量为1 870万m^3，设计引水流量为0.75 m^3/s。碧河水库现有兴利库容为3 000万m^3，主要使用功能拟由防洪、农业灌溉供水和水产养殖调整为防洪、城市供水和农业灌溉供水。该工程由引水枢纽和输水工程两部分组成，引水枢纽位于大清河上游，由引水堤坝、进水闸和冲沙闸组成。坝址处多年平均径流量9 120万m^3，坝前回水约为3.2 km；输水工程全长为42.94 km，由引水隧洞和输水管道组成。其中引水隧洞长为19.51 km，洞顶埋深为8～32 m，引水隧洞进口接引水枢纽，出口与DN 1300的预应力砼输水管相连；输水管道管顶埋深为1.8～2.5 m，管线总长为23.43 km。按工程设计方案，坝前回水淹没耕地面积为9 hm^2，不涉及居民搬迁，工程施工弃渣总量为17万m^3，工程弃渣方案拟设两个集中弃渣场用于枢纽工程。

【问题】

1．该工程的环境影响范围应该包括哪些区域？

2．给出引水隧洞工程涉及的主要环境问题。

3．指出工程实施对大清河下游的主要影响。

4．列出工程实施过程中需要采取的主要生态保护措施。

【参考答案】

1．该工程的环境影响范围应该包括哪些区域？

答：应包括以下区域：① 调出区——大清河，包括坝后回水段、坝下减水段及工程引起水文情势变化的区域；② 调入区——碧河水库；③ 调水线路沿线——输水工程沿线，即引水隧道及管道沿线；④ 各类施工临时场地及弃渣场。

2．给出引水隧洞工程涉及的主要环境问题。

答：（1）隧道施工排水引起地下水变化的问题。

（2）隧洞顶部植被及植物生长受影响的问题。

（3）隧道弃渣处理与利用的问题。

（4）隧道施工可能导致的塌方、滑坡等地质灾害及其环境影响问题。

（5）隧洞洞口结构、形式与周边景观的协调问题。

（6）隧洞施工引起的噪声与扬尘污染影响，以及生产生活污水排放的污染问题。

3．指出工程实施对大清河下游的主要影响。

答：（1）造成坝下减水，甚至河床裸露，导致坝下区域生态系统类型的改变；如果不能确保下泄一定的生态流量，将影响下游河道及两岸植被的生态用水，甚至下游的工农业用水、生活用水等。

（2）改变下游河流的水文情势，如果坝下减水段有鱼类的“三场”，则会受到破坏。

（3）库区冲淤下灌泥沙容易导致下游河道局部泥沙淤积而抬高水位。

（4）库区不冲淤而下泄清水时又容易导致河道两岸受到清水的冲蚀而造成塌方。

4．列出工程实施过程中需要采取的主要生态保护措施。

答：（1）大清河筑坝应考虑设置过鱼设施。

（2）设置确保下泄生态流量及坝下其他用水需要的设施。

（3）弃渣场及各类临时占地的土地整治与生态恢复措施。

【考点分析】

该案例是根据2011年环评案例分析考试试题改编而成的，考生需认真体会，综合把握。

1．该工程的环境影响范围应该包括哪些区域？

考试大纲中“四、环境影响识别、预测与评价（3）确定评价工作等级和评价范围”。

2．给出引水隧洞工程涉及的主要环境问题。

考试大纲中“四、环境影响识别、预测与评价（1）识别环境影响因素与筛选评价因子；（4）确定环境要素评价专题的主要内容”。

3．指出工程实施对大清河下游的主要影响。

考试大纲中“四、环境影响识别、预测与评价（1）识别环境影响因素与筛选评价因子”。

水利水电项目建设对下游减水河段的影响是常考不衰的重点，答案内容无非是对水文情势的影响，对水质的影响，对下游工农业等需水区的影响，对洄游路径、“三场”等环保目标的影响等。

4．列出工程实施过程中需要采取的主要生态保护措施。

考试大纲中“六、环境保护措施分析（2）分析生态影响防护、恢复与补偿措施的技术经济可行性”。

一般情况下，要完整正确地提出环保措施，必须先进行环境影响识别，然后根据环境影响提出有针对性的环保措施。

案例6　坝后式水利枢纽工程

【素材】

某拟建水利枢纽工程为坝后式开发。工程以防洪为主，兼顾供水和发电。水库具有年调节性能，坝址断面多年平均流量 88.7 m^3/s。运行期电站至少有一台机组按额定容量的45%带基荷运行，可确保连续下泄流量不小于 5 m^3/s。

工程永久占地 80 hm^2，临时占地 10 hm^2，占地性质为灌草地。水库淹没和工程占地共需搬迁安置 3 800 人，拟在库周分 5 个集中安置点进行安置。库区（周）无工业污染源，入库污染源主要为生活污染源和农业面源；坝址下游 10 km 处有某灌渠取水口。本区地带性植被为亚热带常绿阔叶林，水库蓄水将淹没古树名木 8 株。

库区河段现为急流河段，有 3 条支流汇入，入库支流总氮、总磷质量浓度范围分别为 0.8～1.3 mg/L、0.15～0.25 mg/L。库尾河段有某保护鱼类产卵场 2 处，该鱼类产黏沉性卵，且具有海淡洄游习性。

【问题】

1．确定该工程大坝下游河流最小需水量时，需要分析哪些方面的环境用水需求？

2．评价水环境影响时，需关注的主要问题有哪些？并说明理由。

3．该工程带来的哪些改变会对受保护鱼类产生影响？并提出相应的保护措施。

4．该项目的陆生植物的保护措施有哪些？

【参考答案】

1. 确定该工程大坝下游河流最小需水量时，需要分析哪些方面的环境用水需求？

答：（1）工农业生产及生活需水量，尤其是下游 10 km 处某灌渠取水口的取水量。

（2）维持水生生态系统稳定所需水量。

（3）维持河道水质的最小稀释净化水量。

（4）维持地下水位动态平衡所需要的补给水量，以防止下游区域土壤盐碱化。

（5）维持河口泥沙冲淤平衡和防止咸潮上溯所需的水量。

（6）河道外生态需水量，包括河岸植被需水量、相连湿地补给水量等。

（7）景观用水。

2. 评价水环境影响时，需关注的主要问题有哪些？说明理由。

答：（1）库区水体的富营养化问题。因入库支流河水中总氮、总磷浓度较高，在其他因素如水土流失、面源污染等综合作用下，容易产生富营养化。

（2）水质污染问题。若施工期管理不当，则施工废水排放可能造成污染；运营期也可能存在面源污染，特别是如果库区清理不当，库区水质还会变差。因该项目具有供水功能，故需严格保持库区水环境质量。

（3）低温水问题。该工程为年调节水库，低温水下泄将影响下游工农业用水。

（4）库区消落带污染问题。该工程具有防洪功能，库区消落带的形成容易导致水环境问题。

（5）鱼类产卵场受到污染和破坏的问题。由于受库区回水顶托的影响，库尾两处受保护的鱼类产卵场的水文情势及水质将可能发生变化，影响鱼类产卵和孵化。

（6）移民安置产生的水环境污染问题。如果移民安置不当，容易造成水土流失，并加剧库区及河道的水环境污染。

（7）下游河段流量减少，自净能力下降，水质变差的问题。

3. 该工程带来的哪些改变会对受保护鱼类产生影响？提出相应的保护措施。

答：（1）大坝建设阻断了受保护鱼类的洄游通道。

（2）库区大量蓄水，受回水的顶托作用，库尾的产卵场环境也受到影响，影响鱼类产卵和孵化。

（3）库区水文情势变化，特别是水流变缓，将不适宜急流性鱼类生活，这将导致库区鱼类种群组成的变化，包括受保护鱼类。

（4）库区大面积的淹没区，蓄水及周边面源污染物的排入，特别是如果移民安置不当，都将导致水土流失加剧，使库区水质变差，影响鱼类的生存环境。

（5）工程建设导致下游出现减水段，这将影响鱼类的正常生活和洄游。

（6）高坝下泄水，产生过饱和气体。

保护措施：

（1）库区蓄水前应进行认真的清理。

（2）妥善做好移民安置工作，包括合理选择安置区。

（3）合理调度工程发电，确保下泄一定的生态流量工作的长效性。

（4）采取人工增殖放流、营造适宜的产卵场（如建立人工鱼礁）、建立鱼类保护区、加强调查研究，根据实际情况设置过鱼通道。

（5）加强渔政管理和生态监测，防治水土流失和面源污染，切实保护流域生态环境。

（6）分层放水。

4. 该项目的陆生植物的保护措施有哪些？

答：（1）施工期合理布置作业场所，进一步优化各类临时占地，严格控制占地面积，减少对植物的破坏。

（2）对临时征占的 10 hm^2 灌草地，在施工结束后及时恢复植被。

（3）对工程永久征占的 80 hm^2 灌草地，在施工建设前，分层取土，剥离土壤层并保护好，用于工程取土场、弃土弃渣场或其他受破坏区域的土地整治和植被恢复。

（4）对库区蓄水将淹没的 8 株古树名木予以移植、移植后挂牌保护或建立保护区。

（5）加强施工教育。

（6）进一步优化移民安置区，控制陡坡开垦，尽最大可能减少对植被的破坏。

（7）对受工程影响区域采取切实的水土保持措施。

（8）对容易发生地质灾害的区域，尽量避免人为干扰和植被破坏，必要时采取拦挡措施，防止地质灾害发生破坏植被。

【考点分析】

该案例是根据 2010 年环评案例分析考试试题改编而成的，考生需要认真体会，综合把握。

1. 确定该工程大坝下游河流最小需水量时，需要分析哪些方面的环境用水需求？

考试大纲中“四、环境影响识别、预测与评价（1）识别环境影响因素与筛选评价因子；（4）确定环境要素评价专题的主要内容”。

2. 评价水环境影响时，需关注的主要问题有哪些？说明理由。

考试大纲中“四、环境影响识别、预测与评价（4）确定环境要素评价专题的主要内容”。

气体过饱和的含义：水库下泄水流通过溢洪道或泄洪洞冲泄到消力池时，产生巨大的压力并带入大量空气，由此造成水体中含有过饱和气体。这一情况一般发生在大坝泄洪时期，水中过饱和气体主要为氧气和氮气（氮气起决定性作用）。水库泄洪过程中过饱和氧气的产生将在一定范围内加速降解水体中好氧性污染物，溶解氧浓度的维持能使水库水质良好状态得到保证。水体中过饱和的氮气对水库水质基本上无影响，但它是影响水生生物的主要物质。对水生生物的影响受体主要是鱼类，鱼类较长时间生活在溶解气体分压总和超过流体静止压强的水中，会使溶解气体在其体内、皮肤下等部位以气泡状态游离出来，这种现象叫“气泡病”，发病的鱼类多为中层、上层生活的鱼类，幼鱼死亡率为 5%～10%。

3. 该工程带来的哪些改变会对受保护鱼类产生影响？并提出相应的保护措施。

考试大纲中“四、环境影响识别、预测与评价（4）确定环境要素评价专题的主要内容”和“六、环境保护措施分析（2）分析生态影响防护、恢复与补偿措施的技术经济可行性”。

举一反三

水利水电项目中此类考题已经多次出现，考生尤其要注意。此题与 2013 年案例分析考试中第 5 题堤坝式水电站中“2. 给出该项目运行期对水生生物产生影响的主要因素”的考点几乎一致。试题答案概括如下：

（1）大坝阻隔，影响鱼类洄游。

（2）水库蓄水后水温分层、低温水下泄。

（3）库区淹没特有鱼类的产卵场；淹没部分上游高中山峡谷景观资源（如果淹没区有古树名木或其他风景名胜等也应一并作答）。

（4）大坝建成后，坝下水量减少，库区水流流速减缓、水文情势改变、水质恶化。

（5）高坝下泄水，产生过饱和气体。

4．该项目的陆生植物的保护措施有哪些？

考试大纲中“六、环境保护措施分析（2）分析生态影响防护、恢复与补偿措施的技术经济可行性”。

案例7　梯级开发引水式电站项目

【素材】

某水电站建设项目为规划径流式7梯级开发电站中的第三级。该河流有国家级保护鱼类，其中有鲑科鱼类两种；河流两岸森林较为茂密，有国家二级保护植物和二级保护鸟类。工程土石方量为1 000万 m^3，需移民3 000人，拟建设为引水式电站，大坝高为130 m，长为3 000 m，坝址下游有农田10万亩，工厂3处。施工高峰时约有4 000人。

【问题】

1．生态环境现状应调查哪些内容？应采取哪些调查方法？

2．大坝建设对半洄游性鱼类、洄游性鱼类有何影响？应采取什么措施？

3．大坝建设对下游河道、农灌及工业用水有何影响？

4．移民安置影响评价应包括哪些内容？

5．对评价区国家保护植物种应采取什么保护措施？

【参考答案】

1．生态环境现状应调查哪些内容？应采取哪些调查方法？

答：（1）重点调查内容：① 森林调查：要阐明植被类型、组成、结构、特点，生物多样性等；评价生物损失量、物种影响、有无重点保护物种、有无重要功能要求。② 陆生和水生动物：种群、分布、数量；评价生物损失、物种影响、有无重点保护物种。要阐明是否有鱼类“三场”（产卵场、索饵场、越冬场）、洄游通道分布。特别要明确区内是否有国家和地方保护、珍稀濒危特有鱼类的分布，如有则需阐明其生态习性、繁殖特性等。③ 农业生态调查与评价：占地类型、面积，占用基本农田数量，农业土地生产力，农业土地质量。④ 水体流失情况调查：侵蚀模数、程度、侵蚀量及损失，发展趋势及造成的生态问题，工程与水土流失的关系。⑤ 景观资源调查与评价：由于项目涉及自然保护区、风景名胜区等敏感区域，故要阐明敏感区域与工程的区位关系及自然保护区、风景名胜区内保护动植物的数量、名录、生活习性、分布范围等。

（2）主要调查方法：主要有收集资料法（当地有关部门的各类规范性文件、技术资料、有关科研单位的研究成果、航拍资料)、现场踏勘法(实际观察与样方调查)、遥感及 GPS 技术应用、访问专家及当地群众等。

遥感技术应用需专业人员结合现场调查进行，主要是制作遥感图件，并解译出相关信息。

2．大坝建设对半洄游性鱼类、洄游性鱼类有何影响？应采取什么措施？

答：(1) 影响：① 大坝修建后，下游的半洄游性鱼类、洄游性鱼类无法洄游至上游，位于库区的产卵场将不复存在，河流梯级开发后其产卵场亦将全部消失，由此会影响半洄游性鱼类、洄游性鱼类的繁殖。② 大坝修建后，一些适应激流环境并且以摄食底栖生物为主的特有鱼类，因其适宜的生境已完全消失而在水库中绝迹。它们是无法通过水库上下游交流，因而大坝建设直接影响半洄游性鱼类、洄游性鱼类的生长。

(2) 措施：一种是采取工程措施，建鱼梯、鱼道，让洄游鱼类正常返回栖息和繁殖地；另一种是对洄游鱼类进行人工繁殖。同时，应设定水电站大坝的下泄基流量。

3．大坝建设对下游河道、农灌及工业用水有何影响？

答：(1) 对下游工、农业取水的影响：如果取水口处于减水段，则会导致农灌、工业用水量的不足，可用水量减少甚至缺失，严重影响下游工、农业生产的发展。

(2) 减水灌溉对农业生产产量的影响：冷水灌溉对生长期及产量有影响。

(3) 对下游湿地的影响：减水的河道流量大大减少，下游湿地可能因此而消失。

(4) 对洄游性鱼类造成严重的影响，导致洄游鱼类无法洄游到大坝上游，影响其索饵或繁殖。

(5) 清水下泄改变河道原来的水文情势，对下游河岸产生冲蚀影响。

4．移民安置影响评价应包括哪些内容？

答：一般评价对移民生活、就业和经济状况的影响，移民安置区土地开发利用对环境的影响，包括：

(1) 对移民生产条件、生活质量的影响：应考虑搬迁初期、搬迁后期；预测移民环境容量和移民生产条件、生活质量及环境状况，并从生态保护角度分析移民环境容量的合理性。

(2) 对水环境的影响：应预测生产和生活废污水量、主要污染物及对水质的影响。

(3) 对生态环境的影响：移民后开发、工程建设和农田开垦，将进一步破坏生态系统。

(4) 对社会环境的影响：移民从水电站库区迁移到异地，对当地的风俗、社会习惯产生影响。

(5) 对人群健康的影响：移民搬迁把原来的流行传染疾病一并转移，对当地人群健康产生影响。

5．对评价区国家保护植物种采取什么保护措施？

答：（1）对施工人员进行野生植物保护的宣传教育。

（2）建立生态破坏惩罚制度，禁止野外用火。

（3）征求文物、林业等部门的意见，对名木采取工程防护、移栽、引种繁殖栽培、种质库保存及挂牌保存。

【考点分析】

1．生态环境现状应调查哪些内容？应采取哪些调查方法？

考试大纲中“三、环境现状调查与评价（2）制定环境现状调查与监测方案”。

该考点为近年来常考考点，考生们需特别对待。

2．大坝建设对半洄游性鱼类、洄游性鱼类有何影响？应采取什么措施？

考试大纲中“四、环境影响识别、预测与评价（4）确定环境要素评价专题的主要内容”和“六、环境保护措施分析（2）分析生态影响防护、恢复与补偿措施的技术经济可行性”。

举一反三

大坝建设对生态环境的影响是水利水电建设项目必须关注的重要问题，评价中必须对河流的生态结构与功能有充分的调查和认识，大坝建设导致的淹没、阻隔、径流变化是对河流生态系统最大的干扰，评价中应根据《环境影响评价技术导则　生态影响》（HJ 19—2022）8.2 生态影响预测与评价内容及要求，重点评价大坝建设对河流廊道的生态功能的影响，并要考虑河流的连续性的生态功能。

一般情况下，水利水电项目水生生态影响要分析水文情势变化造成的生境变化，对浮游植物、浮游动物、底栖生物、高等水生植物的影响，对国家和地方重点保护水生生物，以及珍稀濒危特有鱼类及渔业资源等的影响，对“三场”分布、洄游通道（包括虾、蟹）、重要经济鱼类及渔业资源等的影响。

3．大坝建设对下游河道、农灌及工业用水有何影响？

考试大纲中“四、环境影响识别、预测与评价（4）确定环境要素评价专题的主要内容”。

举一反三

引水式电站环境对于河道生态影响比较大，主要是由于大坝建设会造成下游河道的减水。对于此类电站对河流生态系统的影响必须深入进行评价，特别是该案例项目属于梯级开发引水电站，一定程度上会使天然河流流量减少，乃至河道断流，最终导致生态功能完全丧失。

大坝下游下泄生态流量计算时应考虑的用水类型也是近几年的高频考点，应重点考虑下游工农业生产及生活需水量、下游水生生态平衡所需的水量，以及维持河道水质的最小稀释净化水量等，考生们要重点注意，既要知道影响因素，又可以从题干中给出的信息中找到相应的数据，进而计算出下泄生态流量。

4．移民安置影响评价应包括哪些内容？

考试大纲中“四、环境影响识别、预测与评价（4）确定环境要素评价专题的主要内容”。

5．对评价区国家保护植物种采取什么保护措施？

考试大纲中 “六、环境保护措施分析（2）分析生态影响防护、恢复与补偿措施的技术经济可行性”。

举一反三

本题与本书“八、水利水电类　案例 6　坝后式水利枢纽工程”中的第 4 题考点类似，请考生自行总结。类似考点近 3 年案例分析考试中多次出现，值得注意。这类题型在 2017 年考试中的形式有一定的变化，题目更贴近实际案例。对动植物保护措施的考查中，题干中引入环评机构提出的保护措施，判断保护措施是否完善或合理，并要求给出原因。这就要求考生能够全面、准确判断其措施是否合理到位，并要紧扣题意给出合理与否的原因，在答题过程中考生应在全面掌握的基础之上紧扣题意，做到精准答题。

案例 8　新建水库工程

【素材】

西南某地溪水江自北向南流，左岸自上游往下有 A、B 两条主要支流汇入。汇口间相距 144 km，A 河全长 83 km，流域面积为 1 581 m^2，河口处多年平均流量为 42.7 m^3/s。清溪县位于 A 河右岸，距河口 42～44 km，县城临河展布，以 A 河支流作为供水水源。目前供水保证率低，县城生活污水经集中处理后排入 A 河。B 河自东向西穿过临江市区，河流全长 32 km，河口处多年平均流量为 6.3 m^3/s，为临江市的主要排污受纳水体。临江市目前以城区北侧的红旗水库作为供水水源。随着城市的发展，现有水源的水资源量已无法满足其发展需求。

为提高清溪县供水保证率和满足临江市发展对水资源的需求，临江市拟在 A 河距河口 61 km 处新建 R 水库工程以及清溪县取水工程和临江市调水工程。清溪县取水工程在 R 水库坝下 10 km 右岸取水，经 6.8 km 取水管通接入县自来水厂；临江市调水工程在 R 水库坝上 100 m 左岸取水，经 20 km 输水隧洞向红旗水库补水。

R 水库坝址处多年平均流量为 8.79 m^3/s，水库正常蓄水位为 2 380 m，死水位为 2 310 m，水库长为 9.3 km，总库容 9 437 万 m^3，具有年调节能力。R 水库由大坝枢纽、泄水建筑物和发电厂房组成。大坝最大坝高 96 m，泄水建筑物包括 1 条溢洪道、1 条放空洞和 1 根生态流量泄放管。发电厂房位于坝下，根据下游综合需水量进行发电，当发电机组无法下泄水量时，R 水库通过生态流量泄放管下泄生态流量。

R 水库调度方式为：6—11 月为蓄水期，在满足防洪需求的情况下蓄水，下泄流量小于等于天然来流量；12 月至翌年 5 月为供水期，下泄流量大于天然来流量。

A 河上游受地形地质、气候等因素影响，生态环境极为脆弱。中下游河段具有较典型的干热河谷特征，河谷区植被以灌丛、灌草为主。调水工程输水隧洞穿越山区，在隧道中段设 1 条施工支洞。隧洞及支洞口附近分别设有弃渣场、施工场地与临时道路，山区植被以云南松林、杞木林、杜鹃灌丛等为主，野生动植物较丰富。

A 河现状水质为Ⅱ～Ⅲ类，渔业资源较丰富，距河口约 10 km 的河段分布有 1 处鱼类产卵场。B 河为Ⅲ类水环境功能类别，受临江市排污影响，市区以下河段现状水质仅为Ⅳ～Ⅴ类。

【问题】

1. 给出地表水环境影响评价范围。
2. 为计算A河生态需水，应考虑哪些主要因素？
3. 从退水环境影响角度，分析临江市增加供水的环境制约因素，提出解决对策。
4. 开展输水隧洞施工期环境影响评价，需关注哪些主要生态影响？

【参考答案】

1. 给出地表水环境影响评价范围。

答：R水库、A河（R水库至A河河口）、B河（临江市排污口上游500m至B河河口）、A河河口与B河河口之间的溪水江。

2. 为计算A河生态需水，应考虑哪些主要因素？

答：（1）水生生态需水：A河水生生态流量、鱼类产卵场鱼类繁殖期所需水文过程。

（2）水环境需水：A河水环境功能区或水功能区确定控制断面水质目标。

（3）湿地需水：A河河谷湿地水文特征和生态保护目标需水特征，河岸植被需水量，河道内湿地补给水量。

（4）景观需水：A河水文特征和景观保护目标要求。

3. 从退水环境影响角度，分析临江市增加供水的环境制约因素，提出解决对策。

环境制约因素：B河已无环境容量。B河为Ⅲ类水环境功能类别，受临江市排污影响，市区以下河段现状水质仅为Ⅳ～Ⅴ类。

解决对策：

（1）优化完善污水收集。

（2）临江市生活污水处理厂提标改造。

（3）控制临江市农业污染面源，采用节水技术，减少农田灌溉回水。

（4）尽可能截断临江市工业废水排入B河污染源，工业生产废水尽量回用。

（5）B河市区以下河段进行清淤治理。

4. 开展输水隧洞施工期环境影响评价，需关注哪些主要生态影响？

答：

（1）隧洞顶部植被及植物生长受影响的问题。

（2）隧道弃渣占用土地、植被破坏。

（3）隧道施工可能导致的塌方、滑坡等地质灾害及其环境影响。

（4）隧洞洞口结构、形式与周边景观的协调问题。

（5）隧洞施工引起的噪声与扬尘污染影响，对周边动物、植物影响。

【考点分析】

该案例试题不少考点与本书“八、水利水电类　案例4　新建水库工程”类似，请各位考生认真分析，寻找高频考点，做到事半功倍。

1. 给出地表水环境影响评价范围。

此考题与本书“八、水利水电类　案例4　新建水库工程”中的第1题考点不同，请考生注意。

另请考生注意清溪县取水工程（6.8 km 取水管通）和临江市调水工程（20 km 输水隧洞），取水管通和输水隧洞不作为地表水影响评价范围考虑。

举一反三

参照《环境影响评价技术导则　地表水环境》（HJ 2.3—2018），评价范围相关内容如下。

“5.3.3 水文要素影响型建设项目评价范围，根据评价等级、水文要素影响类别、影响及恢复程度确定，评价范围应符合以下要求：

a）水温要素影响评价范围为建设项目形成水温分层水域，以及下游未恢复到天然（或建设项目建设前）水温的水域；

b）径流要素影响评价范围为水体天然性状发生变化的水域，以及下游增减水影响水域；

c）地表水域影响评价范围为相对建设项目建设前日均或潮均流速及水深、或高（累积频率5%）低（累积频率90%）水位（潮位）变化幅度超过±5%的水域；

d）建设项目影响范围涉及水环境保护目标的，评价范围至少应扩大到水环境保护目标内受影响的水域；

e）存在多类水文要素影响的建设项目，应分别确定各水文要素影响评价范围，取各水文要素评价范围的外包线作为水文要素的评价范围。”

2. 为计算A河生态需水，应考虑哪些主要因素？

考试大纲中“四、环境影响识别、预测与评价（1）识别环境影响因素与筛选评价因子；（4）确定环境要素评价专题的主要内容”。

此考题与本书“八、水利水电类 案例4 新建水库工程”中的第3题考点一致。

3. 从退水环境影响角度，分析临江市增加供水的环境制约因素，提出解决对策。

环境制约因素：考生应考虑临江市退水排入B河，且B河已无环境容量；

解决对策：考生应考虑B河治理并保持Ⅲ类水体这个重点。

4. 开展输水隧洞施工期环境影响评价，需关注哪些主要生态影响？

此考题与本书“八、水利水电类 案例5　跨流域调水工程”中的第2题考点一致。

水利水电类案例小结

水利水电类案例几乎是历年环评案例分析考试的必考类型，现结合历年考试出题形式及考查知识点，对该类案例知识点总结如下：

一、工程分析

(1) 规划符合性分析。

要求：① 凡梯级开发项目必须先行规划并进行规划环评；② 在做好生态保护和移民安置的前提下积极发展水电；③ 生态优先、统筹考虑、适度开发、确保底线。

底线：自然保护区、风景名胜区以及国家主体生态功能区、生态功能区中规定的禁止开发区，国家重要濒危、珍稀保护动物栖息地和重要土著生物的唯一生境等，应列为河流水电禁止开发区。

规划协调性分析内容如下：① 是否符合流域或区域总体发展规划、环境功能区划、规划环评提出的环保要求；② 是否影响重要的规划保护目标；③ 是否影响流域、区域的可持续发展；④ 项目自身目标的可达性及是否能可持续发展；⑤ 产业政策符合性。

(2) 项目组成。

大坝、生活区、施工作业场、物料堆场、取土场、弃土（渣）场、施工道路、对外交通、库区清理工程（库内涉及尾矿渣堆、固体废物填埋场）、移民、拆迁工程等。

二、环境影响源（因子）

(1) 施工期：工程开挖、弃渣、占地及“三废”和噪声排放等施工活动。

(2) 运营期：大坝阻隔、水库淹没、水库及电站运行（放水）。

(3) 移民安置。

三、生态现状调查与评价

关注河流、陆生生态、水生生态、敏感保护目标、环境空气、声环境、地下水等。

1. 影响范围/现状调查范围

工程上下游河段、施工区、淹没区、水源区、引水渠沿线区域、受水区；移民安置区；湿地、河口区等。

2. 调查内容

(1) 水环境。

① 工程所在河段水功能区划、水环境功能区划，水质、水温，主要供水水源地；② 废水排放量，污染物类别，施用农药、化肥的种类及数量；③ 河流水质现状监测断面布置；④地下水水质及污染源。

(2) 水土流失。

水土流失现状、成因及类型。

(3) 陆生生态。

① 工程影响区的植物区系、植被类型（热带雨林、常绿阔叶林等）及分布（组成、结构）；② 野生动物区系、种类、分布及其生境；③ 国家、省保护物种、珍稀动植物、特有种的种类、

生态习性、种群结构、种群规模、生境及分布、保护级别与保护状况；④ 自然保护区的类型、级别、范围、功能区划、保护对象和保护要求；⑤ 生态完整性评价：调查自然系统生产能力和稳定状况。

(4) 水生生态。

调查范围：库区干支流及淹没区以上至上一级电站坝址的鱼类重要生境（繁殖、索饵等）；坝下至下一级水电站库区（最后一级的调查范围应包括该支流汇口附近干流江段）。

调查内容（重点内容加黑）包括：① 浮游生物、底栖生物、水生高等植物的种类、数量、分布；② 鱼类区系组成、种类，“三场”（产卵场、索饵场、越冬场），洄游通道；③ 国家和地方保护、珍稀濒危、特有鱼类分布、生态习性、繁殖特性等。

(5) 涉及自然保护区、风景名胜区等敏感区域，阐明其与工程的区位关系。

(6) 简要指出区内主要生态环境问题。

四、环境影响评价及环保措施

1. 对水环境的影响

(1) 水库初期蓄水，坝下游出现暂时脱水情况，水库自净能力差。

(2) 水库运行期，库内水文情势变化（水位抬升、流速变缓），地表水由河流型向水库型转变，大库出现水温分层；库下游河段水文情势变化，水位降低、流量减少。

(3) 地下水：对地下水水质的影响。

2. 生态影响及保护措施

(1) 陆生生态影响。

生态切割与阻隔，占用土地及植被，景观影响，临时占地造成生态破坏、水土流失，库区淹没损失，下游减水河段生态影响。

① 库区淹没、工程占地、移民安置等对植被类型、分布及演替趋势的影响；② 对珍稀濒危和特有植物、古树名木种类及分布的影响；③ 对陆生动物、珍稀濒危和特有植物、古树名木种类及分布的影响；④ 对土地利用的影响；⑤ 对生态完整性、稳定性、景观的影响；⑥ 水库水温变化对灌溉农作物的影响。

(2) 陆生生态系统保护措施。

① 对珍稀植物就地保护、移栽、引种繁殖、种质库保存、建设植物园及加强管理等。② 占用林地应（生物量）补偿。③ 施工及移民安置损坏植被，应提出恢复与绿化措施；取土弃渣、设施建设扰动植被造成水土流失，应该采取水土保持措施。④陆生动物栖息地被破坏，应提出预留迁徙通道或建立人工替代生境等保护及管理措施。

(3) 对陆生动物的影响。

① 施工期：施工噪声惊扰，逃离原栖息地；施工过程中的开挖和填埋活动对多种爬行动物的伤害。② 运营期：坝上游淹没区、河谷灌丛林地和农田区域陆生脊椎动物的栖息地损失，动物迁徙他处；下游河道水量减少，一些野生动物会进入河道及两岸区域活动。

(4) 水生生态的影响。

1) 对饵料生物的影响；对浮游生物、底栖生物、水生高等植物的影响。

2) 对鱼类的影响（重点）。

施工期：生产生活废水若不处理直接排放，对局部河段鱼类生长、繁殖的影响。

运营期：① 大坝阻隔：阻隔鱼类洄游通道，阻碍上下游鱼类种质交流。② 鱼类区系组成变化：库区水深、流速等水文情势的变化会造成原有水生生境的改变甚至消失，致使鱼类区系组成发生变化，特别是珍稀保护、特有物种的消失。③ 对鱼类产卵场、索饵场、越冬场的破坏：坝上、下游河段若有鱼的“三场”，由于水文情势的变化，会受到一定的破坏。④ 对保护鱼类（国家、省、特有种）的影响：大坝阻隔、水文情势变化、水环境和饵料生物的变化。⑤ 下泄低温水对下游鱼类的不利影响。⑥ 下泄气体过饱和水对鱼类的影响，特别是对幼鱼造成的严重影响。

3) 鱼类保护措施。

① 采取过鱼措施。对于拦河闸和水头较低的大坝，宜修建鱼道、鱼梯、鱼闸等永久性的过鱼建筑物；对于高坝大库，宜设置升鱼机，配备鱼泵、过鱼船，以及采取人工网捕过坝措施。加强过鱼措施实际效果的监测。② 人工增殖放流措施。重点增殖放流国家、地方保护及珍稀特有鱼类和重要经济鱼类。建立水生生态环境监测系统，长期监测鱼类增殖放流效果。③ 工程建设使鱼类“三场”和重要栖息地遭到破坏甚至消失，应尽量选择适宜河段人工营造相应水生生境。④ 对存在气体过饱和影响的水利水电工程，需采取对策措施，如调整泄流建筑物形式；在保证防洪安全的前提下，适当延长泄流时间，降低泄流量；多种设施合理组合的泄流措施等。

4) 影响洄游性鱼类产卵的五大因子：水温、水位、流量、流速、含沙量。

(5) 大坝建设对上游区域的影响。

① 淹没损失（生态、经济层面，措施：就地/迁地保护，种质保存，建立自然保护区）；② 顶托作用对上游、排水口的影响；③ 泥沙淤积影响；④ 地质灾害（库岸）。

(6) 水库淹没影响主要考虑的内容。

① 淹没范围；② 可能造成的生物多样性影响；③ 造成土地资源的损失；④ 景观破坏；⑤ 水环境问题（污染、富营养化）及水文情势的变化。

(7) 大坝建设对下游区域的影响。

① 减水带来下游河道的生态影响；② 对工、农业取水的影响；③ 对农业灌溉的影响；④ 对与下游相连接湿地的影响；⑤ 对洄游鱼类的影响；⑥ 清水下泄对下游河岸的冲蚀影响。

(8) 对农业的影响及措施。

① 水质；② 水温（冷水灌溉减产）；③ 用水量；④ 上游农田淹没损失；⑤ 下游河岸冲蚀、岸边农田损失。

措施：分层取水、科学调度、确保一定的下泄流量、定量灌溉。

九、规划环境影响评价

案例1 煤矿矿区规划环评

【素材】

某矿区位于内蒙古锡林浩特盟，矿区煤炭资源分布面积广，煤层赋存稳定，资源十分丰富，是适宜露天和井工开采的特大型煤田，是我国重要的能源基地。矿区东西长为40 km，南北宽为35 km，规划面积为960 km^2，均衡生产服务年限为100年。境界内地质储量为19 669 Mt，主采煤层平均厚度为10.65 m，其中露天开采储量为14 160 Mt，井工开采储量为5 509 Mt，另外还有后备区为1 070 Mt，暂未利用储量为1 703 Mt。为合理开发煤炭资源，当地拟定该矿区开发的规划，包括井田划分方案，煤炭洗选及加工转化规划，矿区地面设施规划（矿井及选煤厂、附属企业、铁路专用线、瓦斯电厂、煤矸石综合利用电厂等），矿区给、排水规划和环境保护规划等。

该矿区内目前已有一座露天矿在生产。区内只有一条河流过，矿区地处中纬度的西风带，属半干旱大陆性气候，草原面积占97.3%，森林覆盖率为1.23%。多年来，由于干旱、大风、过牧等因素的影响，保护区的生态环境十分恶劣，沙化、退化草场所占比例扩展到64%。特别是近几年，该矿区由于连续遭受干旱、沙尘暴等自然灾害，有的地方连续两年寸草不生。水资源短缺，地下水补给主要靠大气降水和地表水渗入。

【问题】

1. 列出该规划环评的主要保护目标。
2. 列出该规划环评的主要评价内容。
3. 列出该评价的重点内容。
4. 矿区内河流已无环境容量，应如何利用污废水？
5. 应从哪几方面进行矿区总体规划的合理性论证？

【参考答案】

1. 列出该规划环评的主要保护目标。

答：① 区内的河流；② 草原；③ 森林；④ 保护区；⑤ 地下水。

2. 列出该规划环评的主要评价内容。

答：① 规划方案；② 规划区域环境；③ 规划方案初步分析；④ 环境影响识别与环境目标及评价指标；⑤ 环境调查与评价；⑥ 环境影响预测与评价；⑦ 环境容量与污染物总量控制；⑧ 生态环境保护与建设；⑨ 公众参与；⑩ 矿区总体规划合理性论证；⑪ 环境保护对策和减缓措施；⑫ 清洁生产与循环经济；⑬ 环境管理和监测计划。

3. 列出该评价的重点内容。

答：（1）在区域自然环境资源现状调查和环境质量评价的基础上，对开发区环境现状、环境承载能力、环境影响进行分析，识别制约本地区经济发展的主要环境因素，提出对策和措施。

（2）根据矿区发展目标和方案，识别规划区的开发活动可能带来的主要环境影响以及可能制约开发区发展的环境因素，并提出对策和措施。

（3）从环境保护角度论证规划项目建设，包括能源开发，资源综合利用，污染集中治理设施的规模、工艺、布局的合理性。

（4）对拟议的规划建设项目（包括土地利用规划、环境功能区划、产业结构与布局、发展规模、基础设施建设、环保设施建设等）进行环境影响分析和综合论证，提出完善规划的建议和对策。

（5）提出大气污染物总量控制方案。

（6）制订区域环境保护宏观战略规划和区域环境保护与生态建设规划。

将评价要素中的生态环境、水环境和环境保护对策作为本次评价工作的重点。

4. 矿区内河流已无环境容量，应如何利用污废水？

答：尽量做到废水零排放，疏干水要资源化利用；生活污水经过处理后回用于各生产环节；实在用不完的疏干水和生活污水就近送往其他需水项目利用；根据该区域自然环境特点，采用人工或天然氧化塘处理污废水，满足相关标准后进行回用。

5. 应从哪几方面进行矿区总体规划的合理性论证？

答：① 矿区规划的资源可行性；② 矿区规划与城市总体规划的合理布局分析；③ 总体规划主体项目与国家产业政策一致性分析；④ 经济与社会环境协调性分析。

【考点分析】

1．列出该规划环评的主要保护目标。

和项目环评一样，根据矿区周边的自然环境特征、人文特点、环境功能要求，该区环境保护目标分为矿区生态环境、区域地表水环境、区域地下水环境、环境空气、声环境、社会环境、资源与能源等。根据规划项目和周边情况确定各环境要素的保护目标。

2．列出该规划环评的主要评价内容。

考试大纲中“八、规划环境影响评价（2）判断规划实施后影响环境的主要因素及可能产生的主要环境问题”。

举一反三

《规划环境影响评价技术导则 总纲》（HJ 130—2019）与原导则相比，新增了与“生态保护红线、环境质量底线、资源利用上线和生态环境准入清单”工作的衔接，加强了规划环评对建设项目环评的指导，规划环评主要内容节选如下。

“15.2 环境影响报告书应包括的主要内容

a）总则。概述任务由来，明确评价依据、评价目的与原则、评价范围、评价重点、执行的环境标准、评价流程等。

b）规划分析。介绍规划不同阶段目标、发展规模、布局、结构、建设时序，以及规划包含的具体建设项目的建设计划等可能对生态环境造成影响的规划内容；给出规划与法规政策、上层位规划、区域“三线一单”管控要求、同层位规划在环境目标、生态保护、资源利用等方面的符合性和协调性分析结论，重点明确规划之间的冲突与矛盾。

c）现状调查与评价。通过调查评价区域资源利用状况、环境质量现状、生态状况及生态功能等，说明评价区域内的环境敏感区、重点生态功能区的分布情况及其保护要求，分析区域水资源、土地资源、能源等各类自然资源现状利用水平和变化趋势，评价区域环境质量达标情况和演变趋势，区域生态系统结构与功能状况和演变趋势，明确区域主要生态环境问题、资源利用和保护问题及成因。对已开发区域进行环境影响回顾性分析，说明区域生态环境问题与上一轮规划实施的关系。明确提出规划实施的资源、生态、环境制约因素。

d）环境影响识别与评价指标体系构建。识别规划实施可能影响的资源、生态、环境要素及其范围和程度，确定不同规划时段的环境目标，建立评价指标体系，给出评价指标值。

e）环境影响预测与评价。设置多种预测情景，估算不同情景下规划实施对各类支撑性资源的需求量和主要污染物的产生量、排放量，以及主要生态因子的变化量。预测与评价不同情景下规划实施对生态系统结构和功能、环境质量、环境敏感区的影响范围与程度，明确规划实施后能否满足环境目标的要求。根据不同类型规划及其环境影响特点，开展人群健康风险分析、环境风险预测与评价。评价区域资源与环境对规划实施的承载能力。

f）规划方案综合论证和优化调整建议。根据规划环境目标可达性论证规划的目标、规模、布局、结构等规划内容的环境合理性，以及规划实施的环境效益。介绍规划环评与规划编制互动情况。明确规划方案的优化调整建议，并给出调整后的规划布局、结构、规模、建设时序。

g）环境影响减缓对策和措施。给出减缓不良生态环境影响的环境保护方案和管控要求。

h）如规划方案中包含具体的建设项目，应给出重大建设项目环境影响评价的重点内容要求和简化建议。

i）环境影响跟踪评价计划。说明拟定的跟踪监测与评价计划。

j）说明公众意见、会商意见回复和采纳情况。

k）评价结论。归纳总结评价工作成果，明确规划方案的环境合理性，以及优化调整建议和调整后的规划方案。”

3．列出该评价的重点内容。

考试大纲中“八、规划环境影响评价（2）判断规划实施后影响环境的主要因素及可能产生的主要环境问题”。

4．矿区内河流已无环境容量，应如何利用污废水？

考试大纲中“八、规划环境影响评价（3）分析环境影响减缓措施的合理性和有效性”。

5．应从哪几方面进行矿区总体规划的合理性论证？

考试大纲中“八、规划环境影响评价（1）分析规划的环境协调性”。

举一反三

根据 HJ 130—2019，规划方案的综合论证主要内容节选如下。

“9.2　规划方案综合论证

9.2.1　规划方案的综合论证包括环境合理性论证和环境效益论证两部分内容。前者从规划实施对资源、生态、环境综合影响的角度，论证规划内容的合理性；后者从规划实施对区域经济、社会与环境发挥的作用，以及协调当前利益与长远利益之间关系的角度，论证规划方案的合理性。

9.2.2　规划方案的环境合理性论证

a）基于区域环境保护目标以及‘三线一单’要求，结合规划协调性分析结论，论证规划目标与发展定位的环境合理性。

b）基于环境影响预测与评价和资源与环境承载力评估结论，结合资源利用上线和环境质量底线等要求，论证规划规模和建设时序的环境合理性。

c）基于规划布局与生态保护红线、重点生态功能区、其他环境敏感区的空间位置关系和对以上区域的影响预测结果，结合环境风险评价的结论，论证规划布局的环境合理性。

d）基于环境影响预测与评价和资源与环境承载力评估结论，结合区域环境管理和循环经济发展要求，以及规划重点产业的环境准入条件和清洁生产水平，论证规划用地结构、能源结构、产业结构的环境合理性。

e）基于规划实施环境影响预测与评价结果，结合生态环境保护措施的经济技术可行性、有效性，论证环境目标的可达性。”

案例 2 工业园规划环评项目

【素材】

A 市拟在本市西北方向 10 km 处建设规划面积为 5 500 亩的“向日葵工业园”，它是经 A 市所在的 B 省人民政府批准的省级开发区。该工业园区以绿色食品加工、轻纺服装、机械电子、新型建材与电子加工行业为主导产业。该工业园区规划布局是：北部为轻纺服装、新型建材企业的厂房区；南部主要为产业服务区板块，含工业园管理区、公共服务设施、商业金融、医疗卫生、居住用地等；东部规划为绿色食品加工、电子行业加工区板块。根据工业园规划，入园各企业均自建燃煤锅炉进行供热（图 1）。

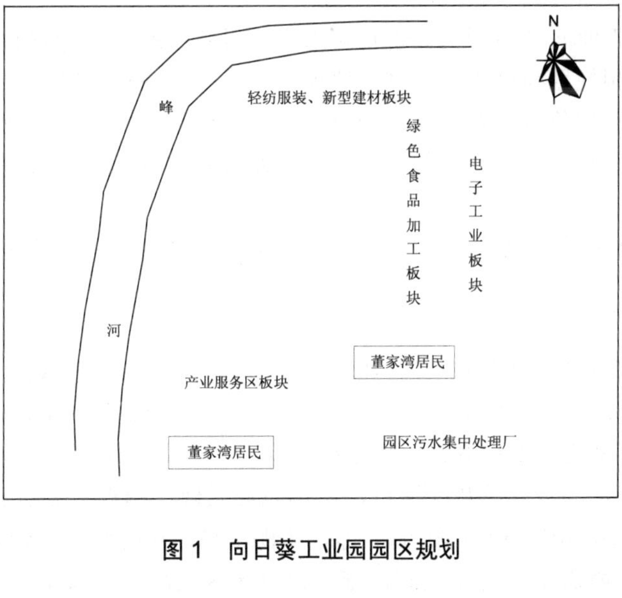

图 1 向日葵工业园园区规划

向日葵工业园西北方向 2 km 处为峰河，该河无划定饮用水水源保护区及游泳区。峰河为 A 市城区排水及向日葵工业园排水最终受纳水体。峰河全长 656 km，集水面积为 45 220 km^2，河段弯曲系数 0.68，平均比降为 0.3‰。峰河 A 市段每年高水位期在 7—8 月，低水位期在 12 月—翌年 2 月，常年径流量平均 395 亿 m^3，最高径流量为 654 亿 m^3，最低径流量为 180 亿 m^3；枯水期段平均流量为 270 m^3/s。

根据工业园规划内容，向日葵工业园东南向拟建设园区污水集中处理厂，处理规模为 2.5 万 t/d。该工业园所在区域属典型的北亚热带大陆性季风气候，四季分明，光照充足，雨量充沛。A 市城市主导风向为 ES。园区周边目前有少量分散的董家湾居民点。主要植被为高大茂密的落叶阔叶林和常绿针叶林，其树种主要为水杉、池杉、椿、槐、杨、油茶、南茶、柑橘、乌桕、板栗、梨、柿、桑等。农作物有水稻、小麦、油菜、棉花、芝麻等。向日葵工业园主要环境敏感目标如表 1 所示。

表 1　向日葵工业园主要环境敏感目标

保护对象	性质	位置关系
A 市市区	行政、商贸、文化教育、集中居住区域	工业园区东南 10 km
峰河	地表水Ⅲ类水体	紧邻工业园东南侧，为 A 市城市污水及工业园排水最终水体
工业园区周边	董家湾居民点（非集中）	工业园区周边

【问题】

1．向日葵工业园环境影响评价报告书中应设置哪些评价专题？

2．在工业园规划与城市发展规划协调性分析中，应包括哪些主要内容？

3．从环境保护角度出发，评述向日葵工业园污水集中处理厂设置的合理性。

4．若在工业园里建设 1 个电镀基地，那么在本环评报告书中应该增加哪些内容？

5．根据题目提供的素材，请提出向日葵工业园规划布局调整建议。

【参考答案】

1．向日葵工业园环境影响评价报告书中应设置哪些评价专题？

答：（1）区域环境现状调查：自然环境及生态环境调查、社会环境调查。

（2）区域环境质量现状调查、监测和评价：水环境质量现状调查、监测和评价，大气环境质量现状调查、监测和评价，声环境质量现状调查、监测和评价。

（3）水环境影响评价和控制措施：水污染源预测、峰河水环境影响预测及评价。

（4）大气环境影响评价和控制措施：评价区区域污染气象特征、大气污染源预测、区域大气环境质量影响预测和评价。

（5）生态环境影响分析：生态变化影响因素、生态环境影响分析、生态环境保护和生态建设。

（6）声环境质量影响评价：主要噪声源预测、区域声环境质量预测、区域噪声影响控制。

（7）固体废物环境影响分析：固体废物污染源预测、固体废物及其处理对环境的影响分析、固体废物的处置和综合利用。

（8）区域社会经济分析：工业园区经济分析、对A市及A市所在B省的社会经济影响分析。

（9）环境容量与污染物排放总量控制：水环境容量分析和污染物排放总量控制。

（10）区域开发规划方案合理性分析：工业园区规划与A市总体规划一致性分析、工业园区总体布局与功能分区合理性分析、工业园区环境功能区划的合理性分析、工业园区规划与土地利用总体规划合理性分析、工业园区土地利用生态适宜度分析、工业园区发展限制因素分析。

（11）公众参与：征询工业园区内和区外单位、专家和公众意见。

（12）工业园区环境管理体系：环境管理及信息系统、环境风险管理、环境监测。

（13）工业园区规划优化调整建议。

2．在工业园规划与城市发展规划协调性分析中，应包括哪些主要内容？

答：（1）工业园土地利用的规划与A市城市发展规划协调性分析；

（2）工业园规划布局与A市产业结构协调性分析；

（3）工业园排水与峰河A市段水体功能区划的协调性分析；

（4）工业园区环境保护规划与A市环境保护规划的协调性分析；

（5）工业园水资源利用和能源规划与A市相关规划的协调性分析等；

（6）工业园区供热规划与A市相关规划的协调性分析等。

3．从环境保护角度出发，评述向日葵工业园污水集中处理厂设置的合理性。

答：从环境保护角度出发，向日葵工业园污水集中处理厂设置在东南向不合理。理由如下：

（1）工业园污水集中处理厂设在东南向，距离纳污水体峰河较远，污水管网路线铺设长。

（2）A市的城市主导风向为ES，园区规划将集中污水处理厂设置在主导风向的上风向。若将污水处理厂调整布置在园区西北向，就可避免污水处理厂恶臭气体对工业园区及董家湾居民点的影响。

4．若在工业园里建设1个电镀基地，那么在本环评报告书中应该增加哪些内容？

答：（1）电镀基地与工业园布局规划的协调性分析。

（2）对电镀基地在工业园的选址合理性进行分析。

（3）电镀基地必须单独建设污水处理设施，提高污水的回用率及重复使用率，并且加强污水管网防渗防漏措施等方面的分析。

（4）处理后的电镀废水对向日葵工业园集中污水处理厂的废水接纳能力及水质的冲击影响分析。

（5）提出对电镀基地生产产生的酸性气体（主要为酸电解除锈工艺中产生的硫酸酸雾、镀铬时产生的铬酸雾、中和工段挥发的HCl）的控制减缓措施。

（6）对电镀基地周边土壤重金属本底进行监测。

（7）提出对电镀基地污泥的安全处置措施。

（8）对工业园区设置卫生防护距离可行性的分析。

（9）循环经济在电镀基地层次的分析。

5．根据题目提供的素材，请提出向日葵工业园规划布局调整建议。

答：（1）建议污水处理厂的位置布置在园区的西北向。

（2）工业园供热企业不能自建燃煤锅炉，应该由工业园采用集中供热，建设供热电厂，并使用天然气、柴油等清洁能源。

（3）尽量将产生污染较大的企业布置在工业园以北的地块，将污染较小的企业布置在工业园以东地块。

（4）将位于污水集中处理厂下风向处的董家湾居民搬迁，避免其受污水处理厂臭气影响。

（5）建材等污染大的行业设置足够的卫生防护距离和绿化带，必要时可对企业厂区总图布置进行调整，避免或减缓企业排污对董家湾居民生活或其他对环境条件要求较高的企业产生影响。

（6）污水处理厂处理后的中水考虑回用。

【考点分析】

1．向日葵工业园环境影响评价报告书中应设置哪些评价专题？

考试大纲中“四、环境影响识别、预测与评价（4）确定环境要素评价专题的主要内容”。

开发区环评跟建设项目环评有联系也有区别，评价专题的设置要体现区域环评的特点，突出规划的合理性分析和规划布局论证、排污口优化、能源清洁化和集中供热（气）、环境容量和总量控制等涉及全局性、战略性等方面的内容。

举一反三

根据《开发区区域环境影响评价技术导则》（HJ/T 131—2003），开发区区域环境影响评价一般设置以下专题：① 环境现状调查与评价；② 规划方案分析与污染源分析；③ 环境空气影响分析与评价；④ 水环境影响分析与评价；⑤ 固体废物管理与处置；⑥ 环境容量与污染物总量控制；⑦ 生态环境保护与生态建设；⑧ 开发区总体规划的综合论证与环境保护措施；⑨ 公众参与；⑩ 环境监测和管理计划。

2．在工业园规划与城市发展规划协调性分析中，应包括哪些主要内容？

考试大纲中“八、规划环境影响评价（1）分析规划的环境协调性”。

举一反三

协调性分析是规划环境影响评价的重要组成部分，它的分析对象是被评价的规划草案及其相关的政策、法规、规划等。在以规划草案为评估对象的环境影响评价中，协调性分析能够起到两种作用：解释制订规划草案的“政策背景环境”和检查规划草案是否存在资源保护、环境保护方面的缺陷和不足。这两种作用不能分开。规划环境协调性分析的内容涉及规划的各个方面，可以从规划布局、规划影响、公用配套等角度进行考虑。在进行环境影响评价时将开发区所在区域的总体规划、布局规划、环境功能区划与开发区规划做详细对比，分析开发区规划是否与所在区域的总体规划具有相容性。

3. 从环境保护角度出发，评述向日葵工业园污水集中处理厂设置的合理性。

考试大纲中“八、规划环境影响评价（3）分析环境影响减缓措施的合理性和有效性”。

举一反三

风向频率可分8个或16个罗盘方位观测，累计某一时期内（一季、一年或多年）各个方位风向的次数，并以各个风向发生的次数占该时期内观测、累计各个不同风向（包括静风）的总次数的百分比来表示。相应的比例长度按风向中心绘制8个或16个方位图上，然后将各相邻方向的端点用直线连接起来，形成一个宛如玫瑰的闭合折线，就是风向玫瑰图。图中线段最长者即为当地主导风向。在城市规划中，应根据主导风向的上风向和下风向确定重大污染源和城市生活区等重要环境敏感点的相对位置。一般地讲，重大污染源应建造在城市的边缘地带且处在常年主导风向的侧风向，这样污染源排放的污染物就不会由于主导风向而向主要环境敏感点扩散从而造成污染。因此，在城市规划中重大污染源禁止设计在主导风向的上风向。此外，在饮用水水源上游规定区域范围、人口密集区主导风向的上风向，限制设立化工、造纸、医药等污染类型的开发区。

4. 若在工业园里建设1个电镀基地，那么在本环评报告书中应该增加哪些内容？

考试大纲中“八、规划环境影响评价（2）判断规划实施后影响环境的主要因素及可能产生的主要环境影响”。

考生在回答此类问题时，应将电镀行业的污染特征与工业园区环保要求紧密结合起来回答。

举一反三

电镀废水主要有以下几种：① 电解后进行中和处理后的水洗废水，主要污染物为酸碱污染物；② 镀镍后镀件水洗产生的废水，主要污染物为镍；③ 镀铬后镀件水洗产生的废水，主要污染物为镍、铬；④ 车间地面冲洗废水，主要成分是镍、铬、悬浮物。其中含铬废水和含镍废水在车间废水治理装置预处理达到一类污染物车间排放标准后，和其他废水一起排入自建污水处理装置，处理达标后排入园区集中污水处理厂。根据《污水综合排放标准》（GB 8978—1996）的要求，对第一类污染物，不分行业和污水排放方式，也不分受纳水体的功能类别，一律在车间或车间处理设施排放口采样。第一类污染物有总汞、总镍、总铍、总铬、总砷、总铅、总银、六价铬、总镉、烷基汞、苯并[*a*]芘、总α放射性、总β放射性，共 13 类。

5．根据题目提供的素材，请提出向日葵工业园规划布局调整建议。

考试大纲中“八、规划环境影响评价（3）分析环境影响减缓措施的合理性和有效性”。

举一反三

《规划环境影响评价技术导则　总纲》（HJ 130—2019）“规划方案的优化调整建议”相关内容节选如下。

“9.3.1 根据规划方案的环境合理性和环境效益论证结果，对规划内容提出明确的、具有可操作性的优化调整建议，特别是出现以下情形时：

a）规划的主要目标、发展定位不符合上层位主体功能区规划、区域‘三线一单’等要求。

b）规划空间布局和包含的具体建设项目选址、选线不符合生态保护红线、重点生态功能区，以及其他环境敏感区的保护要求。

c）规划开发活动或包含的具体建设项目不满足区域生态环境准入清单要求、属于国家明令禁止的产业类型或不符合国家产业政策、环境保护政策。

d）规划方案中配套的生态保护、污染防治和风险防控措施实施后，区域的资源、生态、环境承载力仍无法支撑规划实施，环境质量无法满足评价目标，或仍可能造成重大的生态破坏和环境污染，或仍存在显著的环境风险。

e）规划方案中有依据现有科学水平和技术条件，无法或难以对其产生的不良环境影响的程度或范围作出科学、准确判断的内容。

9.3.2 应明确优化调整后的规划布局、规模、结构、建设时序，给出相应的优化调整图、表，说明优化调整后的规划方案具备资源、生态和环境方面的可支撑性。

9.3.3 将优化调整后的规划方案，作为评价推荐的规划方案。

9.3.4 说明规划环评与规划编制的互动过程、互动内容和各时段向规划编制机关反馈的建议及其被采纳情况等互动结果。”

十、验收调查

案例1 高速公路竣工验收项目

【素材】

西南地区某高速公路于 2009 年完成环评审批，2013 年建成试运行，现拟开展竣工环境保护验收调查。

该高速公路主线全长 95 km，双向四车道，其中 KⅠ段（K0—K62）长 62 km。位于平原微丘区，设计车速 100 km/h，路基宽度 26 m；KⅡ段（K62—K95）长 33 km，位于山岭重丘区，设计车速 80 km/h，路基宽度 24.5 m。公路在 K75 建设 1 座长 300 m 的大桥跨越青龙河，在 K87—K94 建设 1 座 7 km 特长隧道，隧道在 K90 设置 1 个通风竖井（衬砌后竖井内径 6 m，井深 280 m），竖井采用自上而下的方式开挖，从井口出渣，井口至已有二级公路建设 3.5 km 施工便道。2014 年和 2020 年设计车流量分别为 KⅠ段 8 000 pcu（标准小客车流量）/d、14 000 puc/d，KⅡ段 7 000 pcu/d、12 000 pcu/d。

环境影响评价报告书中记载的公路沿线基本情况概述为：公路 KⅠ段以农业植被为主，KⅡ段以山区林木植被为主；青龙河水环境功能为Ⅲ类，桥址下游 5 km 处为一饮用水水源保护区上边界；特长隧道穿越的山林植被覆盖度较高，隧道出口（K94）附近有河溪及水田；公路沿线 200 m 范围内共有 29 个声环境敏感点，全部为村庄。声环境影响评价表明：在 2020 年设计车流量条件下，有 10 个村庄声环境质量超标，应采取声屏障措施：位于公路 K33 的 M 村庄距离公路路肩 90 m，预测声环境质量达标，不设置声屏障。

环境影响评价报告批复文件提出应进一步优化路线设计方案，减少土石方开挖和植被破坏；采取措施减缓隧道施工排水对农田的影响，对山顶植被实施生态监测；对预测声环境质量超标的村庄采取声屏障等措施；跨河桥梁路段应采取防范车辆事故泄漏措施。

建设单位提供的资料表明：试运行阶段车流量 KⅠ段 6 500 pcu/d，KⅡ段 4 500 pcu/d；为减少土石方开挖和植被破坏，改移 K82—K85 约为 3 km 路段线位，最大改移距离 330 m，声环境敏感点由 2 个增至 4 个，其中，新增 P 村庄距离公路路肩 90 m；特长隧道施工期间产生涌水量较环评预测水量显著增加。

根据图纸，跨青龙河桥梁已设置桥面事故水收集管道，按环评要求在河岸基岩上设置了 200 m^3 事故应急池，事故应急池底板高程 95 m，桥址处设计防洪水位 90 m；制定了环境风险应急预案，配备事故应急设施。

验收调查单位制订噪声验收监测计划时，认为 P 村庄与 M 村庄距公路路肩距离一致，可以类比 M 村庄的监测结果，不需要开展 P 村庄的噪声验收监测。

【问题】

1．给出 K82—K85 改移路段验收调查时需了解的声环境敏感点信息。

2．采用 M 村庄的监测数据类比 P 村庄噪声影响的做法是否正确？说明理由。

3．指出特长隧道排水对植被影响调查应重点关注的内容。

4．说明青龙河桥事故应急池验收现场调查的主要内容。

【参考答案】

1．给出 K82—K85 改移路段验收调查时需了解的声环境敏感点信息。

答：（1）改移路段新增声环境敏感点：居住区的名称、规模、人口的分布情况；敏感目标与建设项目的方位、距离、高差关系。

（2）改移路段原有的声环境敏感点：敏感目标与建设项目的方位、距离、高差关系的变化。

（3）项目噪声对居民点的实际影响调查。

2．采用 M 村庄的监测数据类比 P 村庄噪声影响的做法是否正确？说明理由。

答：不正确。

理由：M 村庄位于 K33 附近，位于平原微丘区，道路设计车速 100 km/h，路基宽 26 m；P 村位于 K82—K85 路段附近，位于山岭重丘区，道路设计车速 80 km/h，路基宽 24.5 m。M 村与 P 村所在路段设计车速、车流量、路基宽度、道路高差均不一样，其受道路噪声的影响不能类推。

3．指出特长隧道排水对植被影响调查应重点关注的内容。

答：（1）为减少隧道排水对农田影响而采取的措施及其实际效果，农田植被的种类、数量，项目前后变化情况等。

（2）山顶植被生态监测方案落实情况及其对山顶植被的实际影响效果，如山顶植被的种类、数量、覆盖率，项目前后变化情况等。

4．说明青龙河桥事故应急池验收现场调查的主要内容。

答：核实事故应急池设计和建设是否符合环评及其批复要求，主要内容包括：① 事故应急池容积；② 事故应急池建设高程；③ 桥面事故水收集管道是否可以接入事故应急池。

【考点分析】

1．给出 K82—K85 改移路段验收调查时需了解的声环境敏感点信息。

考试大纲中“三、环境现状调查与评价（2）制定环境现状调查与监测方案”。

本题考点涉及声环境现状调查中的敏感点调查内容，主要包括：① 环境敏感点的名称、规模、人口的分布情况。② 敏感目标与建设项目的关系（如方位、距离、高差）。

本题为变更路段验收调查，需考虑新增敏感点的信息调查、原有敏感点与项目关系的变化及道路运营噪声对居民的实际影响。

因此，对于工程实际与环评批复不一致的部分验收调查，应补充调查工程发生变动段影响范围内主要环境保护目标的详细信息，并调查或监测工程对其产生的影响。该题型在 2017 年考题中出现过。

2．采用 M 村庄的监测数据类比 P 村庄噪声影响的做法是否正确？说明理由。

考试大纲中“四、环境影响识别、预测与评价（5）选择、运用预测模式与评价方法”。

本题考查环境影响类比的适用条件，需结合题干信息分析。

3．指出特长隧道排水对植被影响调查应重点关注的内容。

生态环境影响验收调查内容根据项目的特点设置，一般包括：

（1）工程沿线生态状况：珍稀动植物和水生生物种类、保护级别、分布状况等。

（2）工程占地情况调查：临时占地、永久占地的位置、面积、取弃土量及生态恢复情况。

（3）影响范围内水体流失现状、成因、类型和所采取的防治措施。

（4）影响区内植被类型、数量、覆盖率的变化情况。

（5）影响区内不良地质地段分布状况及工程采取的防护措施。

（6）项目建设运行改变周围水系情况，应做水文情势调查，必要时进行水生生态调查。

结合本题，可筛选出隧道排水对植被影响调查的重点内容是：对山顶植被、水田植被的影响及防护措施落实情况。对于施工期生态影响较大的工程，生态保护措施还应关注施工期生态影响和保护措施。

4．说明青龙河桥事故应急池验收现场调查的主要内容。

本题根据案例素材信息，可基本确定事故应急池有效性验收调查的主要内容，较简单。另外，根据 HJ 169—2018，环境风险防范措施应纳入环保投资和建设项目竣工环境保护验收内容。

案例 2　涉自然保护区高速公路竣工验收项目

【素材】

某高速公路工程于 2009 年取得环评批复，2010 年 3 月开工建设，2012 年 9 月建成通车试营运。路线全长 160 km，双向四车道，设计行车速度 100 km/h，路基宽度 26 m，设互通立交 6 处，特大桥 1 座，大中小桥若干；服务区 4 处，收费站 6 处，养护工区 2 处。试营运期日平均交通量约为工程可行性研究报告预测交通量的 68%。建设单位委托开展竣工环境保护验收调查。

生态环境主管部门批复的环评文件载明：路线在 Q 自然保护区（保护对象为某种国家重点保护鸟类及其栖息地）实验区内路段长限制在 5 km 之内；实验区内全路段应采取隔声和阻光措施；沿线有声环境敏感点 13 处（居民点 12 处和 S 学校），S 学校建筑物为平房，与路肩水平距离 30 m，应在路肩设置长度不少于 180 m 的声屏障；养护工区、收费站、服务区污水均应处理达到《污水综合排放标准》（GB 8978—1996）二级标准。

初步调查表明：工程路线略有调整，实际穿越 Q 自然保护区实验区的路段长度为 4.5 km，全路段建有声屏障（非透明）或密植林带等隔声阻光措施；沿线声环境敏感点有 11 处，相比环评阶段减少 2 处居民点；S 学校建筑物与路肩水平距离 40 m，高差未变，周边地形开阔，路肩处建有长度为 180 m 的直立型声屏障；服务区等附属设施均建有污水处理系统，排水按 GB 8978—1996 一级标准设计。

【问题】

1. 对于 Q 自然保护区，生态影响调查的主要内容有哪些？
2. 对于居民点，声环境影响调查的主要内容有哪些？
3. 为确定声屏障对 S 学校的降噪量，应如何布设监测点位？
4. 按初步调查结果，污水处理系统能否通过环保验收？说明理由。

【参考答案】

1. 对于 Q 自然保护区，生态影响调查的主要内容有哪些？

答：（1）调查线路穿越自然保护区的具体位置（明确出入点桩号）及穿越保护区的功能，并附线路实际穿越保护区位置图。

（2）调查自然保护区的功能区划，并附功能区划图。

（3）调查保护区主要保护对象——重点保护鸟类的种类、保护级别、种群、分布及其生态学特征，栖息条件及受保护现状。

（4）调查工程建设及实际运行对保护区结构、功能及重点保护鸟类及其栖息地与活动造成的实际影响。

（5）调查工程采取的声屏障与密植林带等隔声阻光措施的具体情况及其有效性。

2．对于居民点，声环境影响调查的主要内容有哪些？

答：（1）调查11处居民点与公路的空间位置关系，如距离、方位、高差等。

（2）调查工程对沿线受影响居民点采取的降噪措施情况。

（3）选择有代表性的与公路不同距离的居民点进行昼夜监测。

3．为确定声屏障对 S 学校的降噪量，应如何布设监测点位？

答：在S学校教室前1 m处布点，并在无声屏障的开阔地带，等距离布设对照点。

4．按初步调查结果，污水处理系统能否通过环保验收？说明理由。

答：不能确定。

理由：应通过实际监测的排水水质结果来确定。

【考点分析】

该案例是根据2013年环评案例分析考试试题改编而成，涉及考点较多，需考生综合把握。

1．对于Q自然保护区，生态影响调查的主要内容有哪些？

考试大纲中“三、环境现状调查与评价（2）制定环境现状调查与监测方案”。

本题对自然保护区生态影响调查的主体框架包括：建设项目与自然保护区之间的位置关系；自然保护区生态环境现状调查（功能区划，保护对象、保护级别、种群、分布及其生态学特征，栖息条件及受保护现状等）；工程建设与营运（验收调查项目）对自然保护区的实际影响等。

2．对于居民点，声环境影响调查的主要内容有哪些？

考试大纲中“三、环境现状调查与评价（2）制定环境现状调查与监测方案”。

对居民点，声环境影响调查应包括居民点与工程位置关系调查，针对居民点采取的环保措施运行效果，对居民点声环境影响的实际监测。

3．为确定声屏障对S学校的降噪量，应如何布设监测点位？

确定声屏障对S学校的降噪量需布设学校声环境现状监测点及无声屏障等距离的对照监测点。

4．按初步调查结果，污水处理系统能否通过环保验收？说明理由。

污水处理设施是否满足要求，应通过实际监测来判断，不能仅仅依靠设计来判断。

案例3　某井工煤矿竣工验收调查

【素材】

某井工煤矿于2011年10月经批准投入试生产，试生产期间主体工程运行稳定，环保设施运行正常，拟开展竣工环境保护验收工作，项目环境影响报告书于2008年8月获得批复，批复的矿井建设规模为3.00 Mt/a。配套建设同等规模选煤厂，主要建设内容包括：主体工程、辅助工程、储装运工程和公用工程。场地平面布置由矿井工业场地、排矸场、进矿道路、排矸场道路等四部分组成。工业场地（含道路）占地40.0 m^2，矿井井田面积1 800 hm^2，矿井开采采区接替顺序为“一采区→二采区→三采区”，首采区（一采区）为已采取，服务年限10年。

环评批复的主要环保措施包括：3台20 t/h锅炉配套烟气除尘脱硫系统，除尘效率95%，脱硫效率60%；地埋式生活污水处理站，处理规模为600 m^3/d，采用二级生活处理工艺；矿井水处理站，处理规模为1.0亿 m^3，配套建设拦挡坝、截排水设施；对于受开采沉陷影响的地面保护对象留设保护煤柱。

竣工环境保护验收调查单位初步调查获知：工程建设未发生重大变动，并按环评报告书与批复要求对受开采沉陷影响的地面保护对象留设了保护煤柱。试生产期间矿井与选煤厂产能达到2.20 Mt/a。生活污水和矿井水处理量分别为480 m^3/d、8 000 m^3/d。3台20 t/h锅炉烟气除尘脱硫设施建成投入运行，排矸场拦挡坝、截排水工程已建成。调查发现，2010年8月批准建设的西气东输管线穿越井田三采区。

环评批复后，与该项目有关的新颁布或修订并已实施的环境质量标准、污染物排放标准有《声环境质量标准》（GB 3096—2008）、《工业企业厂界环境噪声排放标准》（GB 12348—2008）。

【问题】

1．指出竣工环境保护验收调查工作中，需补充哪些工程调查内容？
2．确定该项目竣工环境保护验收的生态调查范围。
3．在该项目声环境验收调查中，应如何执行验收标准？
4．生态环境保护措施落实情况调查需补充哪些工作？
5．判断试生产运行工况是否满足验收工况要求，并说明理由。

【参考答案】

1. 指出竣工环境保护验收调查工作中，需补充哪些工程调查内容？

答：还需补充的工程调查内容大概分为如下几个方面：

（1）工程建设过程资料：项目立项时间，环境评价单位，初步设计完成时间，项目施工时间，环境保护设施设计单位，施工单位，工程和环境监理单位。

（2）工程概况：煤矿办公区，生活区，环保投资。

（3）工程地理位置图和平面布置图（标明比例尺、工程设施和敏感点）。

（4）西气东输工程概况及采取的环保措施。

2. 确定该项目竣工环保验收的生态调查范围。

答：（1）与环境影响评价时生态影响评价的范围一致。

（2）重点调查矿井首采区（一采区）、工业场地周边、运矸道路及运煤道路（或铁路专用线）两侧以及排矸场范围内的生态影响。

3. 在该项目声环境验收调查中，应如何执行验收标准？

答：（1）采用环境影响报告书和生态环境部门确认的《城市区域环境噪声标准》（GB 3096—93）和《工业企业厂界噪声标准》（GB 12348—90）进行验收。

（2）以新标准《声环境质量标准》（GB 3096—2008）和《工业企业厂界环境噪声排放标准》（GB 12348—2008）进行校核或达标考核。

（3）符合旧标准，又符合新标准，则通过验收；符合旧标准，但不符合新标准，则建议通过验收，但应按新标准要求进行整改。

4. 生态环境保护措施落实情况调查需补充哪些工作？

答：（1）首采区沉陷变形及生态整治。

（2）工程占地的生态补偿。

（3）各类临时占地的生态恢复。

（4）排矸场的生态恢复计划。

（5）井田土地复垦及生态整治计划。

（6）厂区及企业运输道路绿化情况。

（7）对穿越三采区的西气东输工程沿线采取的生态保护措施。

5. 判断试生产运行工况是否满足验收工况要求，并说明理由。

答：满足验收工况要求。

理由：该项目试生产工况：2.2 Mt/a /3.00 Mt/a×100% =73.3%（＜75%）。根据验收规范及有关规定，对于短期内生产能力确实达不到 75%以上的，在主体工程运行稳定、环保设施运行正常的情况下，可以进行验收调查。

【考点分析】

本题是根据2012年环评案例分析考试试题修改而成的。

1. 指出竣工环境保护验收调查工作中，还需补充哪些工程调查内容？

此考点属于验收调查的工作范围。根据《建设项目竣工环境保护验收管理办法》第四条的有关规定，建设项目竣工环境保护验收的工作范围应包括：① 与建设项目有关的各项环境保护设施，包括为防治污染和保护环境所建成或配备的工程、设备、装置和监测手段，各项生态保护设施。② 环境影响报告书（表）或者环境影响登记表和有关设计文件规定的应采取的其他各项环境保护措施。

2. 确定该项目竣工环境保护验收的生态调查范围。

一般情况下，验收调查范围包括地理范围和工作范围，地理范围指的是依据环境影响评价文件所确定的评价范围和工程对环境的实际影响范围。生态调查范围属于验收调查的地理范围的范畴。

3. 在该项目声环境验收调查中，应如何执行验收标准？

考试大纲中“八、建设项目竣工环境保护验收调查（5）判断建设项目竣工环境保护验收调查结论的正确性。”重点掌握“符合旧标准，又符合新标准，则通过验收；符合旧标准，但不符合新标准，则建议通过验收，但应按新标准要求进行整改”。

4. 生态环境保护措施落实情况调查还需补充哪些工作？

考试大纲中“六、环境保护措施分析（2）分析生态影响防护、恢复与补偿措施的技术经济可行性”。

对于施工期生态影响较大的工程，生态保护措施还应关注施工期生态影响和保护措施；涉及特殊敏感环境保护目标的，需要重点对特殊敏感保护目标的环境影响和针对性的保护措施进行调查和分析；根据HJ 169—2018，环境风险防范措施应纳入环保投资和建设项目竣工环境保护验收内容。

5. 判断试生产运行工况是否满足验收工况要求，并说明理由。

一般情况下，验收应在工况稳定、生产负荷达到设计生产能力的75%以上的情况下进行。根据《建设项目竣工环境保护验收技术规范 生态影响类》中“对于水利水电项目、输变电工程、油气开发工程（含集输管线）、矿山采选可按其行业特征执行，在工程正常运行的情况下即可开展验收调查工作”的要求，该项目满足验收条件。

工程正常运行一般可理解为：① 项目正常生产或运营；② 各项污染防治措施和生态减缓措施正常运行；③ 企业各项手续齐全。